범주형 자료 분석

서울대학교 행정대학원 정책지식센터 서베이연구부 방법론 연구총서 2018－1

CATEGORICAL DATA ANALYSIS

범주형 자료 분석

고길곤

문우사
MoonWoo

▌머리말▐

2014년에 『통계학의 이해와 활용』(문우사) 초판을 출간했을 때 저자가 고민했던 것 중의 하나는 로지스틱 회귀분석을 포함해야 할지 여부였다. 사회과학의 많은 연구에서 종속변수가 범주형 변수인 경우를 다루고 있으므로 당연히 이를 소개하는 것이 바람직했다. 주변에서도 이를 적극적으로 추천하였다. 하지만, 범주형 자료 분석 이론은 통상 최소제곱(ordinary least square, OLS) 회귀분석과는 구분되는 점이 많이 있을 뿐 아니라 그 결과의 해석도 상당한 주의를 기울여야 한다. 단순히 "회귀계수가 통계적으로 유의미하다." 혹은 "양의 상관관계를 갖는다."는 식의 해석 방식을 가지고는 로지스틱 회귀분석을 제대로 활용하기 어렵다. 저자는 좋은 방법론을 잘못 이용하게 하는 것보다는 제대로 이론을 이해한 후 사용하도록 하는 것이 바람직하다고 판단하였다.

이 책은 범주형 변수가 종속변수로 사용되는 경우에 대한 분석을 다루었다. 범주형 변수에 대한 분석은 통상적인 로지스틱 회귀분석 이외에도 순서형 변수를 다루는 순서형 로지스틱 회귀분석, 다범주 종속변수를 다루는 다항 로지스틱 회귀분석, 의사결정 이론에서 널리 사용되는 이산형 선택 모형(discrete choice model)을 다루는 조건부 로지스틱 회귀분석, 그리고 빈도변수를 다루는 포아송 및 음의 이항 회귀분석을 포괄한다. 뿐만 아니라 자료 구조에 따라 짝을 이룬 자료에 대한 모형, 다수준 자료에 대한 모형, 패널 자료에 대한 모형 등도 존재한다. 그동안 이를 종합적으로 다룰 수 있는 방법론 책에 대한 요구는 많았으나, 단편적으로 소개된 경우가 대부분이었다. 이 책에서는 범주형 변수와 관련된 분석에서 사용될 수 있는 각종 모형을 최대한 종합적으로 설명하고자 노력하였다.

이 책에서는 모형을 가능한 일관되게 기술하도록 노력하였으며 이론과 활용을 조화시킬 수 있도록 이론을 설명한 후 예제를 통해 이를 확인할 수 있도록 구성하였다. 범주형 자료 분석에 대한 이론은 OLS에서 주로 사용하던 최소제곱 추정법 대신 최우 추정법을 사용하기 때문에 우도함수에 대한 이해가 필수적이다. 우도함수에 대한 논의는 통계이론의 기초를 다루었던 『통계학의 이해와 활용』에서도 소개를 하였지만, 이 책에서는 이를 깊이 있게 소개하였다. 또한, 각종 예제는 SAS를 통해 손쉽게 구현할 수 있도록 하였다. SAS는 자료 분석을 위해 일반화된 분석이 가능할 수 있는 프로시저와 특정 모형 분석에

특화된 프로시저를 동시에 발전시키고 있다. 범주형 자료 분석의 핵심은 분석된 결과를 가지고 자료에 대한 풍부한 해석을 제공하는 데 있기 때문에, 출력 결과를 이용한 2차 분석이 자유자재로 가능한 SAS는 매우 큰 장점이 있다고 할 것이다. 독자에 따라서는 Stata나 R 프로그램을 선호하는 경우가 있다. 이 경우도 이 책에서 제시하는 이론적 논의는 유사하게 적용될 수 있으므로 해당 프로그램의 출력 결과와 SAS 출력 결과를 비교하면서 결과를 해석하면 큰 무리 없이 범주형 자료 분석을 수행할 수 있을 것으로 판단된다.

이 책은 저자가 구상한 통계분석 시리즈 중의 두 번째이다. 현재 진행하고 있는 다수준 및 패널 자료 분석, 다변량 분석, 내생성과 통계분석, 그리고 인과이론 책을 마치고 나면 기초부터 중급에 이르는 다양한 통계 방법론을 체계적으로 종합할 수 있을 것으로 판단된다. 언제까지 이 작업을 마칠 수 있을지는 모르지만, 후학들이 체계적으로 통계 방법론을 활용하여 우리나라 사회과학 발전에 기여하는 데에 저자의 미력한 힘이나마 보태고자 한다.

이 책은 사회과학 분야의 대학원생이나 연구자를 대상으로 저술하였다. 기초 통계학에 대한 이해가 부족한 독자는 『통계학의 이해와 활용』을 다시 한 번 읽어보기를 권한다. 그리고, 이 책에 사용된 SAS 코드뿐만 아니라, 다양한 범주형 자료 분석 예제들은 지속적으로 업데이트를 하여 공개할 예정이니 필요하신 분들은 저자(kilkon@gmail.com)나 출판사에 요청하시면 제공하고자 한다.

언제나 그렇듯이 이 책을 준비하면서 많은 분의 도움을 받았다. 먼저 서울대학교 행정대학원 박사과정 수업을 진행하면서 좋은 의견과 격려를 해준 학생들께 감사를 표하고자 한다. 특히 서울대학교 행정대학원의 신가영 박사과정생과 기술경영경제정책 협동과정의 이정원 박사과정생은 원고를 꼼꼼히 읽어주면서 오탈자 교정에 큰 도움을 주었다.

아울러 부족한 제자에게 학문이 길을 보여주시고 묵묵히 격려를 해주신 서울대학교 행정대학원 노화준 명예교수님과 선배 교수님들께도 깊이 감사드린다. 선배 교수님들의 배려로 2015년 연구년을 갖지 못했다면 이 책의 출간은 불가능했을 것이다.

또한, 이 책은 가족의 희생 없이는 세상에 나올 수 없었다. 주말에도 학교로 출근하는 남편을 묵묵히 지켜봐 준 아내 강금화, 딸 희경, 아들 석찬에게 미안함과 감사함을 어떻게 표현해야 할지 모르겠다.

마지막으로, 어려운 출판환경 속에서 묵묵히 출판을 지원해주신 문우사 김영훈 사장님과 원고 교정을 도와주신 김병성 과장님 그리고 직원 여러분께 다시 한 번 깊이 감사드린다.

2018년 2월
서울대학교 관악 연구실에서
고길곤

❙ 차례 ❙

CHAPTER 5 로지스틱 회귀분석 절차 / 71

CHAPTER 6 이항 로지스틱 회귀분석의 특수문제들 / 135

CHAPTER 1

범주형 자료의 기술통계 분석 및 시각화

1 범주형 자료의 의미

범주형 변수는 변수의 값이 이름이나 성별처럼 어떤 집단이나 그룹과 같은 범주로 구성된 변수를 의미한다. 예를 들면 성별이라는 변수는 남성과 여성으로 구분되는 값을 갖는 변수이며 이때 남성과 여성은 성별을 구분하는 고유한 범주(category)라고 할 수 있다. 범주형 변수는 서로 사칙연산이 일반적으로 불가능하다. 즉 '남자+여자'와 같은 계산은 의미가 없다.[1] 따라서 범주형 변수에 대한 기술통계분석은 평균이나 분산과 같은 통계량보다는 범주별 빈도에 관심을 기울이고 이를 일반화할 때는 특정 범주가 발생할 확률에 관심을 기울인다.

자료분석을 공부하다 보면 분석해야 하는 자료가 범주형 변수인지 연속형 변수인지를 완벽히 구분하지 못하는 경우가 많으며 연구문제와 상황에 따라 달라질 수 있다. 예를 들어 우리나라 행정자치부에서는 행정표준코드관리시스템을 도입하여 운영하고 있는데[2] 정부 부처에 근무하는 사람을 계급별로 [표 1.1]과 같은 코드를 부여한다. [표 1.1]에서처럼 코드값이 001이면 대통령을, 020이면 기능 1급을 의미한다. 그렇다면 이 코드값은 범주형 변수일까 아니면 연속형 변수일까? 코드값이 대통령, 부통령 등의 변수의 범주를 의미

1 오해하지 말아야 할 것은 범주형 변수도 특수한 경우에서는 사칙연산이 의미가 있을 수 있다는 점이다. 예를 들어 남자=1, 여자=0으로 표시된 SEX라는 변수가 있을 때 이 변수를 연속형 변수로 간주하고 평균을 구했다고 가정해보자. 만일 평균이 0.4가 나왔다면 전체 중에서 40%가 남자라는 의미로 해석될 수 있기 때문이다. 그러나 이러한 경우는 매우 제한적이다.

2 https://www.code.go.kr/jsp/index.jsp

하기 때문에 범주형 변수라고 생각할 수 있을 것이다. 하지만 코드값의 크기가 작을수록 서열이 높은 공무원이라는 사실을 생각하면 연속형 변수로 생각할 수도 있을 것이다. 따라서 자료통계분석을 수행할 때 해당 변수를 범주형 변수로 간주하고 분석을 해야 할지 혹은 연속형 변수로 분석해야 할지 주의하여 판단해야 한다.

[표 1.1] 공무원의 계급구분 코드

코드값	코드값 의미	서열
001	대통령	1
002	부통령	2
003	국무총리	3
004	부총리	4
005	국무위원	5
006	장관(급)	6
007	차관(급)	7
008	특1급	8
009	특2급	9
010	차관보(급)	10
011	1급	11
012	2급	12
…	…	…
019	9급	31
020	기능1급	128

범주형 변수에 대한 오해 중 하나는 범주형 변수가 문자형 변수(characteristic variable)에 국한되어 있다고 생각하는 것이다. 하지만 실제로는 앞의 공무원의 계급구분 코드 자료에서처럼 범주형 변수를 숫자 형태로 나타내는 경우도 흔히 존재한다. 통계 프로그램에서는 범주형 변수의 값을 숫자 형태로 나타내는 것을 선호한다. 예를 들어 SEX라는 변수의 값을 남자=1, 여자=0의 형태로 입력하는 것이다. 비록 숫자로 범주형 변숫값이 입력되었지만, 여전히 SEX는 범주형 변수다. 0과 1의 의미는 크기가 아니라 범주에 불과하기 때문이다. 이렇게 숫자로 표현된 범주형 변수를 이용하면 간단한 논리적 연산(크거나 작거나 혹은 같지 않거나 등)을 손쉽게 할 수 있는 장점이 있다. SAS의 경우에는 범주형 변수값을 숫자로 나타낼 경우 각 숫자가 무슨 범주를 나타내는지를 FORMAT문을 이용하여 설명을 부여한다. 통계 프로그램의 경우는 자료가 숫자로 나타나면 범주형 변수인지 숫자형 변수인지 구분을 하기 어려우므로 분석할 때 주의할 필요가 있다.

범주형 변수 유형에는 빈도변수(frequency variable 혹은 count variable)도 포함될 수 있다. 빈도변수는 어떤 사건이 몇 번 발생했는지 등의 횟수 정보를 나타낸다. 병원별 환자 방문 횟수, 시간당 민원인 방문 횟수 등은 빈도변수의 예라고 할 수 있다. 빈도변수는 사건의 발생 횟수와 관련되어 있어서 사건 발생 여부라는 범주형 변수가 반복적으로 측정한 것이라고 이해할 수 있다. 이 책에서 빈도변수를 종속변수로 하는 포아송 회귀분석이나 음의 이항 회귀분석을 다루는 것도 이런 이유 때문이다.

한편 연속형 변수는 범주형 변수로 변환할 수 있다. 예를 들면 소득이나 성과급의 금액 등을 상, 중, 하로 각각 구분하면 범주형 변수가 된다. 연속형 변수가 범주형 변수보다 정보를 많이 포함하고 있어서 굳이 범주형 변수로 변환할 필요는 없다. 하지만, 분석을 수행하다 보면 변수를 연속형 변수로 간주하지 않고 범주형 변수로 간주하는 것이 의미가 있을 때가 있다. 예를 들어 회귀분석을 수행할 때 연도는 연속형 변수로 간주할 수도 있고 범주형 변수로 간주할 수 있다. 연속형 변수로 간주하게 되면 1년 변할 때 종속변수가 변하는 크기가 어느 해든지 관계없이 같다고 가정하게 된다. 반면 범주형 변수로 간주하면 연도가 변함에 따라 종속변수가 변하는 크기는 연도별로 다르다고 가정하게 된다. 따라서 어느 형태의 변수로 연도를 처리할지는 연구자의 판단에 따라 달라진다.

2 범주형 자료의 기술통계 분석과 시각화

통계분석을 최신의 어려운 방법론을 적용하는 것으로 오해해서는 안 된다. 자료의 특성을 정확히 이해하고 자료가 가진 정보를 효율적으로 추출하는 것도 매우 중요하다. 또한, 기초적인 기술통계 분석을 수행하지 않고 고급 방법론을 적용하는 것은 말이 되지 않는다.

연속형 자료에 대한 기술통계 분석은 자료의 중심(평균, 중윗값 등)과 퍼짐의 정도(분산, 편차 등)에 초점을 맞추고 있다. 하지만 범주형 자료 분석은 주로 분할표를 이용한 빈도분석과 자료의 시각화를 중심으로 진행된다.

1) 범주형 자료의 기술통계 분석

범주형 자료의 기술통계 분석은 단일 범주형 변수의 빈도분포를 분할표를 이용해 나타내거나, 여러 개의 범주형 변수의 빈도를 분할표로 나타내는 접근방법을 주로 사용한다.

또한, 범주형 변수와 연속형 변수를 결합하여 범주형 변수의 범주별로 연속형 변수의 평균이나 분산 등을 표로 정리하는 방법도 널리 사용된다.

다른 통계기법과 마찬가지로 자료를 효율적으로 요약·정리하기 위한 방법을 제대로 배우지 않으면 좋은 자료분석을 하기 어렵다. 범주형 변수의 분석을 위해서는 분할표 만드는 법을 충분히 숙지할 필요가 있다. 특히 논문이나 연구보고서 등에 분석 결과를 체계적으로 제시하기 위해 표를 만드는 경우가 많기 때문에 분할표를 만드는 방법을 체계적으로 살펴볼 필요가 있다.

범주형 자료의 기술통계 분석을 위해 가장 널리 사용하는 SAS의 프로시저는 PROC TABULATE이므로 이를 사용하는 방법을 살펴보자. 또한, 숫자형 변수 형태로 입력된 범주형 자료에 FORMAT 프로시저를 이용하여 범주 이름을 지정하는 방법도 살펴보도록 하자.

[표 1.2]의 에너지 자료는 SAS의 PROC TABULATE 프로시저에 대한 도움말 문서(help document)에서 사용된 예제 자료이다. 변수는 지역(REGION), 그리고 해당 지역의 하위 지역(DIVISION), 주(STATE), 에너지 소비 종류(TYPE), 에너지 지출액(EXPENDITURE)으로 구성된다. 이중 STATE 변수는 문자형 자료로 입력되어 있어 변수 이름 뒤에 $기호를 사용했고, REGION, DIVISION, TYPE은 범주형 변수이지만 숫자형 자료로 입력되어 있음을 알 수 있다. 이 자료 중 처음 10개의 관찰점만 출력한 자료는 [표 1.3]과 같다.

[표 1.2] 에너지 자료

```
DATA ENERGY;
   LENGTH STATE $2;
   INPUT REGION DIVISION STATE $ TYPE EXPENDITURES @@;
   DATALINES;
1 1 ME 1 708 1 1 ME 2 379 1 1 NH 1 597 1 1 NH 2 301 1 1 VT 1 353 1 1 VT 2 188
1 1 MA 1 3264 1 1 MA 2 2498 1 1 RI 1 531 1 1 RI 2 358 1 1 CT 1 2024 1 1 CT 2 1405
1 2 NY 1 8786 1 2 NY 2 7825 1 2 NJ 1 4115 1 2 NJ 2 3558 1 2 PA 1 6478 1 2 PA 2 3695
4 3 MT 1 322 4 3 MT 2 232 4 3 ID 1 392 4 3 ID 2 298 4 3 WY 1 194 4 3 WY 2 184
4 3 CO 1 1215 4 3 CO 2 1173 4 3 NM 1 545 4 3 NM 2 578 4 3 AZ 1 1694 4 3 AZ 2 1448
4 3 UT 1 621 4 3 UT 2 438 4 3 NV 1 493 4 3 NV 2 378 4 4 WA 1 1680 4 4 WA 2 1122
4 4 OR 1 1014 4 4 OR 2 756 4 4 CA 1 10643 4 4 CA 2 10114 4 4 AK 1 349
4 4 AK 2 329 4 4 HI 1 273 4 4 HI 2 298
;
PROC PRINT DATA=ENERGY(OBS=10); RUN;
```

[표 1.3] 출력된 자료 중 처음 10개 관찰점

OBS	STATE	REGION	DIVISION	TYPE	EXPENDITURES
1	ME	1	1	1	708
2	ME	1	1	2	379
3	NH	1	1	1	597
4	NH	1	1	2	301
5	VT	1	1	1	353
6	VT	1	1	2	188
7	MA	1	1	1	3264
8	MA	1	1	2	2498
9	RI	1	1	1	531
10	RI	1	1	2	358

출력된 [표 1.3]만으로는 REGION의 값이 1로 나타났을 때 이 값이 어느 지역을 의미하는지 전혀 알 수 없다. 따라서 이 값이 무엇을 의미하는지에 대한 정보를 추가로 입력해 주는 것이 매우 편리하다. 변수가 갖는 값이 무엇을 의미하는지를 나타내주는 데 사용하는 프로시저가 PROC FORMAT이다.

[표 1.4]의 코드는 REGION, DIVISION, TYPE의 값의 포맷을 지정해주기 위한 프로그램이다. 먼저 /*①*/의 코드를 살펴보면 VALUE 명령문이 사용되고 있다. 이 명령문은 변수의 포맷을 지정하는 데 사용하는 명령문으로 이 명령문 다음에 변수 포맷의 이름을 지정해준다. REGFMT는 우리가 지정한 포맷이름이다. 그리고 1='NORTHEAST'라고 지정한 것은 REGFMT 포맷은 변수가 1의 값을 가질 때 NORTHEAST를 의미하며 출력을 할 때 1로 출력하지 않고 NORTHEAST라는 값을 출력하도록 한다. 이렇게 변숫값별로 이름을 다 지정한 후 마지막에는 4='WEST';와 같이 ';' 기호를 사용하여 지정을 마친다. DIVISION과 TYPE의 포맷도 각각 DIVFMT 및 USETYPE으로 지정하였다. USETYPE을 살펴보면 1의 값을 갖는 경우는 주거용 소비자, 2의 값을 갖는 경우는 업무용 소비자임을 알 수 있다.

/*②*/의 코드는 ENERGY라는 자료를 출력하도록 하고 있다. 이 자료 중 처음 10개의 관찰값만 출력하도록 하기 위해서 OBS=10이라는 옵션을 사용했다.

/*③*/은 FORMAT이라는 명령문을 이용하여 변수의 포맷을 사용하겠다는 것을 선언한 것이고 REGION REGFMT.는 REGION이라는 변수는 REGFMT라는 포맷을 사용하여 변숫값의 의미를 지정하도록 하였다. 포맷 변수의 이름 마지막에 마침표를 삽입하여 포맷

변수임을 구분해주어야 하는 점에 주의한다. 이렇게 변수에 포맷을 지정한 후에 자료를 출력하면 [표 1.5]와 같다.

[표 1.4] FORMAT 프로시저를 이용한 변숫값의 의미 지정

```
PROC FORMAT; /*①*/
   VALUE REGFMT 1='NORTHEAST'
                2='SOUTH'
                3='MIDWEST'
                4='WEST';
   VALUE DIVFMT 1='NEW ENGLAND'
                2='MIDDLE ATLANTIC'
                3='MOUNTAIN'
                4='PACIFIC';
   VALUE USETYPE 1='RESIDENTIAL CUSTOMERS'
                 2='BUSINESS CUSTOMERS';
RUN;
   PROC PRINT DATA=ENERGY (OBS=10);/*②*/
   FORMAT REGION REGFMT. DIVISION DIVFMT. TYPE USETYPE.;/*③*/
RUN;
```

[표 1.5]의 출력 결과를 보면 이제 숫자로 입력되었던 범주형 변수의 범주가 포맷에 지정되었던 문자 값으로 변환되어 출력됨을 알 수 있다.

[표 1.5] 포맷을 지정한 후 자료를 출력한 결과

OBS	STATE	REGION	DIVISION	TYPE	EXPENDITURES
1	ME	NORTHEAST	NEW ENGLAND	RESIDENTIAL CUSTOMERS	708
2	ME	NORTHEAST	NEW ENGLAND	BUSINESS CUSTOMERS	379
3	NH	NORTHEAST	NEW ENGLAND	RESIDENTIAL CUSTOMERS	597
4	NH	NORTHEAST	NEW ENGLAND	BUSINESS CUSTOMERS	301
5	VT	NORTHEAST	NEW ENGLAND	RESIDENTIAL CUSTOMERS	353
6	VT	NORTHEAST	NEW ENGLAND	BUSINESS CUSTOMERS	188
7	MA	NORTHEAST	NEW ENGLAND	RESIDENTIAL CUSTOMERS	3264
8	MA	NORTHEAST	NEW ENGLAND	BUSINESS CUSTOMERS	2498
9	RI	NORTHEAST	NEW ENGLAND	RESIDENTIAL CUSTOMERS	531
10	RI	NORTHEAST	NEW ENGLAND	BUSINESS CUSTOMERS	358

먼저 간단히 빈도분석을 수행해보자. 빈도분석을 수행하기 위해서 자료에서 DIVISION의 빈도를 살펴보면 [표 1.6]과 같은 코드를 사용할 수 있다. /*①*/의 코드는 TABULATE라는 프로시저를 사용하도록 선언하고 있으며 각 DIVISION별로 주거용과 업무용이 두 번씩 나오기 때문에 WHERE=(TYPE=1) 옵션을 지정하여 TYPE=1인 자료만을 이용하여 빈도를 계산하도록 하였다.

/*②*/는 CLASS 명령문을 이용하여 변수의 성격을 지정하는 것인데 DIVISION이라는 변수가 범주형 변수임을 선언하는 것이다. 만일 VAR 명령문을 이용하여 변수를 지정하면 해당 변수가 숫자형 변수임을 선언하게 된다. PROC TABULATE 프로시저를 사용할 때는 반드시 분할표를 만들 때 사용하는 변수가 문자형 변수인지 숫자형 변수인지를 CLASS나 VAR 명령문을 이용하여 지정해야 한다는 점에 유의해야 한다.

테이블을 만들 변수들의 성격을 지정한 후 TABLE 명령문을 /*③*/과 같이 사용하면 DIVISION이라는 변수의 빈도표를 [표 1.7]과 같이 얻을 수 있다. PACIFIC이라는 DIVISION은 5개가 있음을 알 수 있다.

[표 1.6] PROC TABUALTE를 이용한 테이블 만들기

```
PROC TABULATE DATA=ENERGY(WHERE=(TYPE=1));/*①*/
   FORMAT DIVISION DIVFMT.;
   CLASS DIVISION;/*②*/
   TABLE DIVISION;/*③*/
RUN;
```

[표 1.7] 단일 범주형 변수의 빈도표

DIVISION			
NEW ENGLAND	MIDDLE ATLANTIC	MOUNTAIN	PACIFIC
N	N	N	N
6	3	8	5

이제 여러 개의 범주형 변수를 이용하여 교차분포표를 만들 수도 있으며 연속형 변수의 기술통계량 값도 구할 수 있다. 교차분포표의 행에는 REGION과 DIVISION 변수를 열에는 TYPE 변수를 사용하고 이 변수들의 범주의 조합별로 에너지 지출액의 합을 구하

는 분석을 수행해보자.

[표 1.8]의 /*①*/에서 FORMAT=DOLLAR12.은 숫자를 달러 기호가 포함된 형식으로 출력하도록 한 옵션이다. /*②*/ 및 /*③*/은 교차분포표 분석을 위해 사용된 변수가 범주형 변수인지 숫자형 변수인지를 선언한 것이다. 범주형 변수는 CLASS 명령문을 이용하여 선언하고 숫자형 변수는 VAR 명령문을 이용해 선언한다. 이 선언이 필요한 이유는 숫자형 변수는 합, 평균, 표준편차 등을 구할 수 있기 때문이다.

/*④*/의 TABLE 명령문은 행과 열에 들어갈 변수를 제시하고 있다. 이 변수 구분은 콤마(,)로 하며 콤마 왼쪽에는 행 변수를 오른쪽에는 열 변수를 나타낸다. 행 변수는 하나만 사용하기도 하고, 여러 개의 변수를 사용할 수도 있다. REGION*DIVISION이라고 표현하면 지역을 상위의 행 구분 변수로 사용하고 각 REGION의 범주별로 다시 DIVISION 변수의 범주로 구분하는 것이다.

/*⑤*/는 PROC FORMAT 프로시저에서 정의한 포맷을 사용하여 분석에 사용한 포맷을 지정하고 있다. 변수의 포맷을 지정하는 FORMAT 명령문은 PROC TABULATE 프로시저의 전반부에 위치시킬 수도 있지만 이처럼 후반부에 위치시켜도 문제가 되지는 않는다. 그리고 표에 부여할 제목을 나타내고 있는 부분이 /*⑥*/이다. TITLE 명령문에 큰따옴표나 작은따옴표를 사용하여 제목을 지정하는 것이다.

[표 1.8] 여러 범주형 변수와 연속형 변수 분석을 위한 교차분포표 만들기 코드

```
PROC TABULATE DATA=ENERGY FORMAT=DOLLAR12.; /*①*/
   CLASS REGION DIVISION TYPE;/*②*/
   VAR EXPENDITURES; /*③*/
   TABLE REGION*DIVISION,
         TYPE*EXPENDITURES/ RTS=25; /*④*/
   FORMAT REGION REGFMT. DIVISION DIVFMT. TYPE USETYPE.;/*⑤*/
   TITLE 'ENERGY EXPENDITURES FOR EACH REGION';/*⑥*/
   TITLE2 '(MILLIONS OF DOLLARS)';
RUN;
```

TABULATE 프로시저를 수행한 결과는 [표 1.9]와 같다. 출력결과에서 확인할 수 있듯이 행에는 REGION과 DIVISION 변수가 사용되고 있으며 열에는 TYPE과 EXPENDITURES 변수가 사용되고 있다. EXPENDITURES는 숫자형 변수인데 이 숫자형 변수의 분석 통계량은 합계(SUM)가 기본값으로 사용되기 때문에 범주 조합별 합계 값이 출력됨을 확인할 수 있다.

[표 1.9] 출력결과

		TYPE	
		RESIDENTIAL CUSTOMERS	BUSINESS CUSTOMERS
		EXPENDITURES	EXPENDITURES
		SUM	SUM
REGION	DIVISION		
NORTHEAST	NEW ENGLAND	$7,477	$5,129
	MIDDLE ATLANTIC	$19,379	$15,078
WEST	MOUNTAIN	$5,476	$4,729
	PACIFIC	$13,959	$12,619

앞의 [표 1.9]는 불필요한 변수의 이름도 함께 나타나 있어서 보기에 불편하다. 예를 들면 SUM이라는 열 이름이나 EXPENDITURES라는 열 이름은 굳이 나타내지 않아도 된다. 또한, 합계보다는 지역별로 평균이나 표준편차를 나타낸 표를 그리고자 할 수도 있다. 이를 위해서는 [표 1.10]과 같은 코드를 사용할 수 있다. /*①*/ 코드에서 TYPE="고객유형"이라고 표현된 것은 TYPE 변수의 레이블을 "고객유형"이라는 이름으로 나타내도록 하고 있다. 또한, EXPENDITURES의 레이블은 나타내지 않게 하도록 " "와 같이 빈 곳으로 나타냈다. 그리고 EXPENDITURES라는 숫자형 변수의 빈도, 평균, 표준편차 등의 기술통계량을 구하기 위해 (N MEAN STD)의 키워드를 사용하도록 하였다.

[표 1.10] 숫자형 변수에 대한 다양한 통계분석

```
PROC TABULATE DATA=ENERGY FORMAT=DOLLAR12.;
    CLASS REGION DIVISION TYPE;
     VAR EXPENDITURES;
     TABLE REGION*DIVISION,
           TYPE="고객유형"*EXPENDITURES=""*(N MEAN STD)
           / RTS=25; /*①*/
   FORMAT REGION REGFMT. DIVISION DIVFMT. TYPE USETYPE.;
   TITLE 'ENERGY EXPENDITURES FOR EACH REGION';
   TITLE2 '(MILLIONS OF DOLLARS)';
RUN;
```

[표 1.10]의 코드를 실행한 결과는 [표 1.11]과 같다. 각 범주 조합별로 빈도, 평균, 표준편차가 계산되었으며 TYPE의 레이블도 고객유형으로 나타나고 있음을 알 수 있다.

[표 1.11] 출력결과

		고객유형					
		RESIDENTIAL CUSTOMERS			BUSINESS CUSTOMERS		
		N	MEAN	STD	N	MEAN	STD
REGION	DIVISION						
NORTHEAST	NEW ENGLAND	6	1246.17	1157.32	6	854.83	919.49
	MIDDLE ATLANTIC	3	6459.67	2335.55	3	5026.00	2424.97
WEST	MOUNTAIN	8	684.50	509.66	8	591.13	466.37
	PACIFIC	5	2791.80	4425.77	5	2523.80	4256.54

참고로 TABLE 명령문에서 사용할 수 있는 통계량은 빈도, 평균, 표준편차 이외에도 [표 1.12]와 같이 다양한 기술통계량, 분위수 통계량, 검정 통계량을 사용할 수 있으므로 필요에 따라 적절히 사용하면 된다.

[표 1.12] PROC TABULATE의 TABLE 명령문에서 사용할 수 있는 각종 통계량

기술 통계량		분위수 통계량	
COLPCTN	PCTSUM	MEDIAN | P50	Q3 | P75
COLPCTSUM	RANGE	P1	P70
CSS	REPPCTN	P5	P80
CV	REPPCTSUM	P10	P90
KURTOSIS | KURT	ROWPCTN	P20	P95
LCLM	ROWPCTSUM	P30	P99
MAX	SKEWNESS | SKEW	P40	
MEAN	STDDEV | STD	P60	
MIN	STDERR	Q1|P25	QRANGE
MODE	SUM		
N	SUMWGT	가설검정 통계량	
NMISS	UCLM	PROBT | PRT	T
PAGEPCTN	USS		
PAGEPCTSUM	VAR		
PCTN			

분석을 수행하다 보면 범주별 조합 이외에도 행 및 열 변수를 종합한 결과를 분석해야 하는 때도 있다. 이때 사용하는 키워드가 **ALL**이다. [표 1.13]의 /*②*/의 코드를 살펴보면 행 변수들에 **REGION** 및 **DIVISION** 변수의 범주들 조합을 사용할 뿐만 아니라 **ALL** 키워드를 포함하여 열 변수를 종합한 결과를 나타내도록 하고 있다. 이때 **ALL** 키워드는 다른 변수들과 달리 * 기호를 사용하지 않고 한 칸을 띈 후 사용하고 있다. 이렇게 사용을 하게 되면 출력된 표의 마지막 행에 열 변수를 종합하는 **ALL**이라는 행이 만들어지게 된다. 만일 `REGION*DIVISION*ALL`이라고 사용하게 되면 **REGION**, **DIVISION**, 그리고 **ALL**의 조합이 만들어지게 되어 열을 종합한 결과를 얻지 못한다.

한편, 행 변수를 종합한 결과를 얻기 위해서는 표의 열에 이를 종합한 열을 하나 더 만들어야 한다. 이를 위해 `(TYPE="고객유형"*EXPENDITURES=""*(N MEAN STD) ALL*EXPENDITURES*(N MEAN STD))`과 같이 지정하였다. `ALL*EXPENDITURES *(N MEAN STD)`은 열에 행의 값을 종합한 분석결과를 나타낸 열을 나타내도록 하고 있고 **EXPENDITURES**의 빈도, 평균, 표준편차를 구할 수 있도록 하고 있다.

한편 /*①*/을 살펴보면 OUT=RESULT라는 옵션이 사용되고 있다. SAS는 분석결과를 데이터 형태로 저장하여 추가 분석을 할 수 있도록 하는 기능을 각 프로시저별로 제공하고 있다. OUT=RESULT 옵션은 PROC TABULATE을 이용하여 얻은 분석결과를 RESULT라는 SAS 데이터셋 형태로 저장하게 한다.

[표 1.13] 행 및 열 변수의 종합 결과를 구하기 위한 코드

```
PROC TABULATE DATA=ENERGY OUT=RESULT;/*①*/
   CLASS REGION DIVISION TYPE;
   VAR EXPENDITURES;
   TABLE (REGION*DIVISION ALL),
          (TYPE="고객유형"*EXPENDITURES=""*(N MEAN STD)
           ALL*EXPENDITURES*(N MEAN STD) ) / RTS=25;/*②*/
   FORMAT REGION REGFMT. DIVISION DIVFMT. TYPE USETYPE.;
   TITLE 'ENERGY EXPENDITURES FOR EACH REGION';
   TITLE2 '(MILLIONS OF DOLLARS)';
RUN;
```

[표 1.13]의 코드를 실행한 결과는 [표 1.14]에 제시되고 있다. [표 1.14]를 살펴보면 행별 자료와 열별 자료의 종합 결과가 제시되고 있음을 알 수 있다. 자료를 해석해보면 PACIFIC 지역의 주거용 소비자의 경우 평균 에너지 지출액이 2791.80이지만 표준편차는 4425.77임을 알 수 있다. 이것은 PACIFIC 지역의 주별로 주거용 에너지 지출액의 편차가 다른 DIVISION보다 훨씬 큼을 알 수 있다. 이러한 현상은 업무용 소비자의 경우도 동일하게 나타나고 있다.

또한, DIVISION별 평균 에너지 지출액도 매우 다르게 나타나고 있는데 MIDDLE ATLANTIC 지역의 경우 MOUNTAIN 지역과 비교하면 9배 이상 더 에너지 지출을 하고 있음을 알 수 있다. 이러한 기술통계 분석 결과를 얻었다면 왜 이렇게 지역 간 차이가 나는지에 대한 후속 연구를 위해 자료를 수집하고 추가적인 분석을 수행할 필요가 있다. 또한, 에너지 소비에 관한 연구를 수행할 때 이러한 지역 간 차이를 고려한 분석 모형을 설정해야 하는 것은 물론이다.

[표 1.14] PROC TABULATE 분석결과

		고객유형						ALL		
		RESIDENTIAL CUSTOMERS			BUSINESS CUSTOMERS			EXPENDITURES		
		N	MEAN	STD	N	MEAN	STD	N	MEAN	STD
REGION	DIVISION									
NORTHEAST	NEW ENGLAND	6	1246.17	1157.32	6	854.83	919.49	12	1050.50	1017.29
	MIDDLE ATLANTIC	3	6459.67	2335.55	3	5026.00	2424.97	6	5742.83	2269.52
WEST	MOUNTAIN	8	684.50	509.66	8	591.13	466.37	16	637.81	474.38
	PACIFIC	5	2791.80	4425.77	5	2523.80	4256.54	10	2657.80	4096.09
ALL		22	2104.14	2908.04	22	1707.05	2588.30	44	1905.59	2728.02

한편 RESULT라는 데이터셋에 저장된 분석결과를 출력해보면 다음과 같다. 출력결과에 _TYPE_이라는 변수가 111,110 등의 값을 갖고 있다. 이것은 이 변수 앞에서 사용된 REGION, DIVISION, TYPE의 값이 있으면 1, 그렇지 않으면 0의 값을 갖도록 순서대로 표기된 것이다. 그리고 각 범주 조합별로 EXPENDITURES 변수의 N, MEAN, STD값을 아래와 같이 얻을 수 있다.

[표 1.15] RESULT 데이터셋에 저장된 결과

REGION	DIVISION	TYPE	_TYPE_	_PAGE_	_TABLE_	EXPENDITURES _N	EXPENDITURES _MEAN	EXPENDITURES _STD
NORTHEAST	NEW ENGLAND	RESIDENTIAL CUSTOMERS	111	1	1	6	1246.17	1157.32
NORTHEAST	NEW ENGLAND	BUSINESS CUSTOMERS	111	1	1	6	854.83	919.49
NORTHEAST	MIDDLE ATLANTIC	RESIDENTIAL CUSTOMERS	111	1	1	3	6459.67	2335.55
NORTHEAST	MIDDLE ATLANTIC	BUSINESS CUSTOMERS	111	1	1	3	5026.00	2424.97
WEST	MOUNTAIN	RESIDENTIAL CUSTOMERS	111	1	1	8	684.50	509.66
WEST	MOUNTAIN	BUSINESS CUSTOMERS	111	1	1	8	591.13	466.37
WEST	PACIFIC	RESIDENTIAL CUSTOMERS	111	1	1	5	2791.80	4425.77
WEST	PACIFIC	BUSINESS CUSTOMERS	111	1	1	5	2523.80	4256.54

REGION	DIVISION	TYPE	_TYPE_	_PAGE_	_TABLE_	EXPENDITURES _N	EXPENDITURES _MEAN	EXPENDITURES _STD
NORTHEAST	NEW ENGLAND	.	110	1	1	12	1050.50	1017.29
NORTHEAST	MIDDLE ATLANTIC	.	110	1	1	6	5742.83	2269.52
WEST	MOUNTAIN	.	110	1	1	16	637.81	474.38
WEST	PACIFIC	.	110	1	1	10	2657.80	4096.09
.	.	RESIDENTIAL CUSTOMERS	001	1	1	22	2104.14	2908.04
.	.	BUSINESS CUSTOMERS	001	1	1	22	1707.05	2588.30
.	.	.	000	1	1	44	1905.59	2728.02

범주형 변수를 분석할 때 각 범주 조합별로 백분율을 계산하는 예도 많다. 이를 위한 코드는 [표 1.16]과 같다. /*①*/에 사용한 키워드 **COLPCTSUM**은 숫자형 변수의 열합에 대한 백분율 값, **ROWPCTSUM**은 행합에 대한 백분율, 그리고 **REPPCTSUM**은 전체 합에 대한 백분율 값을 계산한다. 참고로 빈도에 대한 백분율을 계산하기 위해서는 **COLPCTN**, **ROWPCTN**, **REPPCTN** 등을 사용할 수 있다.

[표 1.16] TABULATE 프로시저를 이용한 교차표 만들기 예제

```
PROC TABULATE DATA=ENERGY OUT=RESULT ;
   CLASS REGION DIVISION TYPE;
   VAR EXPENDITURES;
   TABLE (REGION*DIVISION  ALL),
         (TYPE="고객유형"*EXPENDITURES=""*
          (SUM COLPCTSUM ROWPCTSUM REPPCTSUM )
           ALL*EXPENDITURES*SUM="")
          / RTS=25;  /*①*/
   FORMAT REGION REGFMT. DIVISION DIVFMT. TYPE USETYPE.;
   TITLE 'ENERGY EXPENDITURES FOR EACH REGION';
   TITLE2 '(MILLIONS OF DOLLARS)';
RUN;
```

[표 1.17]은 앞의 코드를 이용하여 얻은 백분율 계산표이다. 독자들은 이 계산 결과를 살펴보면서 백분율 유형별 의미를 확인해보도록 한다.

[표 1.17] PROC TABULATE를 이용한 백분율 계산표

		고객유형								ALL
		RESIDENTIAL CUSTOMERS				BUSINESS CUSTOMERS				
		SUM	COLPCTSUM	ROWPCTSUM	REPPCTSUM	SUM	COLPCTSUM	ROWPCTSUM	REPPCTSUM	EXPENDITURES
REGION	DIVISION									
NORTHEAST	NEW ENGLAND	7477.00	16.15	59.31	8.92	5129.00	13.66	40.69	6.12	12606.00
	MIDDLE ATLANTIC	19379.00	41.86	56.24	23.11	15078.00	40.15	43.76	17.98	34457.00
WEST	MOUNTAIN	5476.00	11.83	53.66	6.53	4729.00	12.59	46.34	5.64	10205.00
	PACIFIC	13959.00	30.15	52.52	16.65	12619.00	33.60	47.48	15.05	26578.00
ALL		46291.00	100.00	55.21	55.21	37555.00	100.00	44.79	44.79	83846.00

독자들은 굳이 왜 복잡하게 표를 만드는 법을 배워야 하는지 궁금해할 수 있다. 하지만 자료를 자주 분석해 본 독자라면 변수를 잘 조합하여 원하는 표를 만드는 것이 얼마나 중요한지를 많이 경험했을 것이다. PROC TABULATE은 사용이 간단하기 때문에 조금만 익숙하면 범주형 자료 분석에 유용하게 사용할 수 있으니 이를 자주 활용하기를 권한다.

2) 범주형 변수의 시각화

자료분석에서 시각화(visualization)의 중요성은 점점 더 커지고 있다. 앞으로 변화하겠지만, 지금까지의 자료 시각화는 주로 2차원 공간에서 진행됐다. 이는 수평축과 수직축을 구성하고 그 공간 안에 자료에 대한 정보를 나타내는 것이었다. 이때 수평축 혹은 수직축의 길이 혹은 간격은 항상 숫자인 물리적 거리는 아니다. 각 축에 도시 이름, 회사 이름, 성별과 같은 범주를 나타낼 수도 있다. 또한, 범주형 변수가 2018, 2019, 2020년과 같이 숫자로 입력되어 있더라도 이를 범주형 변수로 간주할지 혹은 연속형 변수로 간주할지에 따라 축의 간격에 대한 의미가 달라진다. 만일 연속형 변수로 간주하면 2019.5라는 값도 축에 나타낼 수 있다.

한편 동일한 축에 여러 개의 그림을 겹쳐 그릴 때도 동일한 축에 하나의 변수는 연속형 변수, 다른 변수는 범주형 변수이면 겹쳐 그릴 수 없게 된다. 자료의 시각화를 많이 해본 독자라면 여러 그림을 겹칠 때 발생하는 이런 문제를 자주 경험했을 것이다. 이러한 이유는 범주형 변수가 주가 된 자료의 시각화와 연속형 변수가 주가 된 자료의 시각화가 서로 다른 유형의 그림 형식을 사용하기 때문이다.

SAS에서는 자료의 시각화를 위해 다양한 프로시저와 SAS/GRAPH와 같이 시각화에 특화된 프로그램을 제공해왔다. 하지만 최근에는 PROC SGPLOT이 통계분석에 필요한 그림들을 간편하게 구현할 수 있도록 제공되고 있으므로, 이하에서는 SGPLOT 프로시저를 이용하여 범주형 변수의 시각화 방법을 나타내보기로 한다.

먼저 간단하게 빈도를 나타내기 위한 DOT 그림은 [표 1.18]과 같은 코드를 이용할 수 있다. DOT 명령문 다음에는 변수는 범주형 변수로 가정한다. 따라서 따로 CLASS 명령문들을 사용하여 범주형 변수라고 지정하지 않더라도 DOT 그림을 그릴 때는 지정한 DIVISION이라는 변수는 범주형 변수로 간주된다.

[표 1.18] DOT 그림 그리기

```
PROC SGPLOT DATA=ENERGY;
   DOT DIVISION ;
RUN;
```

[표 1.18]의 프로그램을 실행한 결과는 [그림 1.1]과 같다. 그림에서 수직축에 DIVISION의 범주가 나타나있고 수평축에는 빈도가 나타나고 있다. SAS의 DOT 그림은 수직축에 변수의 범주 값이 나타나도록 설정되어 있기 때문이다.

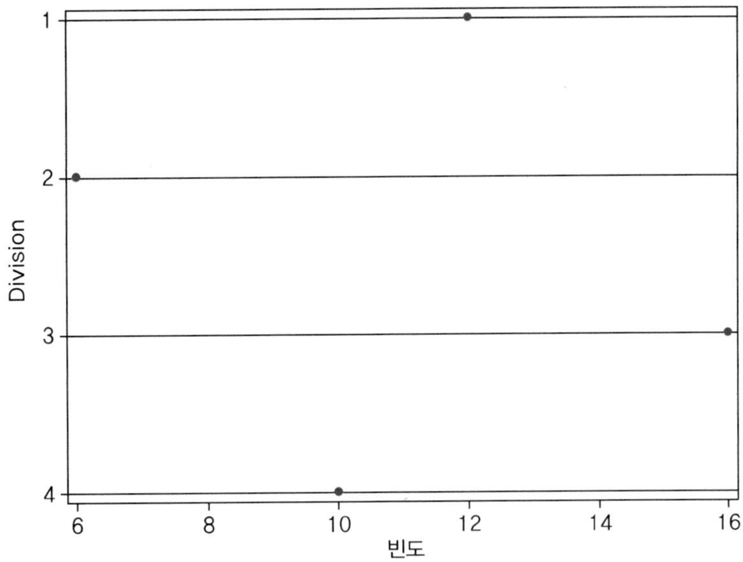

[그림 1.1] DOT 그림 결과

SAS의 SGPLOT이 강력한 것은 다양한 옵션을 부과하여 여러 분석을 수행할 수 있도록 해주기 때문이다. 위 그림을 살펴보면 범주가 숫자로 나타나고 있어서 DIVISION=1이 무슨 의미인지 알 수 없다. 또 단순하게 점만 나타나고 있어서 해당 점의 빈도가 얼마인지 바로 알아보기 어렵다. 하지만 [표 1.19]의 코드를 이용하면 그림을 쉽게 수정할 수 있다. /*①*/은 수평축에 대한 옵션을 부여하기 위한 것으로 XAXIS 명령문을 사용하고 있다. 이 예제에서는 LABEL= 옵션을 사용하여 수평축의 이름을 지정하고 있다. 이 밖에도 수평축의 간격이라든지 축의 모양 등을 자유롭게 변형시킬 수 있다.

/*②*/에서 살펴볼 수 있듯이 DOT 그림에 다양한 옵션을 부여하기 위해 / 기호 다음에 옵션을 부여한다. 예를 들어 DATALABEL 옵션은 그림에 있는 MARKER에 이름 값을 나타내도록 한다. 또한, 이 레이블 크기나 속성들을 DATALABELATTRS 라는 옵션을 이용하여 지정할 수 있다. 마찬가지로 원의 형태로 된 MARKER의 속성을 MARKERATTRS라는 옵션을 사용하여 바꾸어 준 것이다.

[표 1.19] 옵션을 부여한 DOT 그림

```
PROC SGPLOT DATA=ENERGY;
   XAXIS LABEL="빈돗수"; /*①*/
   YAXIS LABEL="지역";
   FORMAT REGION REGFMT. DIVISION DIVFMT. TYPE USETYPE.;
   DOT DIVISION / DATALABEL DATALABELATTRS=(SIZE=10)
   MARKERATTRS=(SYMBOL=DIAMOND COLOR=RED SIZE=1CM);/*②*/
RUN;
```

[표 1.19]와 같이 옵션을 지정해 준 후 얻어진 결과는 [그림 1.2]와 같다.

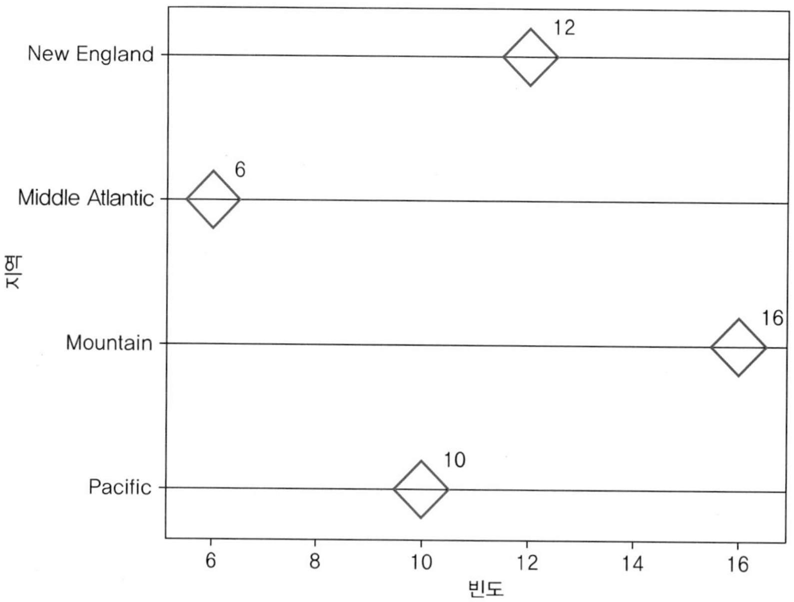

[그림 1.2] DOT 그림에 옵션을 부가한 결과

DOT 그림은 범주형 변수의 빈도를 나타낼 때 사용할 수 있지만 실제로는 범주형 변수의 범주별로 연속형 변수에 대한 통계분석을 수행할 때 널리 사용된다. 예를 들어 지역별로 가구용과 영업용 에너지 소비액의 평균을 구한 후 평균에 대한 95% 신뢰구간을 구하려고 한다고 해보자.

RESPONSE=EXPENDITURES 옵션은 연속형 변수가 EXPENDITURES임을 지정한 것이다. 따라서 DIVISION 값에 따라 EXPENDITURES에 대한 통계량을 구하도록 하였다.

EXPENDITURES에 대한 통계량은 STAT= 옵션을 이용하여 지정한다. 이 옵션에 키워드인 평균(MEAN), 퍼센트(PERCENT), 빈도(FREQ), 중윗값(MEDIAN), 합계(SUM) 등을 지정하면 이 값을 구할 수 있고 그림도 그릴 수 있다. 만일 STAT=MEAN과 LIMITS=, LIMITSTAT=[3] 옵션을 함께 사용하면 신뢰구간을 구할 수 있다.

한편 주된 변수인 DIVISION에 대해 하위 그룹별로 그림을 그릴 수 있도록 하는데 GROUP=TYPE은 TYPE이라는 변수의 범주별로 그림을 그릴 수 있도록 한다. 특히 GROUPDISPLAY=CLUSTER 옵션을 사용하게 되면 그룹 변수의 범주별로 그림을 분리해서 나타나게 해준다.

[표 1.20] 범주형 변수와 연속형 변수를 함께 분석하기 위한 코드

```
PROC SGPLOT DATA=ENERGY;
  XAXIS LABEL="빈도";
  YAXIS LABEL="지역";
  FORMAT REGION REGFMT. DIVISION DIVFMT. TYPE USETYPE.;
  DOT DIVISION /RESPONSE=EXPENDITURES STAT=MEAN LIMITS=BOTH
  LIMITSTAT=CLM
  GROUP=TYPE GROUPDISPLAY=CLUSTER COLORMODEL=(BLUE RED)
  DATALABEL DATALABELATTRS=(SIZE=10)
  MARKERATTRS=(SYMBOL=DIAMOND  SIZE=0.51CM);
RUN;
```

[그림 1.3]은 위 코드를 실행한 결과이다. 신뢰구간의 길이는 추정된 평균의 값이 가진 불확실성의 크기이다. 따라서 비록 MIDDLE ATLANTIC 지역의 영업용 에너지 소비액 평균이 5,026으로 얻어졌다 하더라도, 표본의 크기가 작거나 표본의 분산이 커서 이 평균값이 갖는 불확실성이 크기 때문에 신뢰구간의 폭이 넓게 나타나는 점을 고려하면 평균값에 대한 신뢰성이 낮다고 해석할 수 있다. 참고로 자료가 평균을 중심으로 얼마나 퍼져 있는지를 알기 위해서는 LIMITSTAT=STD 옵션을 사용해야 한다.

---

3 LIMITSTAT=에 STDDEV 혹은 STDERR 옵션을 지정하면 평균으로부터 1 표준편차 혹은 1 표준오차 떨어진 상한과 하한값을 그려준다. CLM은 평균에 대한 95% 신뢰구간을 그려준다.

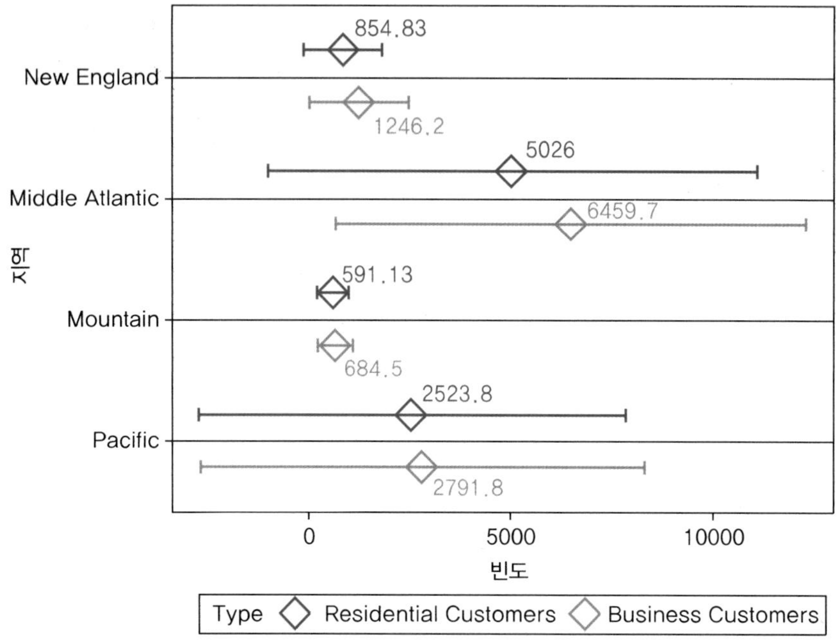

[그림 1.3] DOT 그림을 이용하여 하위 범주별 신뢰구간을 시각화한 결과

DOT 그래프와 유사하게 널리 사용되는 것이 막대 그래프(BAR PLOT)이다. 막대 그래프는 빈도를 나타낼 수 있을 뿐 아니라 연속형 변수와 함께 사용하는 경우에는 신뢰구간도 함께 나타낼 수 있다. 막대 그래프를 이용한 시각화 예제는 아래 [표 1.21]과 [그림 1.4]와 같다. 참고로 수평 막대 그래프를 그리기 위해서는 HBAR 명령문을 쓰면 되고 수직으로 그리기 위해서는 VBAR 명령문을 쓴다.

[표 1.21] 막대 그래프 예제 코드

```
PROC SGPLOT DATA=ENERGY;
   FORMAT REGION REGFMT. DIVISION DIVFMT. TYPE USETYPE.;
   VBAR REGION/RESPONSE=EXPENDITURES GROUP=TYPE
   GROUPDISPLAY=CLUSTER STAT=MEAN  LIMITS=BOTH LIMITSTAT=CLM
   TRANSPARENCY=0.3 DATALABEL DATALABELATTRS=(SIZE=10);
RUN;
```

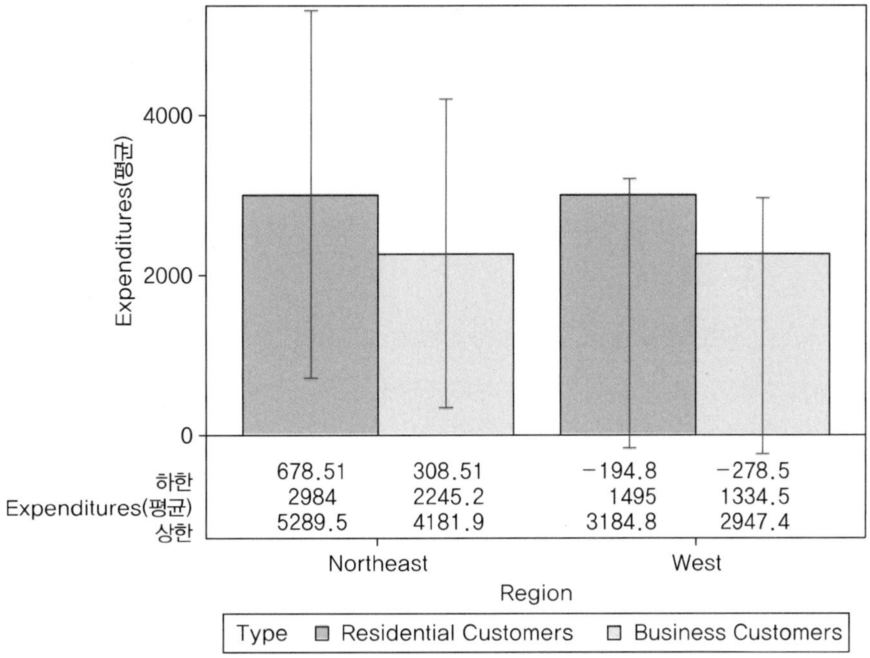

[그림 1.4] 막대 그래프와 신뢰구간 표시 예제

막대 그래프를 그리면서 자료의 분포를 함께 확인하는 것이 유용할 때가 있다. 이 경우에는 막대 그래프와 산점도(SCATTER PLOT)를 겹쳐서 그리면 되지만 산점도는 연속형 변수를 수평축과 수직축에 사용하기 때문에 범주형 변수를 축으로 사용하는 막대 그래프와는 호환되지 않는다. 예를 들어 REGION이라는 변수는 숫자값이 입력되어 있지만 이를 범주형 변수로도 간주할 수도 있고 연속형 변수로 간주할 수도 있다. VBAR 그림을 이용하게 되면 REGION은 범주형 변수로 간주되며 SCATTER 그림에서는 연속형 변수로 간주된다. 이 경우 X축에 사용하는 변수의 종류가 달라져서 그림을 그릴 수 없다.

위와 같은 문제를 해결하기 위해 SAS에서는 VBAR 대신 VBARBASIC 명령문을 이용하도록 하고 있다. 이 경우 명목변수를 이용한 VBARBASIC 그림과 연속형 변수를 이용한 SCATTER 그림을 함께 나타낼 수 있다. 이를 나타내기 위해 [표 1.22]의 코드를 실행하면 [그림 1.5]와 같은 결과를 얻을 수 있다.

[표 1.22] 막대 그래프와 산점도를 겹쳐 그리기

```
PROC SGPLOT DATA=ENERGY ;
   FORMAT REGION REGFMT. DIVISION DIVFMT. TYPE USETYPE.;
   VBARBASIC REGION/RESPONSE=EXPENDITURES STAT=MEAN GROUP=TYPE
   GROUPDISPLAY=CLUSTER TRANSPARENCY=0.4 DATALABEL
   DATALABELATTRS=(SIZE=10);
   SCATTER X=REGION Y=EXPENDITURES
   /GROUP=TYPE GROUPDISPLAY=CLUSTER;
RUN;
```

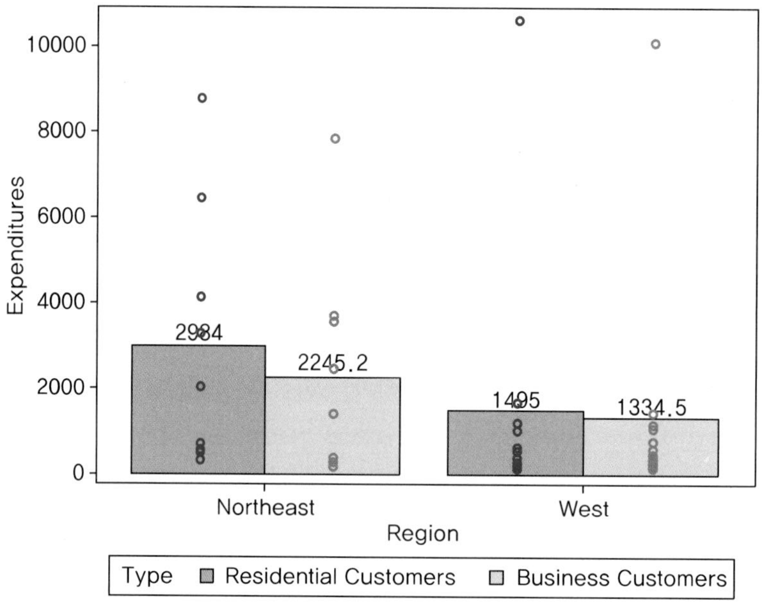

[그림 1.5] 막대 그래프와 산점도를 겹쳐 그린 결과

상자 그림(BOX PLOT) 역시 범주형 자료와 연속형 자료를 함께 분석하는 데 유용하다. 주의할 것은 상자 그림은 연속형 변수가 주가 되는 변수이기 때문에 VBOX 명령문 뒤에는 연속형 변수가 지정되어야 하고 옵션에서 CATEGORY= 옵션에 범주형 변수를 지정해야 한다는 점이다. 막대 그래프처럼 수평과 수직 상자그림은 각각 HBOX와 VBOX 명령문을 이용하여 그릴 수 있다. 예제 코드는 [표 1.23]과 [그림 1.6]과 같다.

[표 1.23] 상자 그림 예제

```
PROC SGPLOT DATA=ENERGY;
  FORMAT REGION REGFMT. DIVISION DIVFMT. TYPE USETYPE.;
  VBOX EXPENDITURES/CATEGORY=REGION GROUP=TYPE
  GROUPDISPLAY=CLUSTER DATALABEL DATALABELATTRS=(SIZE=10);
RUN;
```

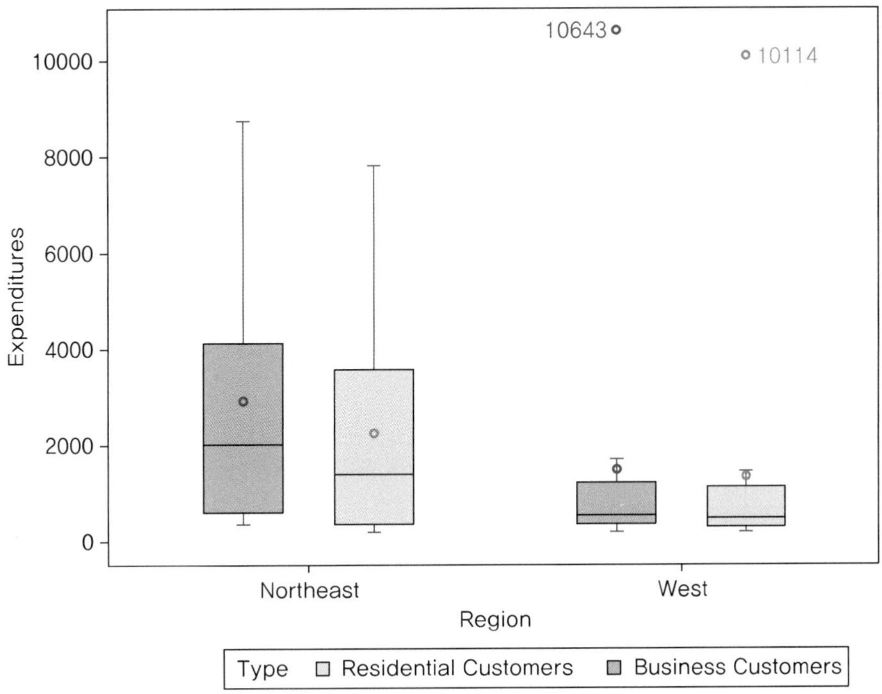

[그림 1.6] 상자 그림 출력 결과

누적합을 나타내기 위해 사용할 때 사용하는 것이 폭포 그림(WATERFALL PLOT)이다. [표 1.24]와 [그림 1.7]은 그 예제이다. WATERFALL 명령문에 범주형 변수를 CATEGORY= 옵션에 지정을 해주고 연속형 변수를 RESPONSE= 옵션에 지정을 해주면 결과를 얻을 수 있다. [그림 1.7]의 마지막 부분에 "마지막"으로 나타난 범주는 모든 범주의 값을 종합한 합계 값이 그려지게 된다.

[표 1.24] 폭포 그림을 위한 코드

```
PROC SGPLOT DATA=ENERGY ;
   FORMAT REGION REGFMT. DIVISION DIVFMT. TYPE USETYPE.;
   WATERFALL CATEGORY= DIVISION RESPONSE=EXPENDITURES
   / STAT=SUM  DATALABEL DATALABELATTRS=(SIZE=10);
RUN;
```

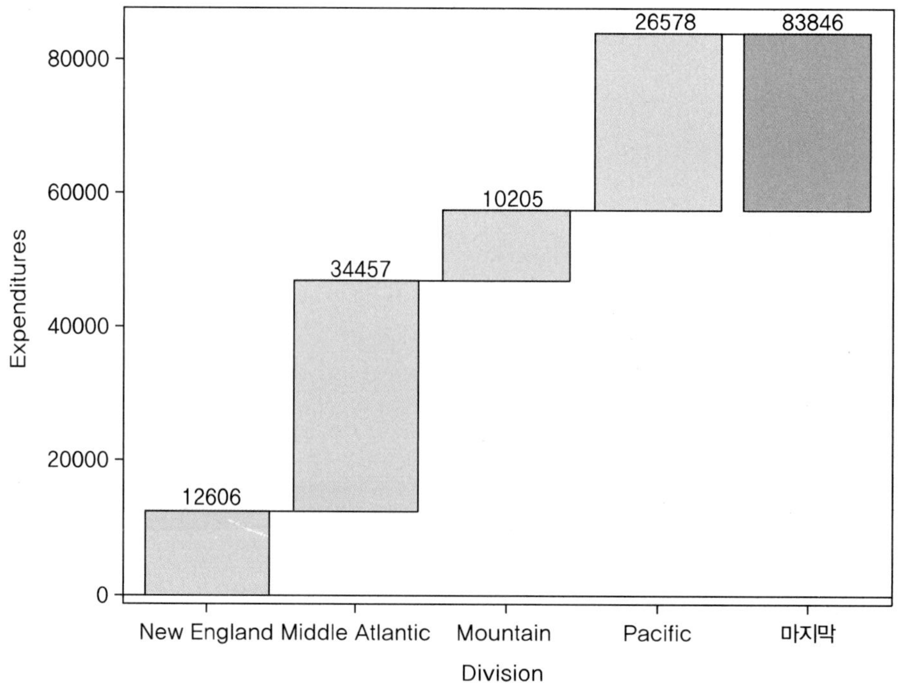

[그림 1.7] 폭포 그림 출력 결과

범주별로 버블 그림(BUBBLE PLOT)은 [표 1.25]의 코드를 이용하여 [그림 1.8]과 같은 결과를 얻을 수 있다.[4] 버블 그림은 X축 및 Y축 변수를 지정하고 버블의 크기를 나타내는 변수를 SIZE= 옵션을 이용하여 지정하면 된다.

---

4 우리 예제 자료의 경우는 동일한 STATE와 DIVISION 범주별로 가정용과 영업용 에너지 사용액이 있으므로 버블 그림이 두 개씩 겹쳐 그려지게 된다. 이를 예방하기 위해서 자료 중에서 TYPE=1 즉 가정용 자료만을 이용하여 그림을 그리기 위해 PROC SGPLOT의 DATA 옵션에 (WHERE=(TYPE=1)) 옵션을 지정하였다.

[표 1.25] 버블 그림을 위한 코드 예시

```
PROC SGPLOT DATA=ENERGY (WHERE=(TYPE=1));
   FORMAT REGION REGFMT. DIVISION DIVFMT. TYPE USETYPE.;
   BUBBLE X=STATE Y=DIVISION SIZE=EXPENDITURES/ DRAWORDER=SIZE ;
RUN;
```

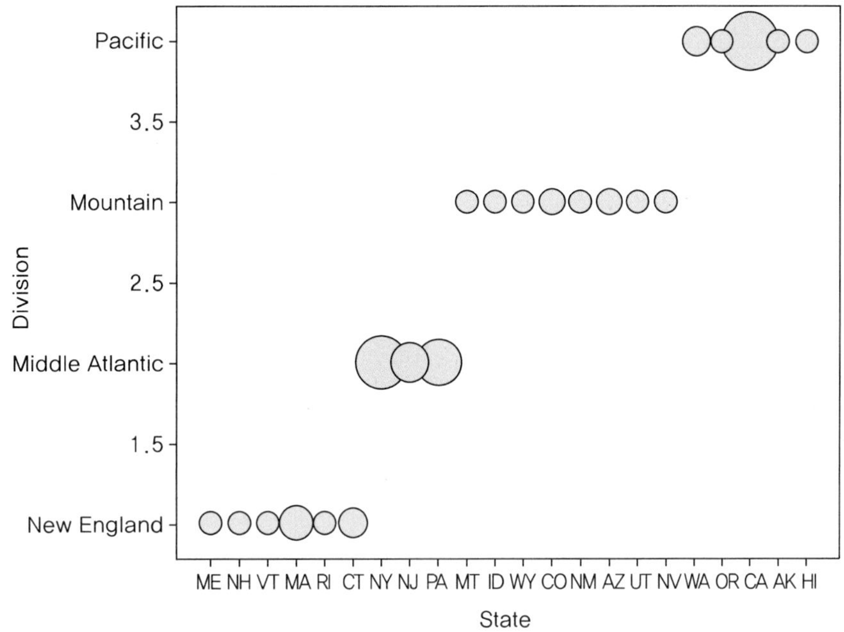

[그림 1.8] 버블 그림

마지막으로 범주형 자료 분석에서 널리 사용하는 것이 선 그림(LINE PLOT)이다. 선 그림은 원래 추세선(SERIES PLOT)과 유사한데 추세선은 연속형 변수의 추세를 나타내는 데 사용하고 선 그림은 범주형 변수의 추세를 나타낼 때 사용한다. [표 1.26]은 각 주별 가정용 에너지 소비액을 나타낸 선 그래프 코드이고 [그림 1.9]는 그 결과이다. BAR 그래프와 마찬가지로 수평인 선 그림을 나타낼 때는 HLINE, 수직인 선 그림을 나타낼 때는 VLINE 명령문을 사용한다. VLINE 명령문 뒤에 오는 변수 이름은 SAS가 범주형 변수로 인식한다는 점에 주의해야 한다.

[표 1.26] 선 그래프 코드

```
PROC SGPLOT DATA=ENERGY (WHERE=(TYPE=1)) ;
   FORMAT REGION REGFMT. DIVISION DIVFMT. TYPE USETYPE.;
   VLINE STATE/RESPONSE=EXPENDITURES DATALABEL
   DATALABELATTRS=(SIZE=10);
RUN;
```

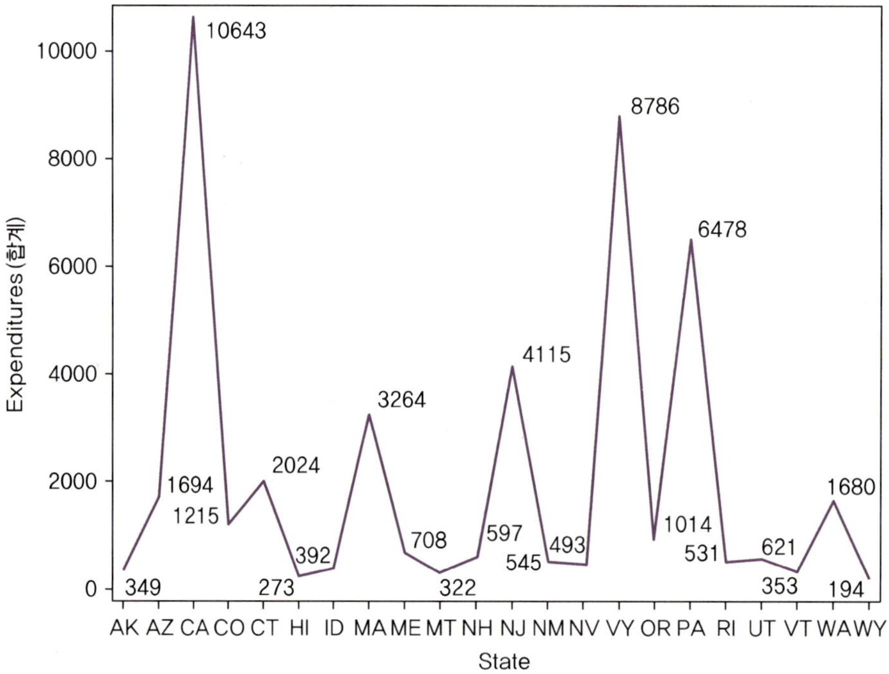

[그림 1.9] 선 그림의 예제

참고로 위와 같은 자료 시각화를 수행할 때 자주 발생하는 문제를 살펴보면 다음과 같다. 첫째, 숫자를 천 단위로 구분하는 것이 필요한 경우이다. 예를 들어 234567이라는 숫자는 234,567과 같이 나타내는 것이 필요한 경우가 많다. 이 경우에는 FORMAT 문을 사용하여 해당 변수의 FORMAT을 COMMA8.2와 같이 지정해주면 전체 8자리수 숫자 중 2자리는 소수점 이하 자리로 나타내도록 출력이 된다. 이 밖에도 FORMAT 문을 이용하여 변수의 다양한 출력형식을 지정해주면 많은 도움이 될 수 있다.

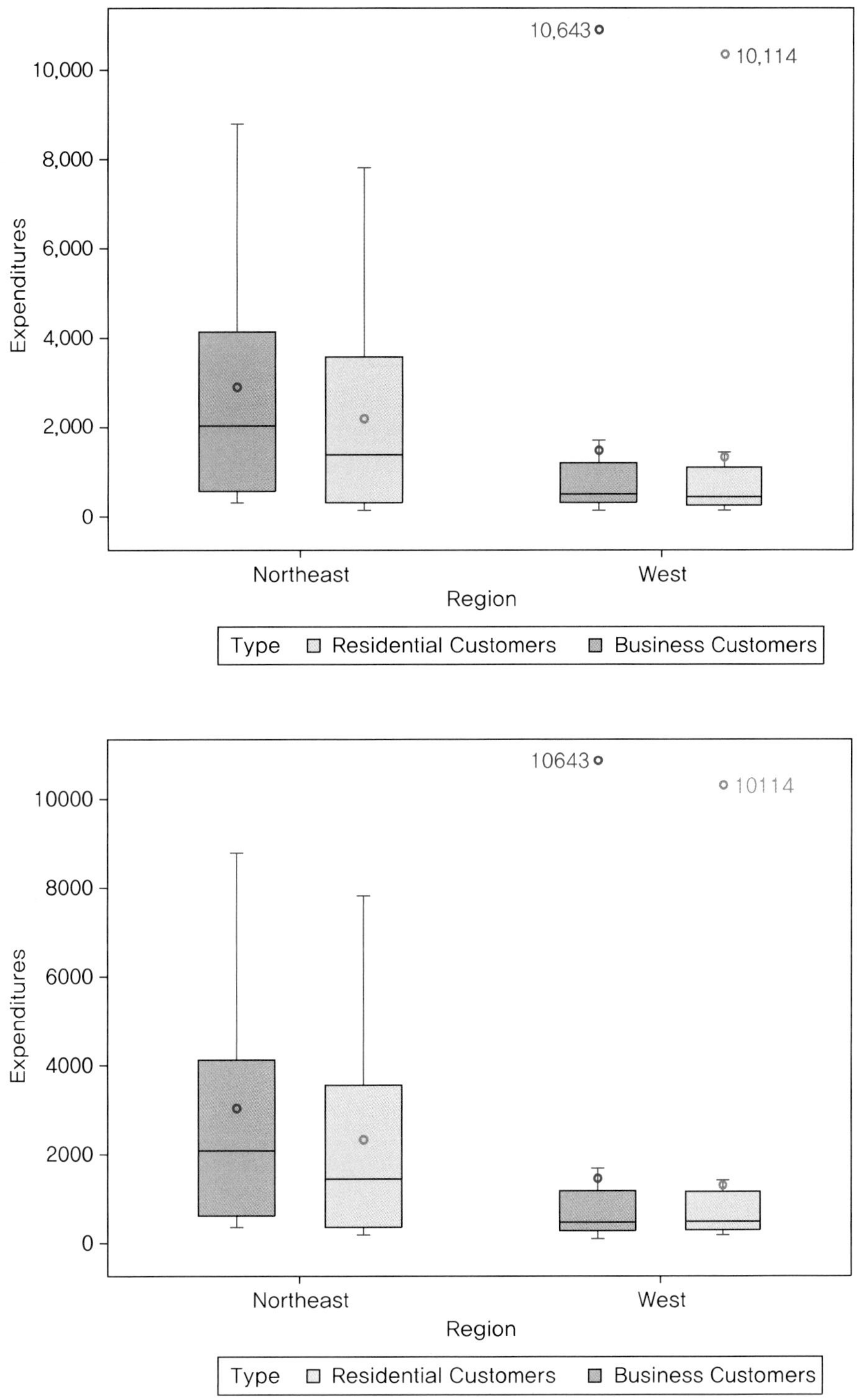

[그림 1.10] 천 단위 자리 구분 콤마를 포함한 경우와 그렇지 않은 경우

둘째, 선의 모양이나 레이블 등의 속성을 지정할 필요가 있는 경우이다. 이 속성을 지정하는 것은 [표 1.27]과 같이 일정한 규칙이 있으므로 이를 활용하면 쉽게 모형을 분석할 수 있다.

[표 1.27] SGPLOT에서 다양한 속성을 지정하는 방법

```
DATALABELATTRS=(COLOR=SIZE=8  GREEN  FAMILY=ARIAL  STYLE=ITALIC
WEIGHT=BOLD)
LINEATTRS=(THICKNESS=10 PATTERN=DASHDASHDOT COLOR=RED);
MARKERATTRS=(SIZE=10 SYMBOL=DIAMOND COLOR=RED);
FILLATTRS=(COLOR=RED TRANSPARENCY=.5);
VALUEATTRS=(COLOR=GREEN FAMILY=ARIAL SIZE=8 STYLE=ITALIC
  WEIGHT=BOLD)
```

앞에서 범주형 자료에 대한 다양한 시각화 방법을 살펴보았다. 독자들이 느꼈을지 모르겠지만, 자신의 연구목적에 따라 아주 다양한 그림들을 이용하여 자료가 가진 정보를 요약 정리할 수 있다. 자료의 요약정리는 빈도뿐만 아니라 중심의 정보를 나타내는 평균, 퍼진 정도를 나타내는 표준편차 등을 종합적으로 제시함으로써 자료에 대한 이해도를 높일 수 있다. SAS에서는 다양한 옵션을 제공하면서 그림들을 수정할 수 있도록 하므로 독자들은 여기서 제시한 예제들을 더 보기 좋게 시각화할 수 있을 것이다. SGPLOT의 문법이 대부분 유사하므로 조금만 익숙해지면 자료 시각화 방법을 손쉽게 배울 수 있다.

저자는 기술통계 분석과 자료의 시각화 작업을 충분히 해 본 다음에 범주형 자료 분석을 위한 통계기법들을 사용하는 것을 추천한다. 자료에 대한 이해도 없이 로지스틱 회귀분석이나 각종 통계분석을 수행하는 것은 제대로 된 모형을 설정하는 것을 어렵게 할 뿐 아니라 분석된 결과도 제대로 해석하지 못하게 하기 때문이다.

CHAPTER 2

범주형 자료의 연관성 분석[1]

1 카이제곱 검정

두 연속형 변수의 관계를 분석하는 간단한 방법은 상관분석(correlation analysis)이다. 즉 상관계수를 구하여, 이 값이 1에 가까우면 한 변수가 증가하면 다른 변수도 증가하는 양의 상관관계를 갖고 있고, −1에 가까우면 두 변수의 변화 방향이 서로 반대인 음의 상관관계를 갖고 있으며, 0에 가까우면 서로 상관관계가 없다고 해석하는 것이다.

범주형 자료의 연관성 분석은 연속형 변수의 상관분석처럼 두 범주형 변수가 서로 연관이 있는지를 확인하는 것이다. 연관성 분석의 기본 아이디어는, 두 범주형 변수가 확률적으로 독립이 아니면 서로 연관이 있다고 판단을 내리는 데에서 출발한다. 즉 범주형 자료의 연관성 분석에서 귀무가설은 두 범주형 변수가 독립이라는 것이다. 만일 귀무가설이 기각되면 연구자는 두 범주형 변수 간에 연관성이 있다고 판단하는 것이다.

그렇다면 두 범주형 변수가 확률적으로 독립이라는 의미는 무엇일까? 구체적인 사례를 이용하여 이해해 보기로 하자. 어떤 연구자는 사람들이 투표의향이라는 변수와 거주지역이라는 변수가 서로 상관관계가 있는지에 관심을 기울이고 있다. 투표의향이라는 변수는 투표하거나(YES), 하지 않거나(NO), 아직 결정하지 못했음(UNDECIDED)이라는 세 가지 범주로 나뉜 변수이다. 지역은 도시(URBAN), 교외(SUBURBAN), 그리고 시골(RURAL)이라는 범주로 나뉘어 있다. 이러한 각각의 범주에 대해서 응답자들의 빈도수를 관측하여 [표 2.1]과 같은 자료를 얻었다.

1 이 장의 내용은 고길곤(2017), 통계학의 이해와 활용, 2판, 문우사, 제9장의 내용에 기반하고 있다.

[표 2.1] 투표의향과 거주지역 간의 연관성 분석 자료

VOTE	COMMUNITY	COUNT
YES	URBAN	8
YES	SUB	17
YES	RURAL	7
NO	URBAN	6
NO	SUB	8
NO	RURAL	15
UNDEC	URBAN	19
UNDEC	SUB	7
UNDEC	RURAL	11

[표 2.1]의 자료를 바로 분석하기보다는 범주별 빈도수를 체계적으로 요약한 교차분포표(contingency table)를 사용하는 것이 손쉽다. [표 2.2]에서 /*①*/는 PROC FREQ를 이용하여 투표의향과 거주지역의 교차분포표를 그리는 절차이다. 이 프로그램을 수행하면 [표 2.3]과 같은 결과를 얻을 수 있다.

[표 2.2] 투표의향과 거주지역 간의 연관성 분석 코드

```
DATA VOTE;
    INPUT VOTE$ COMMUNITY$ COUNT;
    CARDS;
        YES    URBAN   8
        YES    SUB    17
        YES    RURAL   7
        NO     URBAN   6
        NO     SUB     8
        NO     RURAL  15
        UNDEC URBAN  19
        UNDEC SUB     7
        UNDEC RURAL  11
    ;
RUN;
PROC FREQ DATA=VOTE ORDER=DATA ;/*①*/
    WEIGHT COUNT;
    TABLE VOTE*COMMUNITY/NOPCT NOROW NOCOL ;
RUN;
```

[표 2.3] 투표의향과 거주지역의 교차분포표

테이블: VOTE × COMMUNITY				
VOTE	COMMUNITY			
	URBAN	SUB	RURAL	합계
YES	8	17	7	32
NO	6	8	15	29
UNDEC	19	7	11	37
합계	33	32	33	98

여기서 지역을 X, 투표의향을 Y라고 해보자. 이 두 변수 X와 Y가 확률적으로 독립이라고 한다면 독립의 정의에 따라 $P(X|Y) = P(X)$ 혹은 $P(X \cap Y) = P(X)P(Y)$의 관계가 성립해야 한다. 이것은 X가 어떤 값을 가질 확률은 Y가 특정한 값을 가질 확률에 영향을 주지 않는다는 의미이다. 즉 응답자가 어디에 사는지가 투표의향이 있는지, 없는지 혹은 아직 결정하지 못했는지 확률에는 영향을 주지 못한다는 의미이다. 만일 전체 응답자 중 투표에 참여할 의향이 있는 사람들의 비율이 10%였다고 가정해보자. 투표의향과 지역이 확률적으로 독립이라면 도시, 시골, 교외에 사는 사람의 투표의향 모두가 각각 10%가 될 것이다.

통계적 독립의 정의를 이용하여 위 아이디어를 일반화할 수 있다. 먼저 각각 i개와 j개의 범주를 가지는 범주형 변수 X와 Y가 독립이라는 귀무가설은 다음과 같이 표현할 수 있다.

$$H_0 : P_{ij} = P_i \times P_j$$

위의 귀무가설이 참이라는 가정 아래 실제 관측된 n_i와 n_j에 대해서 기대빈도 E_{ij}를 도출하면, 다음과 같다.

$$E_{ij} = n \times P_{ij} = n \times P_i \times P_j = n \times \frac{n_{i.}}{n} \times \frac{n_{.j}}{n}$$

(단, $n_{i.}$는 행 i의 빈도수 합을, $n_{.j}$열 j의 빈도수 합, n은 전체 빈도수)

따라서 두 범주형 변수가 독립이라는 가정 하에서 기대빈도는 아래와 같다.

$$E_{ij} = \frac{n_{i.} \times n_{.j}}{n}$$

예를 들어 투표의향이 (YES)이고 거주지역이 도시(URBAN)인 사람의 관측빈도, 즉 n_{11}은 8이다. 만일 투표의향과 거주지역이 서로 독립이라고 한다면 투표의향이 있고 도시에 사는 사람의 기대확률은, 전체 98명 중 투표의향이 있는 사람의 확률($32 \div 98$)과 전체 98명 중 도시에 사는 사람의 확률($33 \div 98$)의 곱과 같아져야 한다. 이를 계산해보면 $(32 \div 98) \times (33 \div 98) = 0.109954$가 됨을 알 수 있다. 따라서 귀무가설 하에서 n_{11}의 기대빈도는 $98 \times 0.109954 = 10.776$이 됨을 알 수 있다. 이렇게 거주지역과 투표의향이 독립이라는 가정 하에서 각각의 셀의 기대빈도를 구해보면 [표 2.4]와 같다.

[표 2.4] 투표의향과 거주지역에 따른 관측빈도와 기대빈도

테이블: VOTE × COMMUNITY				
VOTE	COMMUNITY			
	URBAN	SUB	RURAL	합계
YES	8	17	7	32
	10.776	10.449	10.776	
NO	6	8	15	29
	9.765	9.469	9.7653	
UNDEC	19	7	11	37
	12.459	12.082	12.459	
합계	33	32	33	98

이렇게 실제 관측빈도와 두 범주형 변수가 독립이라는 가정하에서 구한 기대빈도의 차이가 클수록 두 범주형 변수가 독립이라는 가정을 기각할 가능성이 커진다. 즉 관측빈도(O_{ij})와 기대빈도(E_{ij})의 차이($O_{ij} - E_{ij}$)가 커질수록 두 범주형 변수가 독립이라는 귀무가설을 기각하는 것이다. 이를 위해 각 교차분포표 셀 별로 이러한 차이의 제곱합을 아래와 같이 구하여 이 크기를 가지고 귀무가설을 기각할지를 판단할 수 있다.

$$\sum_{i=1}^{I} \sum_{j=1}^{J} (O_{ij} - E_{ij})^2$$

하지만 위 통계량이 어떤 표본분포를 따르는지 알려지지 않았을 뿐만 아니라 기대빈도(E_{ij})의 크기에 따라 위 차이의 제곱합 값이 달라질 수 있어서 이 효과도 조정할 필요가 있다. 범주형 변수 간의 연관성 분석에서는 다음과 같은 χ^2(카이제곱) 검정 통계량을 사용하는 것이 바람직하며, 이 검정 통계량은 다음과 같이 자유도 $(I-1)(J-1)$를 갖는 카이제곱 분포를 따른다는 것이 증명되어 있다.[2] 두 범주형 변수 간의 연관성이 클수록 검정

2 여인권 · 송문섭 · 허문열(2009), 이론통계, 박영사, pp. 324~325.

통계량 값이 커지므로 연관성 분석은 기본적으로 우측검정이다.

$$\chi^2 = \sum_{i=1}^{I}\sum_{j=1}^{J} \frac{(O_{ij}-E_{ij})^2}{E_{ij}} \sim \chi^2_{(I-1)(J-1)}$$

(단, I는 첫 번째 범주형 변수의 범주 수, J는 두 번째 범주형 변수의 범주 수)

예제에서 귀무가설을 "투표의향과 거주지역이 독립이다."라고 설정한다면 이 귀무가설 하에서 카이제곱 분포를 따르는 검정통계치는 다음과 같이 구할 수 있다.

$$\chi^2 = \sum_{i=1}^{I}\sum_{j=1}^{J} \frac{(O_{ij}-E_{ij})^2}{E_{ij}}$$

$$= \frac{(8-10.776)^2}{10.776} + \frac{(17-10.449)^2}{10.449} + \dots + \frac{(11-12.459)^2}{12.459} = 16.3729$$

한편 검정 통계량의 자유도가 $(3-1)\times(3-1)=4$이므로 자유도 4를 갖는 카이제곱 분포를 그려보면 [그림 2.1]과 같고 이때 카이제곱 값이 16.3729보다 클 확률, 즉 p-value는 0.0026이다. 이 값은 [그림 2.1]에서 진하게 표현된 부분의 넓이라고 할 수 있다. 이 결과를 바탕으로 유의수준 5% 하에서 "투표의향과 거주지역이 독립적이다"라는 귀무가설을 기각할 수 있다. 즉 투표의향과 거주지역이 서로 연관성이 있다고 결론을 내릴 수 있다.

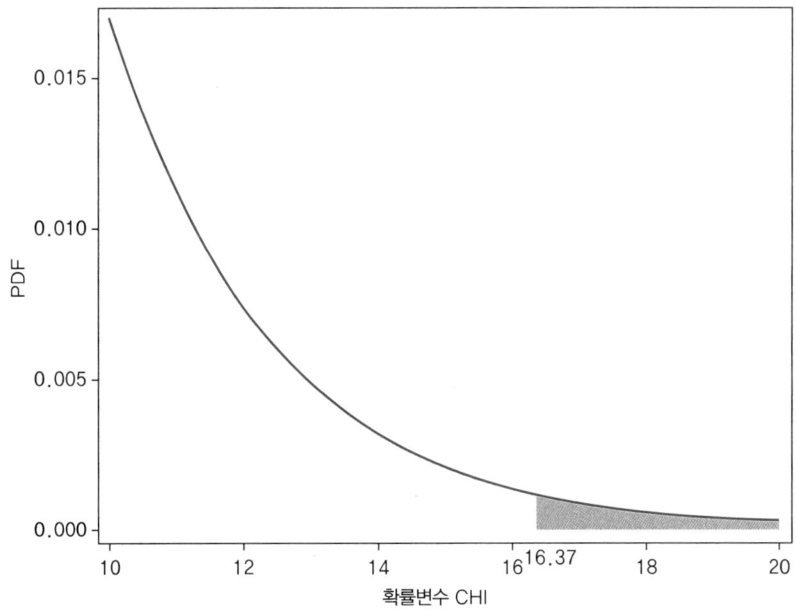

[그림 2.1] 연관성 검정을 위한 카이제곱 통계량의 분포와 p-value의 크기

두 범주형 변수의 연관성 분석은 [표 2.5]의 PROC FREQ 프로시저를 이용하여 간단히 수행할 수 있다.

/*①*/은 FREQ 프로시저를 선언하고 있으며 ORDER= 옵션을 사용한 것은 변수의 범주의 순서를 정할 때 자료에서 오름차순으로 하지 않고 자료에 입력된 범주의 순서대로 나타내기 위해서이다. 이 옵션을 사용하지 않으면 VOTE 변수의 범주 순서는 오름차순에 따라 NO, UNDEC, YES의 순서로 교차분포표가 출력된다.

/*②*/에서 TABLE 명령문에서 행 변수를 먼저 지정하고 열 변수를 다음에 지정한다. 따라서 TABLE VOTE*COMMUNITY는 VOTE가 교차분포표의 행 변수로, COMMUNITY가 열 변수로 사용된다. 한편 옵션의 CHISQ은 카이제곱 연관성 검정을 수행함을 의미하고, EXPECTED는 기대빈도를 나타내는 것을 의미하며, MEASURES는 다양한 연관성 통계량들을 출력하도록 한다. CL은 이 연관성 통계량의 신뢰구간을 출력해준다.

[표 2.5] FREQ 프로시저를 이용한 범주형 변수의 연관성 검정

```
PROC FREQ DATA=VOTE ORDER=DATA ;/*①*/
  WEIGHT COUNT;
  TABLE VOTE*COMMUNITY/ CHISQ EXPECTED MEASURES CL NOPCT
  NOROW NOCOL ;/*②*/
RUN;
```

[표 2.6]의 분석결과를 보면 카이제곱 통계치는 16.3729이며 p-value가 0.0026이므로 유의수준 5% 하에서 두 범주형 변수가 독립이라는 귀무가설을 기각한다고 결론을 내릴 수 있다.

[표 2.6] 연관성 분석을 통해 얻어진 통계량

통계량	자유도	값	확률
카이제곱	4	16.3729	0.0026
우도비 카이제곱	4	15.7312	0.0034
Mantel-Haenszel 카이제곱	1	1.0476	0.3061

한편 [표 2.6]에서는 연관성 유무의 판단을 위해 우도비 카이제곱(Likelihood Ratio Chi-Square)과 Mantel-Haenszel 카이제곱(Mantel-Haenszel Chi-Square) 통계량도 제공되

고 있다. 우도비 카이제곱은 2×2 교차분포표에서는 잘 사용되지 않고 로지스틱 회귀분석이나 log-linear 회귀모형에 사용된다. 다음 장에서 배우게 될 로지스틱 회귀분석에서 모형적합도를 판단하는 우도비 검정 결과와 동일하다.

Mantel-Haenszel 카이제곱 통계량은 3개 이상의 범주를 갖는 서열 변수(ordinal variable)의 교차분포표의 경우 추세(trend)의 존재를 판단하는 데 사용한다.

카이제곱 검정은 범주형 자료의 연관성을 살펴보는 데 매우 유용하지만 다음과 같은 가정 하에서 사용되어야 한다는 점을 유의할 필요가 있다.[3] 첫째, 교차분포표의 셀(cell) 자료는 빈도수가 되어야지 비율이나 혹은 변환된 자료가 되어서는 안 된다. 둘째, 하나의 변수의 범주들은 서로 상호 배반적(mutually exclusive)이어야지 겹쳐서는 안 된다. 따라서 하나의 관찰점은 하나의 범주에만 속해야 한다. 동일한 관찰점이 여러 시점에 걸쳐서 반복적으로 측정되는 경우에는 카이제곱 검정을 사용하는 것이 부적절하다. 이 경우 맥니마 검정이나 CMH 검정을 사용할 필요가 있다. 셋째, 변수의 범주수가 지나치게 많아지면 해석이 어려워지고 교차분포표 셀의 기대빈도 크기가 5보다 작은 경우가 많아질 수 있다. 따라서 연속형 변수를 여러 계급구간을 나누어 범주형 변수 형태로 바꾸어 카이제곱 검정을 하는 경우 계급 수를 지나치게 많게 해서는 안 된다. 넷째, 표본의 크기가 지나치게 크면 카이제곱 검정 결과 연관성이 있다고 나타나는 경우가 많으므로 주의해야 한다. 따라서 카이제곱 검정을 통해 범주형 변수 간의 연관성이 존재한다는 것을 보여주는 것뿐이므로 연관성의 강도를 나타내는 크래머 V와 같은 통계량을 함께 제시하고 해석해주는 것이 필요하다. 이에 대해서는 다음 절에서 자세히 살펴보도록 하자.

2 변수 간의 연관성 강도[4]

앞에서는 카이제곱 통계량을 이용하여 두 범주형 변수 간의 연관성 존재 여부에 대한 가설을 검정하였다. 만일 변수 간의 연관성이 존재한다는 사실을 확인했다면 이 연관성의

---

3 McHugh, M. L.(2013), "The Chi-square test of independence", *Biochemia Medica,* 23(2), pp. 143~149.

4 변수 간의 연관성 강도와 관련된 통계량은 기초통계학에서 직접 사용되는 경우가 많지 않다. 하지만 실제 범주형 자료를 분석해야 하는 경우 상관계수(correlation coefficient)처럼 유용하게 사용할 수 있다. 통계학을 처음 배우는 학생 또는 학부과정에서는 이 부분은 생략하고 참고사항으로 알아만 두어도 무방하다.

강도가 얼마나 큰지도 살펴볼 필요가 있다. PROC FREQ 프로시저의 TABLE 명령문에서 CHISQ 옵션을 지정하면 카이제곱 통계량 이외에도 여러 가지 연관성의 강도를 나타내는 통계량을 아래 [표 2.7]과 같이 얻을 수 있다. 이들 통계량 중에서 파이 계수, 우발성 계수, 크래머의 V는 범주형 변수 간의 연관성의 강도를 나타내는 통계량이다. 이 계수들은 카이제곱 값을 이용하여 정의된다는 공통점이 있다.

[표 2.7] 모형 적합성과 변수 간 연관성 통계량

통계량	자유도	값	확률
카이제곱	4	16.3729	0.0026
우도비 카이제곱	4	15.7312	0.0034
Mantel-Haenszel 카이제곱	1	1.0476	0.3061
파이 계수		0.4087	
우발성 계수		0.3784	
크래머의 V		0.2890	

파이 계수(phi coefficient)는 다음과 같이 정의된다.

$$\phi = \sqrt{\frac{\chi^2}{n}} \quad \text{(단, } n\text{은 전체 표본의 크기)}$$

투표의향과 거주지역 간 관계의 예제에서 n은 98이고 χ^2값은 16.3729이므로 $\phi = \sqrt{16.3729 \div 98} = 0.4087$임을 알 수 있다.

파이 계수의 최솟값은 0이며, 이때 연관성이 전혀 없다고 해석된다. 반면 파이 계수의 최댓값은 교차분포표의 행의 범주가 R개이고 열의 범주가 C개인 경우, 이 중 작은 값에서 1을 뺀 값의 제곱근($Min(\sqrt{R-1}, \sqrt{C-1})$)이다.[5] 예를 들면 행의 범주가 2개이고 열의 범주가 3개라면 파이 계수의 최댓값은 $1(=\sqrt{2-1})$이다. 파이 계수의 최댓값이 행과 열의 범주 수에 따라 달라지기 때문에 행과 열의 범주 수가 서로 다른 2개 이상의 교차분포표에서 파이 계수로 연관성의 강도를 서로 비교하는 것은 무의미하다.

위의 예제에서 0.4087이 얼마나 큰지에 대한 판단은 쉽지 않다. 하지만 3x3의 교차부포표에서 최대 파이 계수의 값이 $\sqrt{2}$라는 점을 고려하면 두 범주형 변수가 약한 연관성이

5 SAS PROC FREQ 매뉴얼 참고.

있다고 해석할 수 있다.

우발성 계수(contingency coefficient)는 다음과 같이 정의된다.

$$C=\sqrt{\frac{\chi^2}{\chi^2+n}} \text{ (단, } n\text{은 표본의 크기)}$$

위 식을 잘 살펴보면 표본의 크기가 1보다 크기 때문에 우발성 계수의 값은 절대 1보다 클 수 없음을 알 수 있다. 따라서 두 범주형 변수가 완전히 연관성이 있어도 그 값은 1이 되지 않는다.

위의 예제에서 $C=\sqrt{\frac{16.3729}{16.3729+98}}=0.3784$가 된다.

마지막으로 제공되는 통계량 값은 크래머의 V(Cramer's V)이며 다음과 같이 정의된다.

$$V=\sqrt{\frac{\chi^2}{nt}}$$

(단, t는 행과 열의 범주 수 중 작은 것에서 1을 뺀 값, 즉 $Min(\sqrt{R-1},\sqrt{C-1})$)

V값은 0에서 1 사이의 값을 가지며 0일 때는 연관성이 없다고 할 수 있으며 1에 가까이 갈수록 연관성이 높다고 할 수 있다.

투표의향과 거주지역 간의 예제에서 크래머의 V값을 구해보면 다음과 같다.

$$V=\sqrt{\frac{\chi^2}{nt}}=\sqrt{\frac{16.3729}{98\times 2}}=0.2890$$

V값의 상한이 1이라는 점을 고려해보면 연관성이 약하게 존재한다고 할 수 있다.

위에서 제시된 연관성 통계량들은 명목형 변수(nominal variable), 즉 변수의 값이 순서 정보를 갖지 못할 때 사용한다. 위의 예제에서 보면 도시, 교외, 시골이라는 범주 및 투표의향 있음, 없음, 미결정이라는 범주들은 모두 순서화시킬 수 없는 범주이다. 그러나 경우에 따라 범주형 변수의 값이 순서 정보를 포함하는 때도 있다. 이러한 경우에는 여러 가지 상관계수를 이용하여 상관관계를 측정할 수 있다.

먼저 스피어만 순위상관계수(Spearman's rank order correlation)는 범주형 변수가 서열 정보를 포함한 경우에 사용되는 상관계수이다. 이 상관계수는 뒤에서 배우게 될 피어슨 상관계수와 유사하지만 변숫값 자체를 이용하기보다는 관찰값의 순위를 계산한 후 이 순위 간의 상관계수를 구하는 방법을 이용한다.

켄달의 타우-b(Kendall's Tau-b)는 서열형 변수 간 크기의 순서 일치 여부를 이용하여 상관계수를 구분한다. 예를 들어 두 변수 X와 Y의 관찰점의 쌍이 (x_i, y_i), (x_j, y_j)라고 하자. 만약 두 관찰점 간의 관계가 $x_i > x_j$이고 $y_i > y_j$이거나 혹은 $x_i < x_j$이고 $y_i < y_j$이면 두 변수의 관찰점이 일치(concordant)한다고 한다. 또한 $x_i = x_j$ 혹은 $y_i = y_j$이면 두 변수의 관찰점이 동등(tie)하다고 한다. 마지막으로 일치하거나 동등하지 않은 경우에는 불일치(discordant)한다고 이야기한다. 이렇게 관찰점 쌍을 분류한 후에 켄달의 타우-b는 동등한 쌍의 수는 고려하지 않고 아래와 같이 계산한다.

$$\tau = \frac{\text{일치하는 쌍의 수} - \text{불일치하는 쌍의 수}}{n(n-1)/2}$$

켄달의 타우-b와 유사하게 소머의 D(Somer's D), 감마, 스튜어트의 타우-c(Stuart's Tau-c) 통계량은 모두 일치 또는 불일치의 수를 이용하여 상관관계를 측정한다. 소머의 D 통계량은 무엇을 독립변수로 볼 것인지에 따라 소머의 D C | R와 소머의 D R | C로 구분된다. 전자는 행의 범주형 변수가 독립변수일 때, 후자는 열의 범주형 변수가 독립변수일 때를 가정하고 상관계수를 구한다. 일반적으로 감마 상관계수는 켄달의 타우-b, 스튜어트의 타우-c, 소머의 D 통계량보다 강한 상관관계를 갖는다고 알려져 있다. 이상에서 논의한 통계량들은 모두 -1과 1 사이의 값을 가지며 0의 값에 가까울수록 상관관계가 없다고 할 수 있고 1에 가까우면 양의 상관관계, -1에 가까우면 음의 상관관계를 갖는다고 해석할 수 있다.

[표 2.8] 서열형 범주형 변수 간의 상관계수

통계량	값	점근표준오차	95% 신뢰한계	
감마	-0.1270	0.1281	-0.3780	0.1241
Kendall의 타우-b	-0.0880	0.0893	-0.2631	0.0871
Stuart의 타우-c	-0.0878	0.0890	-0.2623	0.0867
Somers D C|R	-0.0882	0.0896	-0.2639	0.0875
Somers D R|C	-0.0878	0.0890	-0.2623	0.0867
Pearson 상관계수	-0.1039	0.0973	-0.2946	0.0867
Spearman 상관계수	-0.1091	0.1019	-0.3088	0.0907

위의 상관계수들은 모두 서열변수일 때 적용된다. 반면 [표 2.9]에 제시된 것과 같이 명목형(nominal) 변수의 경우 연관성 크기를 판단할 때 람다계수와 불확실성 계수를 사용할 수 있다. 비대칭 람다(Asymmetric lambda) 계수는 행(열)이 알려져 있을 때 열(행)을

얼마나 잘 예측하는지를 나타내는 상관계수이고, 대칭 람다(symmetric lambda)는 2개의 비대칭 람다의 평균값으로 계산된다. 불확실성 계수(uncertainty coefficient)는 행(열) 변수에 의해 설명되는 열(행)의 엔트로피(entropy)로 측정되는 불확실성으로, 회귀분석의 결정계수와 유사한 의미를 갖는다.[6] 람다와 불확실성 상관계수는 모두 0과 1 사이의 값을 가지며 1의 값에 가까울수록 상관관계가 크다고 할 수 있다.[7]

우리가 사용한 예제의 경우는 서열형 변수라고 보기 어려우므로 위에서 논의한 다양한 서열형 상관계수를 활용할 수는 없다. 하지만 SAS PROC FREQ의 TABLE 명령문에서 MEASURE와 CL 옵션을 사용하면 앞과 같은 다양한 상관계수 값과 신뢰수준을 구할 수 있다.

[표 2.9] 명목형 범주형 변수 간의 상관계수

통계량	값	점근표준오차	95% 신뢰한계	
람다 비대칭 C|R	0.2769	0.0887	0.1030	0.4508
람다 비대칭 R|C	0.2295	0.1018	0.0301	0.4289
람다 대칭	0.2540	0.0889	0.0798	0.4282
불확실 계수 C|R	0.0731	0.0365	0.0015	0.1446
불확실 계수 R|C	0.0734	0.0367	0.0015	0.1453
불확실 계수 대칭	0.0732	0.0366	0.0015	0.1450

3 빈도수가 작은 경우의 피셔의 정확검정

카이제곱 검정 통계량을 이용한 범주형 변수의 연관성 분석은 컴퓨터 기술이 발전하기 이전에 범주형 변수 간의 독립성을 근사적으로 계산하는 접근하는 방식이다. 그간 기초통계학에서는 카이제곱 검정 통계량이 이해하기 쉬우므로 범주형 변수의 연관성 분석에서 보편적으로 소개됐다. 또한, 표본의 크기가 충분히 크고 교차분포표의 각 셀의 기대빈도가 5 이상일 때 카이제곱 검정 통계량은 범주형 변수의 연관성 판단에 사용해도 큰 문제가

---

6 Stokes *et al.*(2000), *Categorical Data Analysis Using the SAS System*(2nd ed.), SAS Institute, p. 110.

7 서열형 변수의 연관성을 측정하는 상관계수에 대해서는 Stokes *et al.*(2000), 전게서, pp. 106~107과 SAS PROC FREQ 매뉴얼을 참고하기 바란다.

없다고 알려져 왔다. 문제는 교차분포표의 기대빈도가 5 미만인 경우에 카이제곱 검정 통계량의 근사값이 정확하지 않은 것으로 알려져 있다는 점이다. 따라서 이런 경우에는 새로운 검정 통계량을 사용할 필요가 있다.

최근 컴퓨터 기술이 발전하면서 행의 주변빈도(marginal frequency)와 열의 주변빈도가 주어졌다는 가정 아래에서, 교차분포표의 각 셀의 값이 가질 수 있는 모든 가능한 경우의 수를 계산한 후 이를 바탕으로 정확한(exact) p-value 값을 구하는 방법이 가능해졌다. 이론적으로 이 방법은 피셔(R. A. Fisher)에 의해서 제안되었다고 해서 피셔의 정확검정(Fisher's exact test)이라 불린다. 과거에는 기대빈도가 5보다 작은 셀이 있는 경우에 피셔의 정확검정을 사용하도록 추천하였으나, 저자는 일반적인 연관성 분석의 경우에서 가능하면 카이제곱 검정 통계량보다는 피셔의 정확검정을 추천한다.

한편 최근 SAS 9.3 버전에서는 2×2 교차분포표에서는 바나드의 정확검정(Barnard's exact unconditional test) 옵션이 제공되기 시작하였다. 바나드의 정확검정은 피셔의 정확검정과 달리 행이나 열의 값이 고정되어 있다는 조건을 사용하지 않기 때문에 검정력이 더 크다고 알려져 있다.[8] 그러나 바나드의 정확검정은 일반적으로 2×2 교차분포표에서 주로 사용되기 때문에 본서에서는 피셔의 정확검정을 중심으로 설명한다.

[표 2.10]은 복지정책의 유형과 성별에 따른 정책선호 빈도를 나타낸 교차분포표이다.[9] 전체 표본의 크기(n)는 32명이며 행 합과 열 합은 행과 열 변수의 주변빈도 수를 나타낸다.

[표 2.10] 피셔의 정확검정의 예제: 복지정책 유형과 성별에 따른 정책선호

	남자	여자	행합
보편적 복지	12	3	15
선택적 복지	3	14	17
열합	15	17	32

8 이에 대해서는 Mehta, C. R. and Senchaudhur, P.(2003), Conditional versus Unconditional Exact Tests for Comparing Two Binomials(http://www.cytel.com/Papers/twobinomials.pdf)를 참고하기를 바란다.

9 이 예제는 Freeman J. V. and Campbell, M. J.(2007), The analysis of categorical data: Fisher's exact test(http://www.sheffield.ac.uk/polopoly_fs/1.43998!/file/tutorial-9-fishers.pdf)의 예제를 변형한 것이다.

	남자	여자	행합
보편적 복지	a	b	a+b
선택적 복지	c	d	c+d
열합	a+c	b+d	n=a+b+c+d

여기서 행 변수와 열 변수가 서로 독립이고 행과 열의 주변빈도가 주어졌을 때 a와 c빈도가 관찰될 확률은 다음과 같다.

$$p = \frac{\binom{a+b}{a}\binom{c+d}{c}}{\binom{n}{a+c}}$$

위 확률은 행이나 열의 범주의 순서를 바꾸더라도 변하지 않는다. 또한, 행과 열의 주변빈도가 정해진 상황에서 a와 c값이 정해지면 b와 d가 자동적으로 구해지기 때문에 $(a,\ c)$가 나타날 확률은 $(a, b,\ c, d)$가 나타날 확률과 동일한 의미이다. 결국 위 확률은 주어진 행과 열의 주변빈도가 주어진 상황에서 $(a, b,\ c, d)$가 나타날 확률을 의미한다.

그렇다면 행과 열의 주변빈도 아래서 $(a, b,\ c, d)$의 가능한 모든 조합을 구해볼 수 있고 이들의 확률을 구할 수 있을 것이다. [표 2.11]을 보면 2번째 경우, 즉 $(a, b,\ c, d)$ = (1, 14, 14, 3)의 값을 갖는 교차분포표가 나타날 확률은 0.000018이다. 그리고 본 예제의 교차분포표는 13번째 경우임을 알 수 있다. p-value의 의미가 귀무가설에서 관찰된 사건보다 좀 더 극단적인 사건이 나타날 확률을 의미한다는 사실을 이용해 보면 첫 번째부터 3번째 경우 그리고 13번째부터 16번째 경우의 확률을 더한 값이 p-value가 된다. 그 합이 0.001033이므로 p-value는 0.001033이며 유의수준 5% 하에서 "성별과 복지정책의 유형별 선호는 서로 독립이다."라는 귀무가설을 기각할 수 있게 된다.

[표 2.11] 행과 열의 주변빈도가 주어졌을 때 가능한 셀들의 조합과 확률

Case	a	b	c	d	확률
1	0	15	15	2	0.000000
2	1	14	14	3	0.000018
3	2	13	13	4	0.000442
4	3	12	12	5	0.004977
5	4	11	11	6	0.029861
6	5	10	10	7	0.103235

Case	a	b	c	d	확률
7	6	9	9	8	0.215073
8	7	8	8	9	0.276522
9	8	7	7	10	0.221218
10	9	6	6	11	0.109492
11	10	5	5	12	0.032848
12	11	4	4	13	0.005743
13	12	3	3	14	0.000547
14	13	2	2	15	0.000025
15	14	1	1	16	0.000001
16	15	0	0	17	0.000000

SAS를 이용하여 [표 2.12]의 코드를 실행하면 [표 2.13] 및 [표 2.14]와 같은 결과를 얻을 수 있다.

[표 2.12] 복지정책 유형과 성별에 따른 정책선호의 피셔의 정확검정 코드

```
DATA SMALL;
    INPUT WELFARE$ GENDER$ COUNT;
    CARDS;
        PLURAL   M 12
        PLURAL   F  3
        FLEXIBLE M  3
        FLEXIBLE F 14
    ;
RUN;
PROC FREQ DATA=SMALL ORDER=DATA;
    WEIGHT COUNT;
    TABLE WELFARE*GENDER/CHISQ FISHER NOCOL NOROW NOPCT;
RUN;
```

[표 2.13]의 카이제곱 통계량을 이용한 p-value는 0.0004지만 피셔의 정확검정을 이용한 경우 p-value는 0.0010임을 알 수 있다. 피셔의 정확검정 결과에서 (1,1) 셀 빈도라는 것은 a에 해당하는 셀의 빈도수를 나타낸다. 그리고 하단측 p-value라는 것은 관측된 12라는 값보다 작거나 같은 빈도를 가질 확률을 의미하는데 본 예제의 경우에는 첫 번째 경우부터 13번째 경우의 확률을 합한 값이다. 이 p-value값이 작으면 관찰된 첫 번째 셀(a=12)

의 빈도가 행과 열이 독립이라는 가정하에서 기대된 빈도보다 작다는 대립가설을 채택하게 된다. 또한 상단측 p-value는 (1,1)인 셀의 빈도가 12보다 크거나 같은 값을 가질 확률을 의미한다. 즉 13번째부터 16번째 경우의 확률을 더한 값이다. 테이블 확률은 a = 12일 때의 확률을 나타내며 [표 2.11]에서 0.000547로 나타나고 있다. 양측 p값은 [표 2.11]에서 이 확률보다 작거나 같은 확률을 갖는 경우의 확률을 모두 더한 것이다. 표에서는 첫 번째부터 세 번째까지 그리고 13번째부터 16번째까지의 확률값을 모두 더하면 양측 p값을 구할 수 있다. 이처럼 피셔의 정확검정은 귀무가설 하에서 행과 열의 주변빈도가 주어졌다고 가정하고 이때 가능한 모든 경우의 수를 계산하여 p-value를 구하기 때문에 카이제곱 검정 통계량의 p-value보다는 더 정확하다고 이야기할 수 있다.

[표 2.13] 카이제곱 검정 결과 통계량 SAS 2.10

통계량	자유도	값	확률
카이제곱	1	12.4412	0.0004
우도비 카이제곱	1	13.3803	0.0003
연속성 수정 카이제곱	1	10.0633	0.0015
Mantel-Haenszel 카이제곱	1	12.0525	0.0005
파이 계수		0.6235	
우발성 계수		0.5291	
크래머의 V		0.6235	

[표 2.14] 피셔의 정확검정 결과

Fisher의 정확검정	
(1,1) 셀 빈도(F)	12
하단측 p값 Pr <= F	0.999976
상단측 p값 Pr >= F	0.000573
테이블 확률(P)	0.000547
양측 p값 Pr <= P	0.0010

4 제3의 변수 통제와 범주형 자료 분석

앞에서는 2개의 범주형 변수가 있는 경우를 다루었다. 하지만 때에 따라서는 3개의 변수가 있는 경우에 대한 범주형 자료 분석이 필요할 수 있다. 소득 불평등 수준과 정부신뢰

수준의 연관성 여부를 지역에 따라 분석하는 경우가 그 예이다. 한 연구자가 도시와 시골에 따라 정부신뢰 수준이 다를 수 있다고 판단하여 아래와 같이 도시와 시골을 구분하여 자료를 수집하였다고 해보자.

먼저 자료를 분석할 때 지역이라는 변수를 고려하지 않고 단순히 소득 불평등과 정부신뢰 수준과의 연관성만을 분석한다고 가정하자. 그렇다면 [표 2.15]의 2개의 교차분포표를 불평등과 정부신뢰 수준으로 합쳐서 [표 2.16]과 같은 교차분포표를 얻을 수 있다.

이 교차분포표에 대해 피셔의 정확검정을 수행하면 p-value값이 0.8558로 나타나 소득 불평등과 정부 신뢰 수준과의 연관성이 없다고 판단할 수 있다. 그러나 이 분석에서는 지역별 차이가 소득 불평등과 정부신뢰 수준의 연관성에 영향을 미친다는 점을 고려하지 못하는 한계를 갖게 된다. 즉 제3의 변수를 분석에서 고려하지 못해서 발생하는 심슨(Simpson)의 역설의 문제를 초래할 수 있다.

[표 2.15] 세 개의 범주형 변수가 있는 경우의 예시

제어 변수: REGION=시골			
INEQUALITY(불평등)	TRUST(정부신뢰)		
	좋음	나쁨	합계
낮음	55	130	185
높음	7	53	60
합계	62	183	245

제어 변수: REGION=도시			
INEQUALITY(불평등)	TRUST(정부신뢰)		
	좋음	나쁨	합계
낮음	48	12	60
높음	96	94	190
합계	144	106	250

[표 2.16] 지역을 고려하지 않는 경우 불평등과 정부신뢰에 대한 의식

테이블: INEQUALITY × OUTCOME			
INEQUALITY(불평등)	TRUST(정부신뢰)		
	좋음	나쁨	합계
낮음	103	142	245
높음	103	147	250
합계	206	289	495

범주형 자료 분석에서 제3의 변수를 통제하기 위해 사용할 수 있는 방법의 하나는 Cochran-Mantel-Haenszel 통계량이다. CMH 통계량이라고 불리는 이 통계량은 하나의 범주형 변수가 가지고 있는 각 범주(이를 층(stratum)이라고 부르기도 한다)별로 나머지 2개의 범주형 변수가 연관성이 있는지를 분석하여 그 결과를 살펴본다. 위 예제의 경우에는 지역이 도시와 시골이라는 2개의 층으로 구성되어 있으므로 도시 지역에 사는 사람들의 소득불평등과 정부신뢰의 연관성을 살펴보고 시골 지역에 사는 사람의 소득 불평등과 정부신뢰의 연관성을 살펴본다. [표 2.17]은 CMH 통계량을 구하기 위한 SAS 코드이다. /*①*/의 TABLE 명령문에 REGION이 가장 먼저 나오고 INEQUALITY와 TRUST가 그 다음에 나온다. 이것은 REGION을 통제한 상황에서 INEQUALITY와 TRUST의 연관성을 분석하도록 해 준다. 한편, TABLE 명령문에서 CMH 옵션을 사용하고 있는데 이 옵션을 사용하면 CMH 통계량을 계산할 수 있다. CMH 통계량의 결과는 [표 2.18]과 같이 제시된다.

[표 2.17] CMH 통계량 계산하기

```
DATA INEQUALITY;
     INPUT REGION$ INEQUALITY$ TRUST$ COUNT @@;
     CARDS;
          URBAN LOW  GOOD 48 URBAN LOW  BAD  12
          URBAN HIGH GOOD 96 URBAN HIGH BAD  94
          RURAL LOW  GOOD 55 RURAL LOW  BAD 130
          RURAL HIGH GOOD  7 RURAL HIGH BAD  53
     ;

PROC SORT DATA=INEQUALITY; BY REGION;
RUN;

PROC FORMAT;
     VALUE $REGION URBAN="도시" RURAL="시골" ;
     VALUE $INEQUALITY 'LOW'="낮음" 'HIGH'="높음" ;
     VALUE $TRUST GOOD="좋음" BAD="나쁨" ;
RUN;

PROC FREQ DATA=INEQUALITY ORDER=DATA;
     FORMAT REGION $REGION. INEQUALITY $INEQUALITY. TRUST $TRUST.;
     LABEL REGION="지역" INEQUALITY="소득불평등" TRUST="정부신뢰";
     WEIGHT COUNT;
```

```
    TABLES REGION*INEQUALITY*TRUST/CHISQ CMH    /*①*/
    PLOTS=FREQPLOT(TYPE=DOT);
RUN;
```

[표 2.18] CMH 통계량 분석 결과

Cochran-Mantel-Haenszel 통계량(테이블 스코어에 기반)				
통계량	대립가설	자유도	값	확률
1	영(0)이 아닌 상관계수	1	23.6389	<.0001
2	행 평균 스코어 차이	1	23.6389	<.0001
3	일반 연관성	1	23.6389	<.0001

먼저 "영(0)이 아닌 상관계수"는 행과 열 변수가 모두 서열변수인 경우에 적용되는 것으로 비모수 검정에서 스피어만 순위상관계수와 유사한 개념으로 사용된다. 이와 달리 "행 평균 스코어 차이(row mean scores difference)"는 반응변수(일반적으로 열에 이 변수를 위치시킨다)가 서열변수이고 이 서열변수에 일정한 숫자 값을 부여한 후, 이를 이용하여 행의 평균을 구하여 행 변수의 범주별로 평균 차이의 발생 여부를 검정하는 방법이다. 이 방법은 비모수 검정의 Kruskal-Wallis 방법과 유사하다. 마지막으로 "일반 연관성(general association)"은 행 변수와 열 변수 모두 명목변수 형태 혹은 서열변수 형태로 관찰빈도와 기대빈도의 차이를 이용하여 계산한 것이다. 예제의 경우를 살펴보면 지역을 통제한 상황에서 행 변수인 소득불평등과 열 변수인 정부신뢰의 연관성은 모두 명목변수이기 때문에 일반 연관성 값을 해석할 필요가 있다. 일반 연관성 통계량은 카이제곱 분포를 따른다는 것이 알려져 있고 [표 2.18]의 분석 결과에서 그 통계량 값은 23.6389이며 p-value는 0.0001보다 작은 것으로 나타나 유의수준 5%에서 지역을 통제한 경우에는 앞서 그렇지 않은 경우와 달리 소득불평등과 정부신뢰는 서로 연관성이 있다고 결론을 내릴 수 있다.

5 두 시점에서 반복적으로 측정된 자료분석

정책평가의 경우에 동일한 대상에 대해 사전/사후의 자료를 수집하여 정책효과를 측정하는 경우들이 많다. 이러한 경우에도 앞서 살펴본 바와 같은 범주형 자료의 연관관계 분석을 적용할 수 있다. 이때 연구자들은 분석 방법과 자료해석에서 주의를 기울여야 한다.

예를 들면 도로를 건설하기 이전에 주민들에게 교통시설의 만족도를 측정하고, 도로를 건설한 후에 동일 주민에게 만족도를 측정하였다고 가정해보자. 연구자는 측정된 자료를 [표 2.19]와 같이 나타내었다. 총 87명에 대해 조사가 진행되었고 사전에 만족한다고 응답한 사람은 24명, 사후에 만족한다고 응답한 사람은 34명으로 만족이 증가했다고 생각할 수 있다. 그러나 정확한 판단을 위해서는 반복 측정 자료에 대한 사전과 사후의 연관성 분석이 필요하다.

[표 2.19] 두 시점 간 반복 측정을 통해 얻어진 분할표의 예

테이블: BEFORE×AFTER			
BEFORE	AFTER		
	YES	NO	합계
YES	19(a)	5(b)	24(a+b)
NO	15(c)	48(d)	63(c+d)
합계	34	53	87

맥니마 검정은 [표 2.20]의 코드와 같이 PROC FREQ의 TABLE 명령문에 AGREE 옵션을 사용하면 된다.

[표 2.20] 맥니마 검정을 위한 SAS 코드

```
DATA ROAD;
     INPUT BEFORE$ AFTER$  COUNT;
     CARDS;
          YES  YES  19
          YES  NO    5
          NO   YES  15
          NO   NO   48
     ;
RUN;

PROC FREQ DATA=ROAD ORDER=DATA;
     WEIGHT COUNT;
     TABLE BEFORE*AFTER/ AGREE;
RUN;
```

동일 대상에 대해 반복 측정된 교차분포표의 연관성 분석에 사용하는 것이 맥니마(McNemar) 검정이다. 맥니마 검정의 기본 아이디어는 사전의 주변확률 값과 사후의 주변확률 값의 동일성 여부를 판단하는 것이다. 즉 맥니마 검정은 다음과 같이 각각의 결과에 대한 주변확률 값이 같다는 귀무가설을 갖는다.

$$H_0 : P_a + P_b = P_a + P_c \text{그리고 } P_c + P_d = P_b + P_d$$

$$\text{혹은 } H_0 : P_b = P_c$$

즉, 위 귀무가설은 사전에 만족한 주변확률과 사후에 만족한 주변확률의 차이가 없다는 의미이다. 만일 차이가 없다면 사전에 만족한다는 사람의 비율(24/87)이나 사후에 만족한다는 사람의 비율(34/87)이 동일해야 된다. 이 차이가 많이 나게 되면 맥니마 통계량 값은 커지게 된다.[10] 이를 계산하기 위해서 맥니마 통계량은 아래와 같이 정의되며 이 통계량은 자유도가 1인 카이제곱 분포를 따르는 것으로 알려져 있다.

[표 2.21] 맥니마 검정 결과

맥니마 검정	
통계량(S)	5.0000
자유도	1
Pr > S	0.0253

$$S = \frac{(b-c)^2}{b+c} \sim \chi_1^2$$

이를 이용하여 맥니마 통계치를 계산하면 다음과 같다.

$$S = \frac{(5-15)^2}{5+15} = 5$$

이 검정을 통해 도로건설 이후 교통시설 만족도가 변화했는지 분석한 결과는 아래와 같다. 이 결과에서 p-value가 유의수준 5%보다 작으므로 사전과 사후의 만족도에 변화가 발생하였다고 결론을 내릴 수 있다.

맥니마 검정은 일반적으로 2 × 2 교차분포표에서 적용되기 때문에 일반적인 경우에는 적용하기 쉽지 않다. 좀 더 보편적으로 반복 측정된 자료를 분석하기 위해서는 CMH 통계

10 Stokes *et al.*(2000), 전게서, pp. 40~41.

량을 사용할 수 있다. 동일한 사람에 대해 건설 전/후의 만족도 차이가 있는지 여부를 판단하는 것은 사람을 통제한 상황에서 건설 여부와 만족도 여부의 연관성을 계산하는 것과 동일하다. 이러한 아이디어를 구현하기 위해서 위의 교차분포표를 개인(ID)별 자료로 재구성해 볼 수 있다. 전체 87명의 자료를 ID, TIME, RESPONSE의 세 변수를 갖는 관찰점을 갖는 데이터셋으로 변형시키고 이를 이용하여 ID를 통제한 상황에서 TIME과 RESPONSE가 연관성이 있는지를 분석하면 된다.

[표 2.22]의 /*①*/은 교차분포표 자료를 개인별 자료로 변형시키기 위한 데이터 스텝이다. /*②*/는 ID를 통제한 상황에서 TIME 변수와 RESPONSE 변수 간에 연관성이 있는지를 분석하도록 하고 있으며 옵션으로 CMH 통계량을 지정하고 있다.

[표 2.22] 반복 측정된 자료의 CMH 통계량을 이용한 연관성 분석 코드

```
DATA ROAD2; /*①*/
     SET ROAD;
     KEEP ID TIME RESPONSE;
     RETAIN ID 0;
     DO I=1 TO COUNT;
          ID=ID+1;
          TIME="사전";
          RESPONSE=BEFORE;
               OUTPUT;
          TIME="사후" ;
          RESPONSE=AFTER;
               OUTPUT;
     END;
RUN;

PROC PRINT NOOBS;
RUN;

PROC FREQ DATA=ROAD2 ORDER=DATA;
     TABLE ID*TIME*RESPONSE/CMH ;/*②*/
RUN;
```

CMH 통계량이나 맥니마 검정을 이용하여 사전과 사후에 만족 및 불만족의 비율이 변동했는지를 간단하게 분석할 수 있다. [표 2.23]에서 살펴볼 수 있듯이 일반 연관성의 p-value값은 0.0253이다. 따라서 사전/사후의 연관성이 있다고 판단할 수 있다.

[표 2.23] 반복 측정한 자료에 대한 CMH 통계량 분석 결과

<table>
<tr><th colspan="5">Cochran-Mantel-Haenszel 통계량(테이블 스코어에 기반)</th></tr>
<tr><th>통계량</th><th>대립가설</th><th>자유도</th><th>값</th><th>확률</th></tr>
<tr><td>1</td><td>영(0)이 아닌 상관계수</td><td>1</td><td>5.0000</td><td>0.0253</td></tr>
<tr><td>2</td><td>행 평균 스코어 차이</td><td>1</td><td>5.0000</td><td>0.0253</td></tr>
<tr><td>3</td><td>일반 연관성</td><td>1</td><td>5.0000</td><td>0.0253</td></tr>
</table>

한편 사전/사후 반복 측정된 범주형 자료의 분석은 단순히 카이제곱 검정을 이용한 연관성 분석을 사용해서는 안 된다. 예를 들어보자. [표 2.24]는 두 지역에 공원을 조성할 경우의 전/후 만족도를 지역 주민을 대상으로 "예/아니요"로 조사한 결과이다.

[표 2.24] 연관성과 연관성 방향 차이의 예시

<table>
<tr><th colspan="5">'가' 지역</th><th colspan="5">'나' 지역</th></tr>
<tr><td colspan="2" rowspan="2"></td><td colspan="3">건설 후</td><td colspan="2" rowspan="2"></td><td colspan="3">건설 후</td></tr>
<tr><td>만족</td><td>불만족</td><td>합계</td><td>만족</td><td>불만족</td><td>합계</td></tr>
<tr><td rowspan="2">건설 전</td><td>만족</td><td>12</td><td>8</td><td>20</td><td rowspan="2">건설 전</td><td>만족</td><td>50</td><td>5</td><td>55</td></tr>
<tr><td>불만족</td><td>48</td><td>32</td><td>80</td><td>불만족</td><td>5</td><td>50</td><td>55</td></tr>
<tr><td colspan="2">합계</td><td>60</td><td>40</td><td>100</td><td colspan="2">합계</td><td>55</td><td>55</td><td>110</td></tr>
<tr><td colspan="3">카이제곱 통계량(p-value)</td><td colspan="2">0(1)</td><td colspan="3">카이제곱 통계량(p-value)</td><td colspan="2">73.64(0.001)</td></tr>
<tr><td colspan="3">맥니마 통계량(p-value)</td><td colspan="2">28.57(<0.001)</td><td colspan="3">맥니마 통계량(p-value)</td><td colspan="2">0(1)</td></tr>
</table>

먼저, 반복 측정 여부를 고려하지 않고 단순 카이제곱 통계량을 사용하여 두 지역의 전/후 만족도를 비교한다고 해보자. '가' 지역의 경우에는 기대빈도와 관측빈도가 완전히 일치하여 카이제곱 검정 통계량에 대한 **p-value**가 1이 되어 건설 전과 후의 차이가 없다고 결론을 내릴 수 있다. 반대로 '나' 지역의 경우에는 기대빈도와 관측빈도가 큰 차이를 보여($\chi^2 = 73.64$, **p-value** < 0.001) 건설 전/후 만족도의 차이가 나타난다고 결론을 내리기 쉽다. 하지만 이러한 해석은 카이제곱 통계량을 이용한 연관성 분석의 의미를 잘못 이해한 부적절한 해석이다. 카이제곱 통계량은 사전의 만족 여부에 대한 빈도가 사후의 만족 여부의 빈도에 영향을 주는지를 판단할 뿐이다. 즉 사전에 만족 빈도가 높았을 때

사후에 만족 빈도가 낮아지는 경우, 혹은 사전에 만족 빈도가 낮았을 때 사후에 만족 빈도가 높아진 경우와 같은 경우뿐 아니라, [표 2.24]의 '나' 지역처럼 사전에 만족이었던 사람이 사후에도 만족인 빈도가 그대로 유지가 되어도 연관성이 있다고 판단할 수 있다. 따라서 연관성이 있다는 의미를 반드시 만족도의 변화가 있었다는 의미로 해석해서는 안 된다. 맥니마 검정을 이용하여 '가' 지역과 '나' 지역의 자료를 분석해보면 '가' 지역은 카이제곱 검정 결과와 달리 사전/사후의 변화가 있는 것으로 나타나고 '나' 지역은 사전/사후 변화가 없는 것으로 나타나고 있음을 알 수 있다.

본 장에서 살펴본 바와 같이 단순한 교차분포표 자료를 이용하더라도 변수 간의 관계를 깊게 분석할 수 있는 여러 가지 방법이 있으며, 각 방법마다 고유한 장점이 있다. 범주형 자료를 분석하는 독자들을 위해 기본적인 분석 순서를 살펴보면 다음과 같다.

첫째, 무엇이 변수인지를 확인하고 각 변수가 갖는 범주의 수를 확인한 후 교차분포표를 만든다. 교차분포표는 각 범주의 조합이 나타나는 빈도값과 경우에 따라서는 행, 열, 그리고 전체 기준 빈도의 퍼센트 정보를 제공해주기도 한다.

둘째, 두 범주형 변수가 서로 독립적인지 혹은 연관성을 갖는지 분석한다. 이러한 분석은 카이제곱 검정을 사용할 수 있으나 전체 셀 20% 이상이 기대빈도가 5 미만인 경우에는 피셔의 정확검정을 사용할 수 있다.

셋째, 두 범주형 변수가 연관성이 있다고 판명이 나면 이 연관성의 강도가 얼마나 큰지를 범주형 변수의 상관계수를 나타내는 각종 통계량을 이용하여 분석한다.

넷째, 범주형 변수가 3개 이상이면 제3의 변수의 영향을 살펴본다. 두 변수가 연관성이 있고 그 연관성의 강도가 큰 것으로 판명 나더라도 두 변수 간의 관계가 제3의 변수에 의한 허위상관관계일 수 있다. 따라서 CMH 통계량 등을 이용하여 제3의 변수를 통제한 후에도 여전히 두 변수 간의 연관성이 있는지 확인해본다.

다섯째, 만일 분석에 사용된 자료가 반복 측정이 된 자료에서 얻어지면 CMH 통계량이나 맥니마 통계량을 이용하여 분석을 수행하도록 한다.

이처럼 두 변수 간의 연관성뿐만 아니라 제3의 변수의 효과까지 통제한 후 연관성 존재까지 분석할 수 있으므로 범주형 자료의 인과관계에 대한 기초적인 분석을 범주형 자료 분석을 이용하여 수행할 수 있다.

하지만, 연관성이 있다는 것만으로는 독립변수 변화가 종속변수인 빈도 혹은 사건 발생 확률의 변화에 얼마나 영향을 끼치는지는 알 수 없다. 즉 이 장에서 다룬 범주형 자료에 대한 연관성 분석은 변수 간 관계의 강도를 분석하는 데는 충분하지 않다. 범주형 변수 간의 연관성 여부와 강도를 일반적인 상황에서 분석하기 위해 로지스틱 회귀분석이 널리 사용되는 것도 바로 이러한 이유 때문이다.

CHAPTER 3

이항 로지스틱 회귀분석의 배경과 개요

기초 통계학의 회귀분석은 종속변수가 연속형 변수라고 가정하고 있다. 하지만 실제 자료 분석을 하다 보면 종속변수가 범주형 변수인 경우가 많다. 이 경우 사용하는 회귀분석을 로지스틱 회귀분석(logistic regression analysis)이라고 하며, 범주가 두 개일 때는 이항 로지스틱 회귀분석, 세 개 이상일 때는 다항 로지스틱 회귀분석이라고 부른다.

로지스틱 회귀분석은 a) 종속변수에 독립변수가 통계적으로 영향을 주는지 아닌지와 그 영향의 크기를 확인하거나, b) 종속변수가 특정한 값을 가진 확률을 예측하는 데 주로 사용이 된다. 로지스틱 회귀분석의 활용분야는 실로 광범위하다. 금품 등의 뇌물 제공 여부를 종속변수라고 할 때 뇌물 제공한 사람들의 행동이 제도, 경제, 문화와 같은 사회제도적 요인과 적발확률이나 기대이익과 같은 개인적 요인에 의해 영향을 받는지를 살펴보는 연구(조일형 외, 2014), 추가 출산 의향 여부를 종속변수라고 할 때 연령, 교육수준, 가구소득과 같은 인구사회학적 변수 혹은 출산장려정책 경험 여부와 같은 정책변수에 의해 영향을 받는지를 살펴보는 연구(염지혜, 2013), 신도시로의 이주 의향을 종속변수라고 할 때 해당 지역에 대한 호감도, 시설 만족도 등의 지역 요인과 응답자의 학력 등의 인구 사회학적 변수 등에 의해 영향을 받는지를 고찰하는 연구(임병호 외, 2012), 기초의 회의원선거 당선 여부를 종속변수라고 할 때 후보자의 소속 정당, 경력 등을 통제한 후에도 빠른 기호를 받는 것이 당선 여부에 유의미한 영향을 미치는지 살펴보는 연구(이재훈 외, 2014) 등 그 활용 범위는 사회과학 전반에 넓게 걸쳐 있다 하겠다.

한편 최근에는 비용편익분석 분야에서 시장에서 거래되지 않는 재화나 서비스의 가치를 측정하는 조건부 가치법(contingent valuation method)에서도 로지스틱 회귀분석을 활용하고 있으므로 로지스틱 회귀분석 이론의 중요성은 더욱 커지고 있다.[1] 또한, 정책분석이나 정책평가의 관찰연구(observational study)에서 유사한 통제집단과 처리집단을 구성하여 정책효과 크기를 측정하는 성향점수법(propensity score matching) 역시 로지스틱 회귀를 사용하고 있으므로[2] 그 활용범위는 더욱 확장되고 있다. 생존분석(survival analysis) 역시 로지스틱 회귀분석과 이론적으로 매우 유사하다.[3] 이뿐만 아니라 빅데이터 분석에서 많이 사용하는 의사결정 나무(decision tree) 분석에서도 로지스틱 회귀분석이 널리 활용된다.

로지스틱 회귀분석이 널리 사용되는 이유는 종속변수가 범주형 변수일 때 통상최소제곱 회귀분석(ordinary least square regression, OLS)을 사용할 수 없기 때문이다. 따라서 로지스틱 회귀분석을 이해하기 위해서는 범주형 변수가 종속변수일 때 왜 OLS를 사용할 수 없는지를 먼저 살펴볼 필요가 있다.[4]

1 통상최소제곱 회귀분석을 이용한 추정의 문제점

종속변수가 0과 1의 값만을 갖는 경우 이 범주형 변수와 독립변수의 관계는 [그림 3.1]과 같은 산점도를 갖게 된다. 이 경우 독립변수와 종속변수의 관계를 선형의 회귀직선으로 나타내는 것은 오차가 클 뿐만 아니라 두 변수 간의 관계를 해석하는 것도 쉽지 않다. 우리가 알고자 하는 것은 독립변수의 값의 변화에 따라 종속변수가 특정 범주를 가질 확률이지만 전통적인 통상최소제곱(ordinary least square, OLS) 모형을 이용하여 이를 추정하기는 쉽지 않다. 종속변수가 범주형 변수인 경우 이러한 자료의 특성 때문에 OLS가

---

1 장준경 외(2012), 예비타당성조사를 위한 CVM 분석지침 개선 연구, 한국개발연구원; 김강수(2009), 비시장재가치 측정에 관한 연구: 이중경계 양분선택형 CVM 조사의 제시금액 분석을 중심으로, 한국개발연구원.

2 Guo, S. and Fraser M. W.(2010), *Propensity score analysis: statistical methods and applications*, Thousand Oaks, CA: Sage Publications.

3 Harrell, F. E.(2001). *Regression modeling strategies: with applications to linear models, logistic regression, and survival analysis,* New York, Springer.

4 OLS 방법을 사용한 추정방법이 로지스틱 회귀분석을 사용한 결과와 크게 다른 것은 아니지만 로지스틱 회귀분석의 방법이 더 엄밀한 방법이기 때문에 종속변수가 이항 범주를 갖는 경우에는 로지스틱 회귀분석을 사용하는 것이 학술연구에서는 일반적으로 받아들여지고 있다. Allison, P. D.(2001), *Logistic Regression Using the SAS System: Theory and Application*, Wiley-SAS, pp. 7~8 참고.

아닌 새로운 접근이 필요한 것이다.

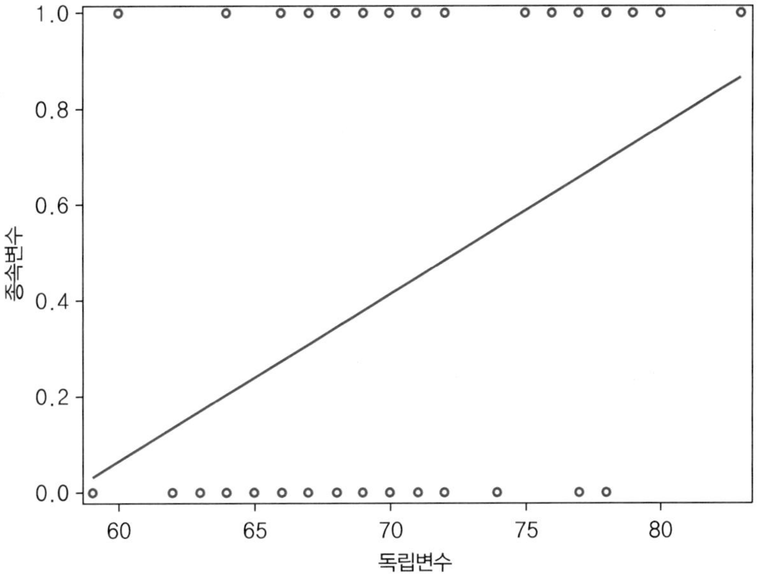

[그림 3.1] 종속변수가 범주형 변수인 경우 독립변수와 종속변수의 산점도 예시

기초통계학을 공부한 학생들이라면 회귀분석의 의미를 개략적으로 이해할 것이다. 단순 회귀분석 모형을 살펴보면 종속변수를 Y_i라고 하고 독립변수를 X_i라고 할 때 아래와 같이 나타낼 수 있다.

$$Y_i = \beta_0 + \beta_1 X_i + \epsilon_i$$
$$(\text{단, } \epsilon_i \sim N(0, \sigma^2))$$

여기서 하첨자 i는 관찰점의 식별번호(identification number)이며 β_1는 첫 번째 독립변수 X의 회귀계수이다. 그리고 ϵ_i는 평균이 0이고 분산은 σ^2으로 일정하며 정규분포를 따르는 오차항이다.

만일 OLS 접근 방식을 이용하여 0과 1의 값만을 갖는 이항변수 Y_i를 예측하는 회귀모형을 구성한다고 가정을 해보자. 그렇다면 종속변수 Y_i의 기댓값은 오차항 ϵ_i의 평균이 0이라는 가정에서 다음과 같이 나타낼 수 있다.

$$E(Y_i) = \beta_0 + \beta_1 X_i$$

Y_i의 기댓값 $E(Y_i)$은 확률 개념으로 나타낼 수 있다. 즉 $P(Y_i=1)=\pi_i$라고 하면 $P(Y_i=0)=1-\pi_i$가 된다. Y_i가 베르누이 확률분포를 따르는 확률변수이므로 아래와 같은 관계가 성립한다.[5]

$$E(Y_i)=1\times\pi_i+0\times(1-\pi_i)=\pi_i$$

따라서 회귀모형을 통해 얻은 $E(Y_i)=\beta_0+\beta_1X_i$ 값은 결국 아래와 같다.

$$E(Y_i)=\beta_0+\beta_1X_i=\pi_i$$

결국, OLS 회귀분석모형은 독립변수 X가 주어졌을 때 Y_i가 1의 값을 가질 확률을 추정하기 위한 모형이라고 할 수 있다. 그러나 OLS에 기반을 둔 확률추정은 몇 가지 심각한 문제를 갖고 있다.

첫째, 오차항의 정규분포(normal equation) 가정의 위배이다. 관찰된 Y_i의 값은 0과 1의 값만을 가지기 때문에 오차항도 아래 식과 같은 두 개의 값을 가질 수밖에 없다. 주어진 i번째 관찰점의 오차항이 가질 수 있는 값이 두 개밖에 없으므로 정규분포를 따른다는 가정은 타당하지 않게 된다.[6] 물론 정규분포 가정은 대표본인 경우에는 큰 문제가 되지는 않지만 OLS에서는 일반적으로 정규분포를 가정하고 있기 때문에 로지스틱 회귀분석과는 차이가 난다.

$$If\, Y_i=1, then\ \ \epsilon_i=1-\beta_0-\beta_1X_i$$
$$If\, Y_i=0, then\ \ \epsilon_i=-\beta_0-\beta_1X_i$$

두 번째 문제는 오차항의 등분산(homogeneous variance) 가정의 위배이다. Y_i가 베르누이 분포를 따르는 확률변수이므로 Y_i의 분산은 다음과 같다.

$$Var(Y_i)=\pi_i(1-\pi_i)$$

OLS에서는 X_i가 비확률변수라고 가정되고 Y_i의 분산은 곧 오차항의 분산이 된다. 이때 i번째 관찰점의 종속변수 Y_i의 분산은 관찰점과 관계 없이 일정하다고 가정한다.

---

5 왜 베르누이 확률분포를 따르는지는 고길곤(2017)을 참고하기 바란다.

6 독자들은 OLS 회귀분석에서 독립변수는 비확률변수로 고정된 값이라는 가정을 사용한다는 점을 이해할 필요가 있을 것이다. 만일 독립변수가 정규분포를 따르는 확률변수라고 한다면 오차항 역시 정규분포를 따를 수 있을 것이다. 그러나 이 경우에도 종속변수가 갖는 값에 따라 오차항의 기댓값이 달라지기 때문에 동일하게 평균이 0인 분포를 갖지는 못한다.

하지만, 아래 식에서 살펴볼 수 있듯이 종속변수가 범주형 변수의 경우에는 오차항의 분산은 X_i값에 의존하기 때문에 모든 종속변수 값에서 동일 분산을 갖는다는 가정(homoscedasticity)을 위반하게 되는 것이다. 등분산 가정을 위반하게 되면 추정된 회귀계수는 더 이상 효율적인 추정량이 되지 못하여 회귀계수에 대한 통계적 가설검정 결과를 타당하지 않게 만든다.

$$Var(Y_i) = Var(\epsilon_i) = \pi_i(1-\pi_i) = (\beta_0 + \beta_1 X_i)(1-\beta_0-\beta_1 X_i)$$

셋째, OLS 모형을 통해 추정된 1이 일어날 사건의 확률, 즉 $E(Y_i = 1) = \beta_0 + \beta_1 X_i = \pi_i$의 값이 X_i값에 의존하기 때문에 X_i값이 상당히 크거나 작게 되면 추정된 확률이 0보다 작거나 1보다 커지는 문제가 발생하게 된다. 즉 확률은 0과 1 사이의 값을 갖는다는 확률의 공리를 위배하게 되는 것이다.

이항변수 형태를 보이는 종속변수에 대한 OLS 모형의 한계를 극복하기 위해 제시된 것이 로지스틱 회귀분석이다. 로지스틱 회귀분석은 각종 통계 프로그램을 이용하여 간단히 수행할 수 있다. 하지만 로지스틱 회귀분석 결과의 해석은 생각보다 단순하지 않다. 분석 결과를 이해하기 위해서는 오즈 개념과 잠재변수의 관점을 이해해야 하는데 이 개념은 OLS 회귀분석에서는 다루지 않기 때문에 분석 결과의 잘못된 해석이 흔히 발견된다. 또는 로지스틱 회귀분석을 수행한 후 단순히 회귀계수의 통계적 유의미성과 방향만을 해석하는 경우가 대부분이다. 그러나 독립변수의 변화가 관심 있는 사건이 발생할 확률에 얼마나 영향을 주는지에 관심을 두는 것이 일반적일 때가 많은데 이 경우 로지스틱 회귀분석의 회귀계수를 가지고는 직접 이를 해석하기 어렵다. 이러한 이유로 로지스틱 회귀분석의 결과를 제대로 해석하기 위해서는 기본 개념을 충실하게 이해할 필요가 있다.

2 로지스틱 회귀분석의 주요 개념들: 사건발생 확률, 오즈, 오즈비

두 개의 사건만이 발생하는 경우 일반적으로 관심 있는 사건에 1을 그렇지 않은 사건에 0의 값을 부여하는 것이 일반적이다. 예를 들어 정책이 성공했는지 혹은 실패했는지의 두 가지 사건이 있다고 해보자. 이때 정책의 성공 여부를 변수라고 할 경우, 이 변수는 성공과 실패라는 두 가지 범주를 갖게 된다. 이 범주에 0 혹은 1의 값을 부여하면 통계분석이 가능한 변수로 바꿀 수 있다. 보통은 성공은 1, 실패는 0으로 나타낸다. 이렇게 값을 부여했다는 것은 연구자가 관심이 있는 사건은 실패가 아니라 성공이라는 것을 의미한다. 또한 관심 있는 사건이 발생할 확률을 π, 사건이 발생하지 않을 확률을 $1-\pi$로 나타내는 것이 일반적이다.

이렇게 두 개의 사건에 대한 확률을 나타낼 때 단순하게 사건이 일어날 확률만을 계산하기보다는 상대적 비율로 계산하는 접근이 흔히 사용된다. 도박의 경우 게임에서 질 확률에 대비하여 게임에서 이길 확률이 얼마나 큰지에 대한 상대적 비율이 중요할 수가 있다. 이럴 때 아래와 같이 정의되는 오즈(odds)라는 개념이 사용된다.

$$odds = \frac{\pi}{1-\pi}$$

한편 오즈는 [표 3.1]과 같이 범주형 자료의 교차표를 이용하여 나타낼 수도 있다. $X=1$일 때 오즈는 $\frac{\pi_1}{1-\pi_1}$로 정의가 된다.

[표 3.1] 교차표와 확률

	$Y=1$(질병 有)	$Y=0$(질병 無)
$X=1$(위험인자 有)	$\pi_1(N_1)$	$1-\pi_1(N_2)$
$X=0$(위험인자 無)	$\pi_0(N_3)$	$1-\pi_0(N_4)$

주: N은 빈도수, π는 행 확률을 나타냄

질병의 예라고 생각을 하면 위험인자가 있는 사람이 질병에 걸리지 않을 확률 대비 질병에 걸릴 확률을 나타낸 것은 $X=1$일 때의 오즈라고 할 수 있다. 비슷하게 $X=0$일 때의 오즈는 $\frac{\pi_0}{1-\pi_0}$로 정의할 수 있다.

$$X=1\text{일 때의 오즈: } \frac{\pi_1}{1-\pi_1}$$

$$X=0\text{일 때의 오즈: } \frac{\pi_0}{1-\pi_0}$$

한편 $X=0$일 때의 오즈 대비 $X=1$일 때의 오즈의 비율을 오즈비(odds ratio)라고 할 수 있으며 다음과 같이 정의할 수 있다.

$$\text{오즈비: } \frac{\pi_1}{1-\pi_1} / \frac{\pi_0}{1-\pi_0}$$

이렇게 오즈비의 형태로 확률을 나타내면 독립변수의 차이에 따라 오즈의 차이를 나타낼 수 있는 장점이 있게 된다.

한편 상대적 위험비(relative risk)라는 개념도 존재한다. 이것은 역학에서 $Y=1$일 때 위험인자가 없을 때의 질병이 걸릴 확률 대비 위험인자가 있을 때 질병에 걸릴 확률의 값을 의미한다. 상대적 위험비는 다음과 같이 계산된다.

$$\text{상대적 위험비: } \pi_1/\pi_0$$

[표 3.1]에서는 빈도가 각 셀의 괄호 안에 제시되어 있는데 이를 이용해서 오즈와 오즈비를 다음과 같이 계산할 수 있다.

$$X=1\text{일 때 오즈: } N_1/N_2$$

$$X=0\text{일 때 오즈: } N_3/N_4$$

$$\text{오즈비: } \frac{N_1/N_2}{N_3/N_4} = \frac{N_1 \times N_4}{N_3 \times N_2}$$

오즈는 사건이 일어나지 않을 확률 대비 사건이 일어날 확률의 상대적 비율이다. 상대적 비율이라는 특성은 해석에서 무엇을 기준으로 해야 할지에 따라 전혀 다른 의미를 갖는다. 즉 비대칭성의 문제가 있다. 만일 $\pi=0.1$이라고 하면 오즈 값은 0.11이 된다. 이것은 사건이 일어날 확률은 사건이 일어나지 않은 확률의 0.11배라고 해석을 할 수 있다. 한편 $\pi=0.9$면 오즈 값은 9나 된다. [표 3.2]와 같이 사건이 일어날 확률이 0.5인 경우를 중심으로 오즈 값이 비대칭적으로 분포하고 있음을 알 수 있다.

[표 3.2] 사건 발생 확률의 변화에 따른 오즈 값과 로짓 값의 변화

π	오즈(Odds)	로짓(Logit)
0	0.00	$-\infty$
0.1	0.11	−2.21
0.3	0.43	−0.84
0.5	1.00	0.00
0.7	2.33	0.85
0.9	9.00	2.20
1	∞	∞

오즈의 비대칭 문제를 해결하기 위해 오즈에 로그를 취한 값을 로그-오즈 혹은 로짓(logit)이라고 부른다.

$$Logit = \log(\text{오즈})$$

[표 3.2]에서 살펴볼 수 있듯이 사건 발생확률 p 값의 변화에 따라 오즈 값은 0.5를 중심으로 비대칭적으로 변하지만 로짓 값은 대칭적인 값을 갖는 것을 알 수 있다. 이러한 이유로 오즈 대신에 로짓 값을 종속변수로 사용하는 것이 일반적이다. [그림 3.2]에서처럼 로짓은 0.5를 중심으로 대칭적으로 분포하고 있음을 알 수 있다. 따라서 로짓을 추정하는 선형함수식의 오차항은 대칭형 분포를 일반적으로 가정한다.

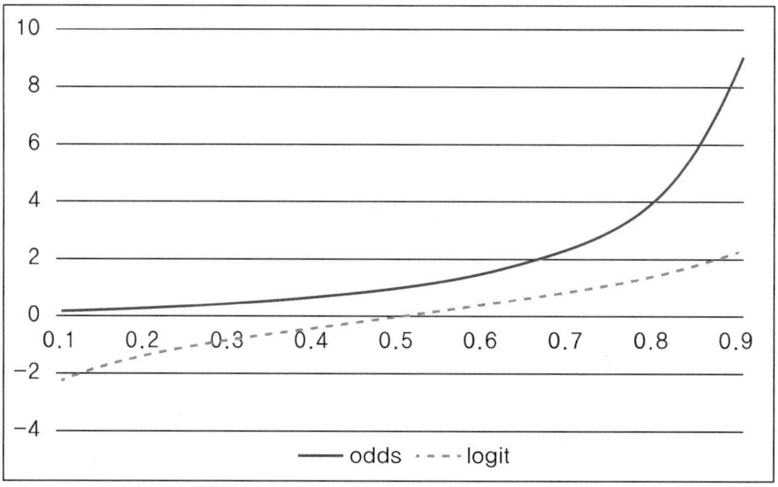

[그림 3.2] 파이 값에 대한 오즈/로짓 값의 비대칭적 분포

로지스틱 함수(logistic function)는 표준 로지스틱 확률밀도함수(standard logistic probability density function)의 누적분포함수(cumulative distribution function, CDF)이다. 표준 로지스틱 PDF와 정규분포의 차이를 살펴보기 위해 [표 3.3]의 SAS 코드를 활용할 수 있다.

/*①*/은 확률변수 X 값의 변화에 따라 표준 로지스틱 PDF 값을 PDF 함수를 이용하여 계산한 것이다. 이 표준 로지스틱 확률분포는 다음과 같이 나타낸다.

$$\text{표준 로지스틱 PDF} = f(x) = \frac{e^x}{(1+e^x)^2}$$

/②*/는 표준 로지스틱 PDF와 동일한 평균과 분산을 갖는 정규분포의 PDF 값을 계산한 것이다.

/*③*/은 표준 로지스틱 함수의 CDF인 로지스틱 함수를 계산한 것이다.

$$\text{로지스틱 함수} = F(x) = \frac{1}{1+e^{-x}} = \frac{e^{x}}{1+e^{x}}$$

/*④*/는 표준 로지스틱 PDF와 정규분포를 비교한 그림을, /*⑤*/은 로지스틱 함수 분포를 그리는 절차이다.

[표 3.3] 정규분포와 표준 로지스틱 확률밀도 함수

```
DATA LOGDIST;
     PI=CONSTANT('PI');
     DO X=-5 TO 5 BY 0.001;
     fX=EXP(X)/(1+EXP(X))**2; /*①*/
     NORMAL=PDF("NORMAL",X,0, PI/SQRT(3));/②*/
     CDF=EXP(X)/(1+EXP(X)); /*③*/
     OUTPUT;
     END;
RUN;
PROC SGPLOT DATA=LOGDIST;/*④*/
     SERIES X=X Y=FX/MARKERATTRS=(SYMBOL=CIRCLE COLOR=RED SIZE=1MM)
     SMOOTHCONNECT CURVELABEL="로지스틱 확률변수";
     SERIES   X=X   Y=NORMAL/CURVELABEL="정규분포"   CURVELABELPOS=MIN
     LINEATTRS =(PATTERN=SHORTDASH);
     YAXIS LABEL="f(X)";
RUN;
PROC SGPLOT DATA=LOGDIST;/*⑤*/
     SERIES X=X Y=CDF/SMOOTHCONNECT CURVELABEL="로지스틱 함수";
     YAXIS LABEL="F(X)";
     XAXIS LABEL="epsilon";
     REFLINE 0 /AXIS=X LINEATTRS=(THICKNESS=1 COLOR=BLACK);
     REFLINE 0.5 /AXIS=Y LINEATTRS=(THICKNESS=1 COLOR=BLACK);
RUN;
```

표준 로지스틱 PDF의 분포 모양은 [그림 3.3]처럼 정규분포와 매우 유사하게 생겼다. 하지만 표준 로지스틱 확률변수 X의 평균은 0이고 분산은 $\pi^2/3$으로 동일한 평균과 분산을 가진 정규분포와는 다르기 때문에(Long, 1997:42) 주의해야 한다.[7]

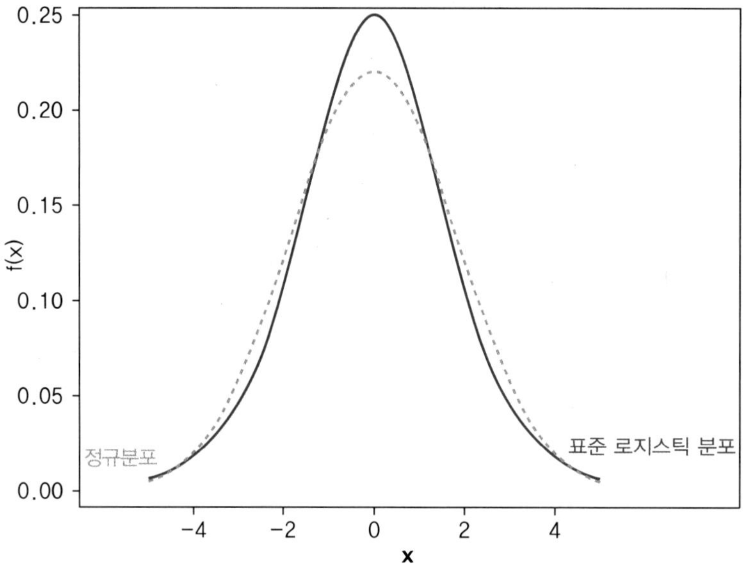

[그림 3.3] 표준 로지스틱 분포와 정규분포

한편 표준 로지스틱 PDF $f(X)$의 누적분포함수(cumulative distribution function), $F(X)$를 로지스틱 함수로 부르며 [그림 3.4]와 같은 형태를 갖는다.[8]

7 이 표준 로지스틱 확률변수의 분산은 약 3.29의 값을 갖게 된다. 다수준 로지스틱 회귀분석에서는 이 분산의 크기를 제1 수준의 오차항의 분산으로 가정하여 ICC(intraclass correlation coefficient)를 계산할 때 사용한다.

8 로지스틱 함수는 누적분포함수이기 때문에 누적분포함수를 나타내는 기호인 대문자 F를 사용하였다. 참고로 확률밀도함수는 소문자 f로 표기하는 것이 일반적이다.

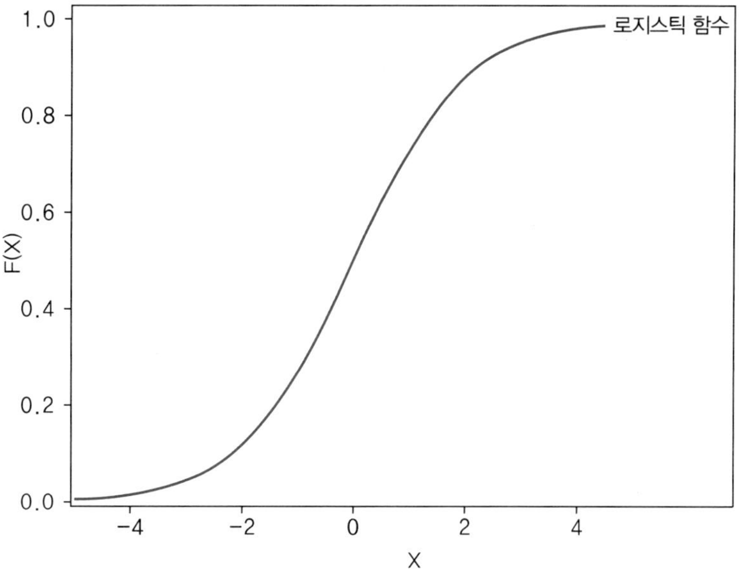

[그림 3.4] 로지스틱 함수

변수 X가 $-\infty$에서 ∞ 사이의 값을 가질 때 로지스틱 함수는 0과 1 사이의 값을 갖는다. 따라서 독립변수 X가 어떤 값을 갖더라도 로지스틱 함수는 0과 1 사이의 값을 갖기 때문에 사건이 발생할 확률을 나타내는 데 유용하게 사용할 수 있는 장점이 있다.

한편 로지스틱 함수는 S자 형태로 생겼는데 일정한 임계점(threshold)을 전후로 값이 급격히 변하고 X가 양쪽 극단으로 갈수록 로지스틱 함수 값의 변화가 작음을 알 수 있다. 이러한 변화 형태는 질병이나 특정 사건이 발생할 때 흔히 나타나기 때문에 로지스틱 함수가 선호된다.[9] 위에서 변수 X는 하나의 변수로만 나타냈지만 여러 변수가 결합하여 (예: $X_1 + 2 \times X_2$) 만들어진 변수를 사용하여도 로지스틱 함수를 적용하는 데 문제가 없다.

이상의 논의를 통해 로지스틱 회귀분석은 다음과 같은 통상최소제곱(OLS) 회귀분석과 몇 가지 구분되는 차이가 있음을 알 수 있다. 첫째, 종속변수 Y는 두 개의 값만을 갖기 때문에 연속형 변수를 가정하는 OLS와는 차이가 난다. 종속변수가 연속형 형태로 측정되어 있는데 이를 이항변수(binary variable)로 만들어 로지스틱 회귀분석을 수행하면 정보의 손실이 생기는 문제가 발생하게 된다. 둘째, Y와 X의 관계는 선형의 관계를 갖지

---

9 Kleinbaum, D. G. and Klein, M.(2010), *Logistic Regression: A Self-Learning Text,* New York, Springer, pp. 6~7.

않고 비선형의 관계를 갖는다. 셋째, 로지스틱 회귀모형을 어떻게 설정하는지에 따라 달라지겠지만 로지스틱 회귀모형의 오차항은 정규분포를 따른다는 가정을 사용하지 않는다. 넷째, 오차항의 등분산성 가정도 요구하지 않는다. 하지만 OLS처럼 오차항과 독립변수가 서로 독립이라는 가정은 로지스틱 회귀분석에서도 동일하게 요구하며 독립변수 간의 상관관계가 없다는 가정도 요구한다. 다섯째, 로지스틱 회귀분석은 표본의 크기가 OLS보다 커야 된다.[10] 이는 로지스틱 회귀분석이 최우추정법을 사용하기 때문에 최우추정법의 근사 성질(asymptotic property)을 이용하기 위해서는 표본이 충분히 커야 하기 때문이다.

---

10 규칙은 없지만 일반적으로는 독립변수당 최소 10개의 관찰점을 요구하기도 하고 30개를 요구하기도 한다.

CHAPTER 4

로지스틱 회귀모형의 추정 이론

로지스틱 회귀분석에서 종속변수 Y는 0과 1의 값을 갖는 이항변수이다. 따라서 OLS를 이용한 접근에 한계가 있음은 앞에서 살펴보았다. 이 문제를 극복하기 위해서 $-\infty$와 $+\infty$ 사이의 값을 갖는 관찰되지 않은 임의의 종속변수 Y^*를 도입해 보도록 하자. 이때 Y^*은 관찰되지 않은 변수라는 의미에서 잠재변수(latent variable)라고 부른다.[1]

이 잠재변수를 관찰된 독립변수 X와 선형의 관계를 갖는 확률변수로 가정하면 회귀식은 다음과 같이 나타낼 수 있다.

$$Y_i^* = \beta_0 + \beta_1 X_i + \epsilon_i$$

관찰되지 않은 잠재변수 Y^*와 실제 관찰된 변수의 관계가 다음과 같다고 가정을 해보자.

$$Y_i = \begin{cases} 1 & \text{if } Y_i^* > \tau \\ 0 & \text{if } Y_i^* \le \tau \end{cases}$$

여기서 τ는 임계점(outpoint, threshold)이라고 불리는 것인데 Y^*값이 임계점 값보다 크면 Y_i 값은 1의 값을 갖고 그렇지 않으면 0이라는 값을 갖는다고 가정을 하는 것이다.

[그림 4.1]을 이용해서 살펴보면 임계점 τ는 0으로 가정하고 있다. 따라서 빗금친 부분의 크기가 X값이 특정 값으로 주어졌을 때 $Y^* > 0$인 영역이므로 $Y=1$이 될 확률, 즉 π의 크기를 나타낸다고 할 수 있다.

1 잠재변수의 관점에서 로지스틱 회귀모형을 설명하는 것은 Long(1997:40-87)을 참고하였다.

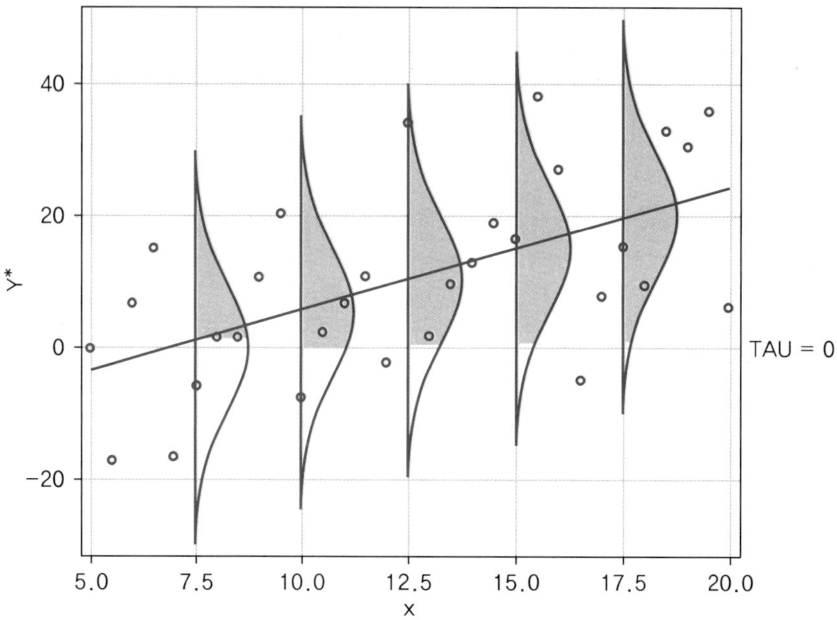

[그림 4.1] 독립변수가 주어져 있을 때 잠재변수 Y^*의 분포

조건부 확률을 이용하여 Y와 Y^*의 관계를 나타내면 다음과 같다.

$$\Pr(Y=1|X=x)=\Pr(Y^*>0|X=x)$$

혹은

$$\Pr(Y=1|X=x)=\Pr(\beta_0+\beta_1 X+\epsilon>0|X=x)$$

[그림 4.1]은 X가 주어졌을 때 Y^*값이 확률변수 ϵ의 분포에 따라 달라질 수 있음을 보여주고 있다. ϵ의 확률분포는 일반적으로 표준 로지스틱 분포를 따르거나, 정규분포를 따르는 것으로 가정한다. 정규분포를 따르는 경우의 평균은 0, 분산은 1인 경우를 가정하고, 표준 로지스틱 PDF를 따르는 경우는 평균은 0이고 분산은 $\pi^2/3$을 갖는다고 가정을 한다.

이러한 가정을 바탕으로 표준 로지스틱 확률분포와 정규분포를 따르는 ϵ의 확률밀도함수(PDF)와 누적분포함수(CDF)는 각각 다음과 같다.

표준 로지스틱 PDF: $f(\epsilon)=\dfrac{e^{\epsilon}}{(1+e^{\epsilon})^2}$

표준 로지스틱 확률분포의 CDF: $F(\epsilon) \equiv \dfrac{e^{\epsilon}}{1+e^{\epsilon}}$

정규 확률분포의 PDF: $f(\epsilon) = \dfrac{1}{\sqrt{2\pi}} exp\left(-\dfrac{\epsilon^2}{2}\right)$

정규 확률분포의 CDF: $F(\epsilon) = \displaystyle\int_{-\infty}^{\epsilon} \frac{1}{\sqrt{2\pi}} \exp\left(\frac{-z^2}{2}\right) dz$

로지스틱 확률분포나 정규 확률분포는 대칭형이므로 아래 관계가 성립한다.

$$\Pr(\epsilon > -\beta_0 - \beta_1 X | X = x) = \Pr(\epsilon < \beta_0 + \beta_1 X | X = x)$$

따라서 다음의 관계가 성립한다.

$$\Pr(Y = 1 | X = x) = \Pr(\epsilon < \beta_0 + \beta_1 X | X = x) = F(\beta_0 + \beta_1 x)$$

결국 $X = x$로 주어졌을 때 $Y = 1$일 확률을 π라고 한다면 이 확률을 결정하는 것은 오차항의 CDF, 즉 F의 함수 형태와 $\beta_0 + \beta_1 x$ 값에 의존하게 된다. π를 추정하기 위해 표준 로지스틱 PDF의 CDF를 사용하는 경우를 로지스틱 회귀분석이라고 하며 표준화 정규분포의 CDF를 사용하는 경우를 프로빗 모형이라고 한다.

위 모형에서는 독립변수가 한 개인 경우를 가정하고 있으나 p개의 독립변수가 있는 경우는 아래와 같이 나타낼 수 있다.

$$\pi = \Pr(Y = 1 | x_1, \ldots, x_k, \ldots, x_p) = F\left(\sum_{k=1}^{p} \beta_k x_k\right)$$

오차항이 표준 로지스틱 분포를 따른다고 가정하는 경우에는 표준 로지스틱 확률분포의 CDF 값을 이용하여 다음과 같이 나타낼 수 있다.

$$\Pr(Y = 1 | x_1, \ldots, x_k, \ldots x_p) = \pi = F\left(\sum \beta_k x_k\right) = \frac{e^{\sum \beta_k x_k}}{1 + e^{\sum \beta_k x_k}}$$

한편 위 식을 로그-오즈, 즉 로짓을 종속변수로 하는 선형 모형의 형태로 다음과 같이 나타낼 수 있다.

$$\pi = \frac{e^{\sum \beta_k x_k}}{1 + e^{\sum \beta_k x_k}}$$

$$\rightarrow \pi + \pi \times e^{\sum \beta_k x_k} = e^{\sum \beta_k x_k}$$

$$\rightarrow \frac{\pi}{1-\pi} = e^{\sum \beta_k x_k}$$

$$\therefore \log_e \frac{\pi}{1-\pi} = \sum \beta_k x_k$$

로지스틱 회귀모형은 위의 결과처럼 로그-오즈, 즉 로짓을 독립변수의 선형결합 함수를 이용하여 설명할 수 있으므로 이해가 쉽다는 점에서 널리 사용되고 있다. 다만 주의를 해야 할 것은 위에서 유도한 로지스틱 회귀모형에서는 첫째, $\tau = 0$이라는 임의의 가정을 사용했고, 둘째, 잠재변수의 오차항 ϵ의 평균이 0이고 분산이 X값과 관계없이 $\pi^2/3$으로 일정하다는 등분산 가정을 사용하고 있다는 점이다.

로지스틱 회귀모형은 최우추정법을 이용하여 회귀계수를 추정한다. 최우추정법은 최소제곱추정법(least square estimation)과 함께 널리 사용되는 회귀계수 추정방법이다. 로지스틱 회귀모형은 비선형 모형이기 때문에 최우추정법을 사용하게 되며 제약조건이 있는 최우추정법(conditional maximum likelihood estimation)과 제약조건이 없는 최우추정법(unconditional maximum likelihood estimation)을 사용할 수 있다.

제약조건이 있는 최우추정법은 표본 크기와 비교하면 추정해야 하는 모수가 많은 경우에 일반적으로 사용되는데 특히 짝을 이룬 표본(matched sample) 혹은 자료에 여러 수준의 층(strata)이 있을 때 널리 사용된다. 제약조건이 있는 최우추정법은 정확 조건부 로지스틱 부분에서 구체적으로 다루고 여기서는 제약조건이 없는 로지스틱 모형에서 최우추정법을 살펴보도록 하자.

논의를 단순하게 하도록 독립변수가 하나인 경우를 이용하여 최우추정법을 수행하는 절차를 간단히 나타내보자(Neter *et al*., 1996:574; Hosmer and Lemeshow, 2010:9; Long, 1997:53).

먼저 사건 발생 여부를 나타내는 확률변수 Y_i는 발생할 수 있는 사건의 경우의 수가 2개밖에 없고 각 사건은 서로 독립이므로 베르누이 분포를 따르는 확률변수라고 가정할 수 있다.

$$P(Y_i = 1) = \pi_i$$
$$P(Y_i = 0) = 1 - \pi_i$$

이 베르누이 확률변수 Y_i의 확률밀도함수 $f(Y_i)$는 다음과 같다.

$$f(Y_i) = \pi_i^{Y_i}(1-\pi_i)^{1-Y_i}$$

n개의 관찰에 대해 위 확률밀도함수를 이용하여 우도함수에 로그를 취한 로그-우도함수 $\ln L$을 구하면 다음과 같다.

$$L(\beta_0, \beta_1 | Y, X) = \prod_{i=1}^{n} f(Y_i) = \prod_{i=1}^{n} \pi_i^{Y_i} (1-\pi_i)^{(1-Y_i)}$$

$$\rightarrow \ln L(\beta_0, \beta_1 | Y, X) = \sum_{i=1}^{n} Y_i \ln \pi_i + \sum_{i=1}^{n} (1-Y_i) \ln (1-\pi_i)$$

$$\rightarrow \ln L(\beta_0, \beta_1 | Y, X) = \sum_{i=1}^{n} Y_i \ln \frac{\pi_i}{1-\pi_i} + \sum_{i=1}^{n} \ln (1-\pi_i) \qquad \text{식 1)}$$

이때 아래 관계가 성립하므로

$$\ln \frac{\pi_i}{1-\pi_i} = \beta_0 + \beta_1 X_i$$

π_i는 다음과 같다.

$$\pi_i = [1+\exp(-\beta_0 - \beta_1 X_i)]^{-1}$$

따라서, 아래가 성립한다.

$$1-\pi_i = [1+\exp(\beta_0 + \beta_1 X_i)]^{-1}$$

위 식을 이용하면 식 1)의 로그-우도함수[2]는 다음과 같이 나타낼 수 있다.

$$\rightarrow \ln L(\beta_0, \beta_1 | Y, X) = \sum_{i=1}^{n} Y_i \ln \frac{\pi_i}{1-\pi_i} + \sum_{i=1}^{n} \ln (1-\pi_i)$$

$$\rightarrow \ln L(\beta_0, \beta_1 | Y, X) = \sum_{i=1}^{n} Y_i (\beta_0 + \beta_1 X_i) - \sum_{i=1}^{n} \ln [1+\exp(\beta_0 + \beta_1 X_i)]$$

로지스틱 회귀모형의 추정은 위 로그-우도함수 값을 극대화하는 β_0와 β_1을 찾아내는 과정이다. 이때 미분을 이용해서는 이 값을 구하기 어려우므로 수치해석 방법[3]을 이용하

---

2 로그-우도함수는 스코어 함수(score function)이라고 부르기도 한다.

3 수치해석은 원 방정식의 복잡성으로 인해 연역적인 방법으로 해를 구하기 어려운 경우, 미리 설정한 허용오차 범위 내에서 이를 만족하는 근사해를 구하는 방법이다. 이 과정에서 원 방정식에 근사하면서도 더 단순한 식을 찾는 수학적 방법과 컴퓨터를 활용한 여러 단계의 산술계산이 동원된다. 현재 우도함수 추정은 수치해석을 통해 이루어지는 것이 일반적이다.

여 회귀계수를 추정하면 된다(Neter *et al.*, 1996:573-574; Long, 1997:53). 수치해석 방법을 이용하는 경우에는 해의 값이 수렴하지 않는 경우들이 발생하거나, 최적해(global maximum)가 아닌 국지해(local maximum) 값이 계산되는 경우, 그리고 주어진 종속변수의 값에 대해(예: $Y=1$) 독립변수가 동일한 값을 갖는 경우에는 최적해를 구할 수 없는 문제가 발생한다. 또한, 표본의 크기가 작은 경우, 독립변수 중 분산이 가장 큰 것과 작은 것의 차이가 10배 이상 나는 경우에서도 올바른 최적해를 구하기 어려운 경우들이 발생할 수 있다(Long, 1997:59-60).

한편 추정된 회귀계수의 표준오차 역시 구할 수 있는데 최우추정법 이론에서 근사적 공분산 행렬을 구하는 공식을 이용하여 구할 수 있다. 추정하고자 하는 모수를 θ라고 한다면 모수 추정량 $\hat{\theta}$의 분산은 우도함수의 2차 미분 값을 이용하여 아래와 같이 구해진다.[4]

$$Var(\hat{\theta}) = \left(- E\left[\frac{\partial^2 \ln L}{\partial \theta^2} \right] \right)^{-1}$$

위와 같이 최우추정법을 이용하면 회귀계수의 추정량과 추정량의 표준오차를 구할 수 있지만, 추정량의 분포가 무엇인지는 알 수 없다. 다행히 최우추정량이 근사적으로 정규분포를 따른다는 것이 알려져 있으므로 표준오차 값을 이용하면 추정된 회귀계수에 대한 신뢰구간을 구할 수 있고 그 크기에 대한 가설검정을 수행할 수 있다.

---

4 모수 추정량의 분산 추정량은 어떤 수치해석 방법을 사용하는지에 따라 조금씩 달라진다. 이에 대한 구체적 방법에 관한 내용은 본서의 범위를 넘어서므로 Long(1997:57-59)을 참고하기 바란다.

CHAPTER 5

로지스틱 회귀분석 절차

로지스틱 회귀분석은 기초 통계학에서 배운 OLS 회귀분석과 달리 종속변수가 이항변수라는 특징을 반영하기 위해 직접 종속변수 값을 추정하지 않고 로짓이 독립변수의 선형결합의 함수라는 것을 가정한다. 회귀계수를 추정하는 절차도 OLS에서는 최소제곱법이나 최우추정법을 이용하는 데 비해 로지스틱 회귀분석에서는 최우추정법을 이용하고 있다. 이러한 차이에도 불구하고 실제 로지스틱 회귀분석을 수행하는 절차는 OLS 회귀분석과 유사하다. 먼저 (1) 모형을 설정하고, (2) 모형적합성을 판단하고, (3) 회귀계수의 크기를 해석한 후, (4) 주어진 독립변수 값이 주어졌을 때 사건 발생확률을 추정하고, 독립변수가 변할 때 사건 발생확률의 변화 크기, 즉 한계효과를 계산한 후, (5) 회귀분석의 가정을 검토하고 모형을 수정하는 절차를 따른다. 이 단계를 하나씩 살펴보도록 하자.

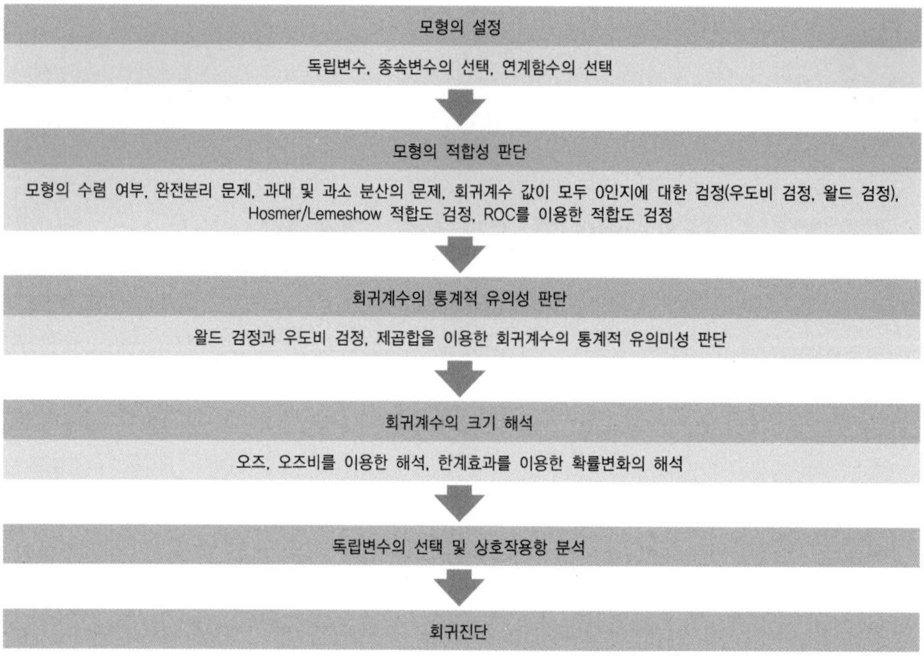

[그림 5.1] 로지스틱 회귀분석의 절차

로지스틱 회귀분석의 절차를 이해하기 위해 예제를 사용해보도록 하자. 예제로 사용된 자료는 세 가지 종류의 약(A, B, P)을 처방(Treatment, Trt)했을 때 신경통 통증(Pain)이 줄었는지 아닌지를 분석한 60명 환자의 자료이다. 종속변수는 통증이 줄었는지 아닌지(Yes, No)이다. 독립변수로 사용된 변수는 처방, 성별(Sex), 나이(Age), 그리고 처방 이전에 몇 달 동안 통증이 지속되었는지(Duration)이다.[1] 여기서 처방은 A, B, P를 범주로 갖는 변수이고, 성별 역시 남자와 여자를 범주로 갖는 범주형 변수이다. [표 5.1]은 예제 자료를 SAS에서 입력한 코드를 제시하고 있다.

[표 5.1] 예제 자료

```
DATA NEURALGIA;
   INPUT TREATMENT $ SEX $ AGE DURATION PAIN $ @@;
```

---

1 이 자료는 SAS의 LOGISTIC 프로시저의 매뉴얼에서 제시된 자료로 Layman, P. R., Agyras, E., and Glynn, C. J.(1986), "Iontophoresis of Vincristine versus Saline in Post-herpetic Neuralgia: A Controlled Trial," *Pain*, 25, pp. 165~170의 자료에 기반하고 있다.

```
    CARDS;
        P  F  68  1   NO  B  M  74  16  NO  P  F  67  30  NO
        P  M  66  26  YES B  F  67  28  NO  B  F  77  16  NO
        A  F  71  12  NO  B  F  72  50  NO  B  F  76  9   YES
        A  M  71  17  YES A  F  63  27  NO  A  F  69  18  YES
        B  F  66  12  NO  A  M  62  42  NO  P  F  64  1   YES
        A  F  64  17  NO  P  M  74  4   NO  A  F  72  25  NO
        P  M  70  1   YES B  M  66  19  NO  B  M  59  29  NO
        A  F  64  30  NO  A  M  70  28  NO  A  M  69  1   NO
        B  F  78  1   NO  P  M  83  1   YES B  F  69  42  NO
        B  M  75  30  YES P  M  77  29  YES P  F  79  20  YES
        A  M  70  12  NO  A  F  69  12  NO  B  F  65  14  NO
        B  M  70  1   NO  B  M  67  23  NO  A  M  76  25  YES
        P  M  78  12  YES B  M  77  1   YES B  F  69  24  NO
        P  M  66  4   YES P  F  65  29  NO  P  M  60  26  YES
        A  M  78  15  YES B  M  75  21  YES A  F  67  11  NO
        P  F  72  27  NO  P  F  70  13  YES A  M  75  6   YES
        B  F  65  7   NO  P  F  68  27  YES P  M  68  11  YES
        P  M  67  17  YES B  M  70  22  NO  A  M  65  15  NO
        P  F  67  1   YES A  M  67  10  NO  P  F  72  11  YES
        A  F  74  1   NO  B  M  80  21  YES A  F  69  3   NO
    ;
RUN;
```

1 모형의 설정

모형 설정은 변수와 변수 간의 관계를 정확한 모형식을 통해 나타내는 과정이다. 안타깝게도 논문들을 읽어보면 모형식을 제대로 제시하지 않은 채 단순히 로지스틱 회귀분석을 사용했다고 언급만 하는 경우들이 많다. 굳이 모형식을 제시하는 것이 필요한지를 반문할 수도 있다. 그러나 모형식이 제대로 제시되지 않는다면 무엇이 독립변수이며 종속변수인지, 오차항의 확률분포는 무엇인지, 추정해야 할 모수는 무엇인지 등을 제대로 이해하기 힘들다. 또한, 모형식조차 제대로 제시하지 못하는 연구자가 분석 방법론을 제대로 이해했다고 보기는 어렵다.

로지스틱 회귀분석 모형을 설정할 때 가장 먼저 해야 할 것은 종속변수의 기준사건을 설정하는 것이다. 로지스틱 회귀분석에서 종속변수는 두 개의 범주를 갖기 때문에 기준사건을 중심으로 사건이 발생할 확률(π)과 사건이 발생하지 않을 확률($1-\pi$)을 정의할 수 있기 때문이다. 예를 들어 통증 유무가 종속변수일 때 통증이 있는 경우를 기준 사건으로 한다면 통증이 발생할 확률을 π라고 하고 통증이 발생하지 않을 확률을 $1-\pi$라고 가정할 수 있다.

둘째, 종속변수가 결정되고 나면 독립변수를 결정해야 한다. 독립변수에 관한 결정은 연구자가 선행연구나 이론 등을 바탕으로 결정하는 경우가 일반적이다. 로지스틱 회귀분석에서는 연속형 변수일 때와 범주형 변수일 때 회귀계수 해석이 달라진다. 또한, 범주형 변수인 경우에도 가변수를 어떻게 만드는지에 따라 추정된 회귀계수의 크기와 해석이 달라지기 때문에 독립변수를 결정할 때 가변수 설정 방법도 고려할 필요가 있다. 한편 독립변수 간의 상호작용을 모형에서 고려해야 할 경우도 있으면 이를 모형에 반영해야 하는 경우들이 존재한다. 이하에서 사용할 예제에서는 처방, 성별, 나이, 그리고 처방 이전 통증 지속시간을 독립변수로 사용하고 일단 독립변수 간의 상호작용은 없는 것으로 가정하자.

셋째, 모형식을 구체적으로 제시한다. 로지스틱 회귀분석에서 종속변수와 독립변수의 관계를 나타내는 모형식을 설정하는 방법은 다양하다. 이를 하나씩 살펴보면 다음과 같다. 첫 번째 방법은 잠재변수 접근 방법을 이용하는 것이다. 종속변수 Y와 관련된 잠재변수를 Y^*라고 한다면 모형식은 지시함수(indicator function)와 Y^*를 이용하여 [표 5.2]와 같이 나타낼 수 있다.[2]

[표 5.2] 잠재변수를 이용해 나타낸 로지스틱 회귀모형식

$$Y_i = \begin{cases} 1 & \text{if } Y_i^* > 0 \\ 0 & \text{if } Y_i^* \le 0 \end{cases}$$

$$Y_i^* = \beta_0 + \beta_1 Trt_i + \beta_2 Sex_i + \beta_3 Age_i + \beta_4 Durtation_i + \epsilon_i$$

$$(\text{단, } f(\epsilon) = \frac{e^{\epsilon}}{(1+e^{\epsilon})^2},\ i = 1,...,n)$$

위와 같이 모형식을 나타나게 되면 지시함수와 잠재변수의 함수를 따로 나타내야 한다. 특히 잠재변수의 의미를 제대로 이해하지 못하면 위 함수식의 의미를 제대로 전달하기 어렵다. 또한 잠재변수를 이용해 나타난 로지스틱 회귀모형식에서 오차항은 정규분포가 아닌 표준 로지스틱 확률분포를 따른다고 가정되는데, 회귀계수가 한 단위 변할 때 잠재변수의 변화의 크기를 나타낸 모형식이기 때문에 해석이 용이하지 않은 단점이 있다.

---

2 여기서 오차항은 표준 로지스틱 확률분포를 따른다.

두 번째 방법은 i번째 관찰점의 로짓에 대한 회귀모형으로 표현하는 것이다. 로짓은 사건이 발생하지 않을 확률 대비 사건이 발생할 확률의 비율, 즉 오즈에 로그를 취한 값이다. 이 로짓은 독립변수들의 선형결합 함수로 아래와 같이 나타낼 수 있다.

[표 5.3] 로짓을 이용한 로지스틱 회귀모형식

$$\ln\left(\frac{\pi_i}{1-\pi_i}\right) = \beta_0 + \beta_1 Trt_i + \beta_2 Sex_i + \beta_3 Age_i + \beta_4 Durtation_i$$

$$(\text{단, } \pi_i = \Pr(Y=1))$$

종속변수로 사용된 함수를 연계함수(link function)라고 부른다.[3] 예를 들어 회귀분석에서 원래 종속변수에 로그를 취한 값을 종속변수로 사용하게 되면 연계함수는 로그함수가 된다. 로지스틱 회귀분석에서는 로짓을 이용하면 독립변수의 선형결합 형태로 나타낼 수 있어 이해하기가 쉬우므로 널리 사용된다.

여기서 중요한 것은 오차항이 모형에 포함되어 있지 않다는 점이다. 이것은 로지스틱 회귀분석에서 오차항 가정이 없는 것이 아니라 앞서 제시한 첫 번째 모형을 변환시켜서 두 번째 모형이 도출된 것이기 때문에 이미 오차항 가정이 내재되어 있는 것이다.[4] 로짓을 이용한 회귀모형식은 독립변수 변화가 로짓 변화에 얼마나 영향을 미치는지에 관심 있는 경우 적절하지만 로짓 값의 현실적인 의미가 무엇인지를 쉽게 알기는 어렵다. 따라서 해석을 할 때는 자연상수(e)를 밑으로 하고 회귀계수를 지수로 하는 지수함수(exponential function)의 값, 즉 오즈비(odds ratio) 값을 제시해주어야 한다.

세 번째 방법은 종속변수와 오차항을 직접 나타내는 모형식을 나타내기 위해 사건이 발생할 확률을 다음과 같이 독립변수의 선형결합으로 나타낼 수 있다는 점을 이용할 수 있다.[5] 이 모형식은 연구목적이 사건 발생확률을 추정하거나 예측할 때 유용하다. 다만 독립변수의 변화가 사건발생 확률에 얼마나 영향을 주는지는 회귀계수를 이용하여 바로 해석하기 어렵기 때문에 뒤에서 다루는 한계효과(marginal effect) 분석 결과를 함께 제공해주어야 한다.

---

3 연계함수는 독립변수의 선형결합에 의해 설명되는 함수로 이 연계함수가 종속변수로 사용된다.

4 독자들은 위 식의 좌변에 있는 로짓이 비선형 함수의 형태를 지니는 데 반해 우변이 변수 간의 선형결합으로 오차항 없이 표시되었음을 알 수 있다.

5 [표 5.4]의 식에서 $\boldsymbol{X}$는 독립변수들의 벡터이다.

[표 5.4] 사건 발생 확률에 대한 로지스틱 회귀모형식

$$\pi(\boldsymbol{X_i}) = \frac{e^{\sum \beta_k x_{ik}}}{1+e^{\sum \beta_k x_{ik}}} = [1+\exp(-\boldsymbol{\beta}'\boldsymbol{X})]^{-1}$$

(단, $\boldsymbol{\beta}'\boldsymbol{X} = \beta_0 + \beta_1 X_1 + ... + \beta_p X_p$)

혹은

$$\pi(\boldsymbol{X_i}) = \frac{e^{\beta_0 + \beta_1 Trt_i + \beta_2 Sex_i + \beta_3 Age_i + \beta_4 Durtation_i}}{1+e^{\beta_0 + \beta_1 Trt_i + \beta_2 Sex_i + \beta_3 Age_i + \beta_4 Durtation_i}}$$

마지막으로, [표 5.5]와 같이 관찰된 범주형 변수 Y_i를 사건 발생 확률과 오차항으로 나타낼 수도 있다(Hosmer and Lemeshow, 2000:6-7). 이 모형식에서 오차항은 베르누이 분포를 따르고 있다는 점에 유의해야 한다.[6] [표 5.4]의 모형식은 독립변수의 변화가 사건 발생 확률에 얼마나 영향을 주는지를 회귀계수를 이용하여 바로 해석하기 어렵기 때문에 한계효과 분석 결과를 함께 제공하는 것이 바람직하다.

[표 5.5] 종속변수와 오차항을 이용해 나타낸 로지스틱 회귀 모형식

$$Y_i = \pi(X_i) + \epsilon_i$$

(단, $\pi(\boldsymbol{X_i}) = \frac{e^{\beta_0 + \beta_1 Trt_i + \beta_2 Sex_i + \beta_3 Age_i + \beta_4 Durtation_i}}{1+e^{\beta_0 + \beta_1 Trt_i + \beta_2 Sex_i + \beta_3 Age_i + \beta_4 Durtation_i}}$)

(단, ϵ_i의 평균은 0, 분산은 $\pi(\boldsymbol{X_i})(1-\pi(\boldsymbol{X_i}))$이며 베르누이 분포를 따르는 확률변수)

실제 연구를 수행할 때는 종속변수와 오차항을 모두 포함한 모형식을 제시하기보다는 [표 5.3]과 같이 로짓을 연계함수로 사용한 모형을 제시하는 것이 일반적이다. 하지만 로지스틱 회귀오차항을 포함한 모형식을 정확히 이해한 후 사용하는 것이 바람직하다.

참고로 연계함수가 반드시 로짓 함수만 있는 것은 아니다. $\pi(\boldsymbol{X})$, 즉 독립변수 벡터 $\boldsymbol{X}$가 주어졌을 때 종속변수가 관심 있는 사건 $Y=1$을 가질 확률, 즉 $\Pr(Y=1|\boldsymbol{X})$의 형태에 따라 프로빗, 로그-로그, 보완 로그-로그(complementary log-log) 모형들이 있다.

---

6 ϵ_i의 평균이 0인 이유는 $Y_i=1$의 값을 가질 확률이 π_i이고 이때의 오차는 1-π_i이며, $Y=0$의 값을 가질 확률이 $1-\pi_i$이고 오차는 $-\pi_i$이므로 오차의 기댓값은 $E[\epsilon_i] = \pi_i(1-\pi_i) + (1-\pi_i)(-\pi_i) = 0$이 된다.

다양한 연계함수 형태들을 나타내보면 다음과 같다. 결국 $Y_i = \pi(X_i) + \epsilon_i$의 관계를 갖는다고 가정을 할 때 연계함수의 선택에 따라 분석결과가 달라질 수 있다. 이러한 이유로 어떠한 연계함수를 사용하느냐에 따라 로짓 모형, 프로빗 모형, 보완 로그-로그 모형 등이 달라지는 것이다.

[표 5.6] 이항 종속변수에 대한 회귀모형에 사용되는 연계함수들

로짓 모형: $\pi(\boldsymbol{X}) = \dfrac{\exp(\boldsymbol{\beta X})}{1+\exp(\boldsymbol{\beta X})}$

프로빗 모형: $\pi(X) = \displaystyle\int_{-\infty}^{X\beta} \frac{1}{\sqrt{2\pi}} \exp\left(\frac{-t^2}{2}\right) dt = \Phi(\boldsymbol{\beta X})$

(단, Φ는 표준화 정규분포의 누적확률함수)

보완 로그-로그 모형: $\pi(X) = 1-\exp[-\exp(\boldsymbol{\beta X})]$

[표 5.7]은 연계함수별 독립변수 변화에 따른 사건 발생 확률 변화의 분포를 나타내기 위한 SAS 코드이다.

[표 5.7] 연계함수별 사건 발생 확률 차이 시뮬레이션을 위한 SAS 코드

```
DATA LINK;
    DO X=-5 TO 5 BY 0.1;
    LOGIT=EXP(X)/(1+EXP(X));
    PROBIT=CDF("NORMAL",X,0,1);
    CLL=1-EXP(-EXP(X));
    OUTPUT;
    END;
RUN;
PROC PRINT;RUN;
PROC SGPLOT DATA=LINK;
    SERIES X=X Y=LOGIT/SMOOTHCONNECT LEGENDLABEL="로짓";
    SERIES X=X Y=PROBIT/SMOOTHCONNECT LEGENDLABEL="프로빗"
    LINEATTRS=(PATTERN=DOT THICKNESS=3);
    SERIES X=X Y=CLL/SMOOTHCONNECT LEGENDLABEL="보완 로그-로그"
    LINEATTRS=(PATTERN=LONGDASH);
    YAXIS LABEL="Pr (Y=1)";
RUN;
```

[그림 5.2]에서처럼 로짓과 프로빗은 $\pi=0.5$인 경우를 중심으로 대칭이지만 보완 로그-로그 모형은 X의 증가에 따라 초기에는 빠르게 증가하다가 이후에는 천천히 증가하는 형태를 보인다.

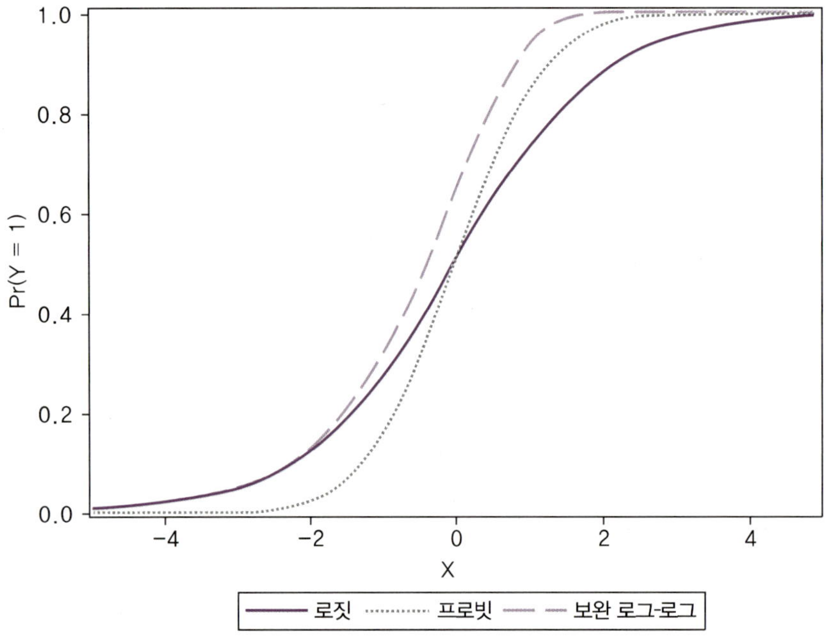

[그림 5.2] 연계함수의 형태

프로빗과 보완 로그-로그 연계함수를 이용하는 경우 선형모형식은 각각 다음과 같이 나타낼 수 있다.

$$\Phi^{-1}(\pi_i)=\beta_0+\beta_1 Trt_i+\beta_2 Sex_i+\beta_3 Age_i+\beta_4 Durtation_i$$

$$\ln[-\ln(1-\pi_i)]=\beta_0+\beta_1 Trt_i+\beta_2 Sex_i+\beta_3 Age_i+\beta_4 Durtation_i$$

로짓 모형과 달리 프로빗 모형과 보완 로그-로그 모형에서 회귀계수의 크기를 직접 해석하기는 쉽지 않음을 확인할 수 있다. 특히 확률 π_i를 계산하기는 수월하지 않다. 프로빗 모형과 로짓 모형은 큰 차이가 나지 않고 로짓 모형의 회귀계수 해석이 수월하기 때문에 일반적으로 로짓 모형이 선호된다.

보완 로그-로그 모형의 경우 연속적인 시간과 관련된 위험 모형(hazard model)을 나타낼 때 유용하지만 비대칭적인 분포 형태로 인해 무엇을 기준사건으로 하는지에 따라 분석

결과가 달라지는 문제가 발생한다(Allison, 2001:69-76). 이러한 이유로 이 책에서는 연계 함수를 로짓으로 하는 모형에 초점을 맞추고자 한다.[7]

2 모형의 적합성 판단

1) 모형의 수렴 여부

로지스틱 회귀분석에서 모형적합도 분석을 할 때 가장 선행되어야 하는 것은 모형의 수렴(convergence) 여부에 대한 판단이다. 로지스틱 회귀분석은 회귀계수 추정을 위해 최우추정량을 수치해석 접근 방법을 이용하여 계산한다. 하지만 최적해를 구할 때 모형이 수렴하지 않아 회귀계수를 추정할 수 없는 상황이 발생할 수 있다.

이러한 상황이 발생하는 가장 대표적인 경우가 분리 문제(separation problem)의 발생이다. 분리 문제는 독립변수의 선형결합으로 종속변수를 완벽하게 예측할 수 있는 상황을 말한다. 빈도분포표를 이용해서 이를 살펴보도록 하자. [표 5.8]에서 독립변수 X는 0, 1의 범주를 갖고 종속변수 Y도 0, 1의 범주를 갖는다. 예제에서 $X=1$이면 항상 $Y=1$이고 $X=0$이면 항상 $Y=0$이다. 따라서 $Y=1$의 오즈비는 $\frac{10\times 30}{0\times 0}$이 되어 정의가 될 수 없음을 쉽게 알 수 있다(Stokes *et al.*, 2000:222).

[표 5.8] 완전분리가 발생하는 사례의 빈도분포표

	$Y=1$	$Y=0$
$X=1$	10	0
$X=0$	0	30

연속형 독립변수의 경우에 대해서는 Allison(2001:40)의 예제를 이용해 살펴보도록 하자. [표 5.9]의 프로그램에서 x값이 3 이하이면 종속변수는 0의 값을 4 이상이면 1의 값을 갖는다. 따라서 독립변수의 크기를 이용하여 종속변수를 완벽히 예측할 수 있다.

---

7 프로빗 모형이나 보완 로그-로그 모형은 이성우 외(2005)나 Hosmer and Lemeshow(2000), Allison(2001:69-76)을 참고하기 바란다.

[표 5.9] 완전분리 문제가 있을 때 최우추정 반복 시 독립변수의 회귀계수 변화 프로그램 코드

```
DATA COMPSEP;
    INPUT X Y @@;
    CARDS;
    1 0 2 0 3 0 4 1 5 1 6 1
    ;
PROC LOGISTIC ;
    MODEL Y=X/ITPRINT RSQ;
RUN;
```

이러한 완전분리 문제가 발생하게 되면 수치해석을 통한 회귀계수 추정은 문제가 발생한다. 이 문제를 살펴보기 위해 최우추정을 반복함에 따라 독립변수 X의 회귀계수가 어떻게 변하는지 [표 5.10]을 살펴보면[8] 반복이 진행되어 최적해를 찾아갈수록 −2 로그우도 값(− 2Log L)이 작아져 우도함수 값은 커진다. 하지만 X의 회귀계수 값의 절댓값은 점차 증가하는 것을 알 수 있다. 우도함수 값이 커지기 때문에 모형의 설명력은 향상되어 Max-rescaled R-square값은 거의 1에 가깝게 된다. 다만 이것은 모형의 예측력이 좋다는 것을 의미할 뿐 '추정된 회귀계수가 참값'이라고 판단하기는 어렵다.[9]

[표 5.10] 완전분리 문제가 있을 때 최우추정 반복 시 독립변수의 회귀계수 변화

Maximum Likelihood Iteration History				
Iter	Ridge	−2Log L	Intercept	X
0	0	8.317766	0	0
1	0	2.944339	3.600000	−1.028571
2	0	1.650759	6.360324	−1.817236
3	0	0.905175	10.088823	−2.882521
4	0	0.405240	15.755651	−4.501615
5	0	0.149474	22.887789	−6.539368
6	0	0.054031	30.085420	−8.595834
7	0	0.019713	37.172467	−10.620705
8	0	0.007228	44.206006	−12.630287

8 이를 살펴보기 위해 MODEL 명령문에 ITPRINT라는 옵션을 부가하였다.

9 X값이 무한히 작은 음수 값을 가질수록 우도함수 값은 더 커지게 된다.

완전분리 문제가 존재하는 경우 SAS는 다음과 같은 경고 메시지를 제시해준다.

```
Complete separation of data points detected.
Warning: The maximum likelihood estimate does not exist.
Warning: The LOGISTIC procedure continues in spite of the above warning. Results
         shown are based on the last maximum likelihood iteration. Validity of the
         model fit is questionable.
```

완전분리는 아니지만 준완전분리 문제(quasi-complete separation problem)가 존재하는 예도 있다. 이 경우에는 독립변수의 선형 결합으로 완벽하게 종속변수를 설명하지는 못하지만 거의 설명이 되는 상황에 해당한다. 예를 들어 위 자료에 $X=4, Y=0$인 관찰점을 포함을 시켜 [표 5.11]의 코드를 이용해서 분석하면 독립변수에 의해 완벽히 종속변수가 설명되지는 못하지만, 대부분은 설명되는 것을 알 수 있다.[10]

[표 5.11] 준완전분리 문제가 존재하는 경우의 자료와 분석 코드

```
DATA COMPSEP;
    INPUT X Y @@;
    CARDS;
    1 0 2 0 3 0 4 0 4 1 5 1 6 1
    ;
PROC LOGISTIC ;
    MODEL Y=X/ITPRINT RSQ;
    EXACT X;
RUN;
```

준완전분리 문제가 존재하는 경우 SAS는 다음과 같은 경고 메시지를 출력해준다.

---

10 SAS 코드를 이용하여 R-square값을 확인해보아라.

```
Quasi-complete separation of data points detected.
Warning: The maximum likelihood estimate may not exist.
Warning: The LOGISTIC procedure continues in spite of the above warning.
         Results shown are based on the last maximum likelihood iteration.
         Validity of the model fit is questionable.
```

준완전분리 문제가 존재할 때 나타나는 특징 중의 하나는 추정된 회귀계수의 표준오차(standard error)의 값이 매우 크다는 점이다. [표 5.12]에서 확인할 수 있듯이 독립변수 X의 회귀계수는 -8.3196이지만 표준오차는 45.2858로 매우 큼을 알 수 있다. 또한, 추정된 회귀계수는 통계적으로 유의미하지 않음에도 불구하고 모형적합도는 통계적으로 유의미한 현상이 발생한다.

[표 5.12] 준완전분리 문제가 존재할 때 회귀계수 추정치

Analysis of Maximum Likelihood Estimates					
Parameter	DF	Estimate	Standard Error	Wald Chi-Square	Pr > ChiSq
Intercept	1	33.2785	181.1	0.0337	0.8542
X	1	-8.3196	45.2858	0.0338	0.8542

이러한 분리 문제를 해결하기 위해서 FIRTH의 벌칙함수를 사용한 추정을 하거나 정확 로지스틱 회귀(exact logistic regression) 방법 등이 사용된다.[11] 앞의 SAS 코드의 MODEL 명령문에 FIRTH 옵션을 지정하면 벌칙함수를 이용한 추정을 할 수 있다. 한편 정확 로지스틱 회귀는 장을 바꾸어 소개하도록 한다.

11 FIRTH 벌칙함수에 대해서는 Heinze, G. and Schemper, M.(2002), "A Solution to the Problem of Separation in Logistic Regression," *Statistics in Medicine*, 21, pp. 2409~2419를 참고하기 바란다. SAS에서는 FIRTH 벌칙함수 접근법과 정확 로지스틱 회귀 접근법을 모두 제시해준다. 정확 로지스틱 회귀의 경우 표본의 크기가 크면 연산량이 매우 증가하므로 한계가 있다. 독자들은 부록에 제시된 SAS 코드를 참고하여 추정된 회귀계수 값의 변화를 살펴보도록 한다.

2) 과대 및 과소 분산의 문제

분석에 사용되는 자료가 '그룹' 자료면 분산 값이 지나치게 크거나 지나치게 작은 문제가 발생할 수 있다. 로지스틱 회귀분석에서는 최우추정법을 이용하여 회귀계수를 추정하기 위해 표준 로지스틱 분포를 가정하고 분산의 값이 $\pi^2/3$으로 고정되어 있다고 가정을 하고 있다. 그러나 실제 분산 값이 이보다 지나치게 크거나 작으면 추정된 회귀계수에 문제가 발생할 수 있다.

만일 로지스틱 회귀모형에 포함된 독립변수와 독립이지만 종속변수를 설명하는 데 중요한 변수가 모형에 빠져있게 되면 오차항의 분산이 커지게 된다. 또는 관찰값이 특정 계층이나 그룹별로 속해 있는 다수준 자료(multi-level data)인 경우 과대 혹은 과소 분산의 문제가 발생할 수 있다. 과대 분산의 문제가 발생하면 추정된 회귀계수가 원래 모수 값보다는 작게 추정되어 0에 가까워지는 과소 측정(attenuation) 현상이 발생할 수 있다.[12]

과대 분산 혹은 과소 분산의 문제를 검출하는 방법은 다양하지만 주로 사용하는 것은 DEVIANCE를 자유도로 나눈 값이나 피어슨 카이제곱 통계량을 자유도로 나눈 값이 널리 사용된다. 이 값이 1보다 지나치게 크면 과대 분산, 지나치게 작으면 과소 분산 문제가 존재한다고 할 수 있다.[13] 다만 이 접근 방법은 설명변수의 수가 많지 않고, 설명변수들이 갖는 값들이 작은 수의 범주로 구성되어 있을 때만 적합하다. 만일 연속형 변수가 설명변수로 포함된 로지스틱 회귀모형에서는 이를 사용해서는 안 된다(Kleinbaum, 2010:317; Allison, 2001). 이 경우에는 Hosmer-Lemeshow(HL) 적합도 통계량(lack-of-fit statistic)을 사용하게 된다. 이 통계량은 모형적합도 판단에 널리 이용되기 때문에 모형적합도를 설명하는 절에서 구체적으로 설명하고자 한다. 참고로 과대 분산 혹은 과소 분산 문제가 있을 때는 일반화 선형모형(generalized linear model)을 사용하기보다는 유사우도 추정(quasi-likelihood estimation)을 사용한다.[14]

---

12 왜 과소측정 현상이 발생되는지의 문제에 대해서는 Allison(2001:76-78)을 참고하기 바란다. Allison은 이 문제를 관찰되지 않은 이분산성의 문제(unobserved heterogeneity)라고 부르기도 한다.

13 SAS에서는 AGGREGATE 옵션과 SCALE=NONE 옵션을 사용하면 이 통계량 값을 구할 수 있다. 구체적인 예제는 Allison(2001) 제4장을 참고하기 바란다.

14 Kleinbaum, D. G. and Klein, M.(2010), *Logistic Regression: A Self-Learning Text,* New York, Springer, pp. 522~523.

3) 우도함수 값을 이용한 모형적합도 판단

OLS에서는 모형적합성에 대한 해석을 분산분석표(analysis of variance table, ANOVA table)를 이용하거나, 결정계수, 혹은 적합결여도 검정을 통해 판단한다.[15] 로지스틱 회귀분석도 이와 유사한 논리를 사용하면서도 모형적합성 검정을 위해 다양한 접근 방법을 사용해왔다. SAS의 PROC LOGISTIC 프로시저는 로지스틱 회귀분석을 위한 매우 다양한 기능을 간단한 명령어와 옵션을 제공하고 있다. [표 5.13]은 이하의 논의에 필요한 다양한 출력물을 얻기 위한 SAS 코드이다.[16]

[표 5.13] 로지스틱 회귀분석을 위한 SAS 코드

```
PROC LOGISTIC DATA=NEURALGIA SIMPLE PLOTS(ONLY)=(ROC(ID=OBS) EFFECT);
    CLASS TREATMENT SEX / PARAM=REF;
    MODEL PAIN= TREATMENT SEX AGE DURATION/RSQ EXPB LACKFIT CTABLE
    PPROB=(0.3 TO 0.6 BY 0.1) CLPARM=BOTH CLODDS=BOTH;
    OUTPUT OUT=OUTLOG P=P XBETA=XBETA;
RUN;
DATA OUTLOG2;
    SET OUTLOG;
    IF PAIN='NO' THEN Y=1;
    ELSE Y=0;
PROC CORR DATA=OUTLOG2;
    VAR Y P XBETA;
RUN;
PROC SORT DATA=OUTLOG ;
    BY DESCENDING P;
RUN;
PROC PRINT DATA=OUTLOG;
RUN;
```

우도함수는 관찰값이 나타날 가능성에 대한 함수이다. 우도함수 값이 크다는 것은 주어진 관찰값이 그 모형 하에서 나타날 확률이 크다는 것으로 이해할 수 있다.[17] 따라서

---

15 고길곤(2017), 통계학의 이해와 활용, 제2판, 문우사, pp. 341~349.

16 복잡해 보이지만 실제로는 다양한 옵션이 굳이 필요 없다면 PROC LOGISTICS DATA=NEURALGIA; CLASS TREATMENT SEX; MODEL PAIN=TREATMENT SEX AGE DURATION; RUN; 코드만으로도 충분하다.

모형에 독립변수가 포함되면 관찰값이 나타날 확률이 얼마나 더 커지는지를 살펴봄으로써 모형적합성을 판단하는 것이다. [표 5.14]는 우도함수를 이용하여 모형적합도를 판단하기 위해 사용되는 기본 통계량 값을 제시하고 있다. 이 통계량들은 모형에 독립변수가 전혀 포함되지 않은 경우(Intercept Only)와 모형에 독립변수가 포함된 경우(Intercept and Covariates)의 우도함수 차이를 이용하여 나타낸다.

먼저 −2Log L은 로그-우도 함숫값에 −2를 곱한 값이다. 음수가 곱해져 있으므로 −2Log L값이 작을수록 모형적합도는 좋다고 판단된다. [표 5.14]를 살펴보면 절편만 있을 때의 −2Log L값이 81.503으로 나타나고 있으며 독립변수를 포함시킨 모형에서는 48.736으로 모형적합도가 개선되었음을 알 수 있다. 이 개선된 정도가 얼마나 커야 통계적으로 유의미한지를 판단하기 위해서는 가설검정을 수행해야 하는데 이 결과는 다음 절에서 Likelihood Ratio Test 결과를 이용하면 된다.[18]

[표 5.14] 모형적합도 통계량

Model Fit Statistics		
Criterion	Intercept Only	Intercept and Covariates
AIC	83.503	60.736
SC	85.598	73.302
−2Log L	81.503	48.736

한편 모형적합도를 판단할 때 AIC와 SC 통계량을 사용하기도 한다. 우도비는 모형에 변수가 많이 포함될수록 자동으로 크기가 증가한다는 문제점도 있고, 하나의 우도비 함수만으로는 결론을 얻기 어렵다는 점도 있으므로 이를 활용하여 모형적합도를 알아낼 수 있는 다른 척도들도 개발되었다.

AIC(Akaike Information Criterion) 척도는 모형적합도 판단과 변수선택 문제에서 널리 사용된다. AIC는 일반적으로 다음과 같이 정의된다.[19]

---

17 우도함수의 의미에 대해서는 [부록]에 설명되어 있으니 이를 꼭 참고하여 그 의미를 이해하도록 한다.

18 이 검정은 Testing Global Null Hypothesis: BETA=0 표에 제시된다.

19 모형에 포함된 모수의 수를 계산하는 방식은 회귀모형에 따라 다르다. 예를 들면 독립변수가 하나가 있는 단순 OLS모형에서 추정되어야 할 모수의 수는 절편 값, 회귀계수 값, 그리고 오차항의 분산 값 등 3개가 된다.

$$\text{AIC} = -2\log\ L + 2d \ (\text{단, } d\text{는 모형에 포함된 모수})$$

위 [표 5.14]를 살펴보면 intercept only의 경우 추정해야 하는 모수가 절편 하나뿐이므로 AIC값이 83.503이 된다. 반면 공변량(covariate)[20]이 포함된 경우 추정해야 하는 회귀계수 5개에 절편 1개이므로 $d=6$이 되며 AIC값은 60.736이 된다.

AIC값이 작을수록 좋은 모형이라고 판단할 수 있다. 일반적으로 이 차이가 10 이상이 나면 큰 차이가 있다고 판단할 수 있으므로(Burnham and Anderson, 2004:271) 절편만 있는 모형보다는 공변량이 있는 모형이 더 바람직하다고 판단할 수 있다.

$$\text{절편만 있는 경우: AIC} = -2\log\ L + 2d = 81.503 + 2\times 1 = 83.503$$

$$\text{공변량이 있는 경우: AIC} = -2\log\ L + 2d = 48.736 + 2\times 6 = 60.736$$

또 하나는 베이즈 정보 기준(Bayesian information criterion, BIC)으로 불리는 Schwarz 기준으로 SC 통계량이라고 불리며 다음과 같이 계산된다. 이 기준은 로지스틱 모형이 설명을 위해 사용될 때 간결성 원칙에 부합하는지를 판단할 때 적합하다. SC에서 각 관찰점이 한 번씩만 관찰된 경우에는 $\sum_j f_j n_j$은 표본크기 n과 같다. 따라서, 다음과 같이 나타낼 수 있다.

$$\text{SC} = -2\log\ L + d\ln\left(\sum_j f_j n_j\right)$$

(단, f_i는 j번째 관찰점의 빈도, n_j는 시도 횟수)

혹은

$$\text{SC} = -2\log L + d\ln(n)$$

$$\text{절편만 있는 경우: SC} = -2\log L + 1\times\ln(60) = 81.503 + 4.094 = 85.598$$

$$\text{공변량이 있는 경우: SC} = -2\log\ L + 6\times\ln(60) = 43.736 + 6\times 4.094 = 73.302$$

모형적합도를 판단하는 −2Log L, AIC, SC 기준은 기본적으로 우도함수에 기초한 것으로 절편만 있는 경우와 모형에 독립변수를 포함시켰을 때 우도함수 값이 얼마나 줄어

---

20 분산분석을 공부하지 않은 독자들은 공변량이라는 단어가 낯설어 보일 수도 있다. 원래 회귀분석은 다양한 분야에서 발전되어 왔는데 실험계획법 분야와 분산분석을 주로 사용하던 분야에서는 독립변수 대신에 공변량이라는 용어를 쓰기도 한다. 이 책에서도 독립변수라는 용어를 주로 사용하지만 경우에 따라서는 공변량이라는 용어도 사용하였다.

드는지를 살펴보는 접근이다. 다음 절에서는 모형적합도를 통계적 가설검정을 통해 판단하는 방법을 살펴보자.

4) 회귀계수의 값이 모두 0인지 여부에 대한 검정

OLS에서는 분산분석표의 *F*-검정 통계량을 이용하여 회귀계수 값이 모두 0이라는 귀무가설을 검정하게 된다. 이 귀무가설의 검정은 아무것도 없는 것보다는 우리가 사용한 모형이 더 설명력이 높은지 여부를 판단하는 것이다.

로지스틱 회귀분석에서는 우도비(likelihood ratio) 검정, 스코어 검정, 왈드 검정 등을 통해 이 귀무가설을 검정한다. 귀무가설은 "모형에 변수를 추가하더라도 우도함수의 변화가 없다."이다. [표 5.15]는 그 결과를 제시하고 있으며 p-value가 유의수준 5%보다 작으므로 귀무가설을 기각하고 최소한 하나의 회귀계수는 0이 아니라고 판단할 수 있다.[21]

[표 5.15] 전체 모형의 적합성 평가

Testing Global Null Hypothesis: BETA=0			
Test	Chi-Square	DF	Pr > ChiSq
Likelihood Ratio	32.7675	5	<.0001
Score	25.6666	5	0.0001
Wald	14.4512	5	0.0130

모형적합도 평가를 위한 우도비 검정(likelihood test)은 모형에 독립변수를 하나도 포함시키지 않고 절편만 사용했을 때의 우도비와 모형에 독립변수를 포함시켰을 때 우도비 차이를 이용하여 분석을 수행한다. 검정하는 귀무가설은 "모형이 적합하지 않다." 혹은 "우도비 차이가 없다."이다.

스코어 검정(score test)은 우도비 검정의 계산상의 복잡함을 해결하기 위한 대안으로 사용됐는데 우도비를 회귀계수에 대해 1차 및 2차 미분한 값을 이용하여 계산한다. 검정하는 귀무가설은 "모형이 적합하지 않다." 혹은 "우도비 차이가 없다."이다.

왈드 검정(Wald test)은 우도함수를 회귀계수에 대해 2차 미분을 한 값을 이용하여

---

21 각 방법의 차이에 대해서는 [부록]에서 자세한 설명을 제시하였다. 적합도 검정 방법은 로지스틱 회귀분석뿐만 아니라 다양한 선형모형에서도 유사하게 사용되기 때문에 한번 읽어보기를 추천한다.

계산된 통계량으로 검정하는 귀무가설은 “모형이 적합하지 않다.” 혹은 “우도비 차이가 없다.”이다.

우도비, 스코어, 왈드 검정 통계량은 모두 카이제곱 분포를 따르며 자유도는 추정해야 하는 회귀계수의 수와 같다. [부록]에 이 검정 통계량들의 의미를 자세하게 설명하고 있지만 각 검정 통계량을 간단히 소개하면 다음과 같다.[22]

우도비 검정: $\chi^2_{LR} = 2[L(\hat{\boldsymbol\beta}) - L(0)]$

스코어 검정: $\chi^2_s = \left[\frac{\partial L(\mathbf{0})}{\partial \boldsymbol\beta}\right]' \left[\frac{\partial^2 L(\mathbf{0})}{\partial \boldsymbol\beta^2}\right]^{-1} \left[\frac{\partial L(\mathbf{0})}{\partial \boldsymbol\beta}\right]$

왈드 검정: $\chi^2_w = \hat{\boldsymbol\beta}' \left[\frac{\partial^2 L(\hat{\boldsymbol\beta})}{\partial \boldsymbol\beta^2}\right] \hat{\boldsymbol\beta}$

예제 자료의 경우에는 모두 유의확률 값이 유의수준 0.05보다 작으므로 최소한 하나의 회귀계수가 0이 아니라고 판단할 수 있으며 모형적합성은 통계적으로 유의미하다고 판단할 수 있다.

5) R−Square를 이용한 모형 예측력 해석

로지스틱 회귀분석에서 독립변수가 종속변수를 설명하는 정도의 크기를 나타내기 위해 OLS에서 사용되는 R-Square 값을 유사하게 계산한 수 있다. 일반적으로 널리 사용되는 R-square는 Cox and Snell(1989:208-209)에 의해 제시된 방법으로 독립변수를 포함한 로지스틱 모형의 우도(likelihood)와 절편만을 이용한 모형[23]의 우도 비율을 이용하여 다음과 같이 정의된다.

---

22 세 가지 검정 통계량에 대한 자세한 설명은 부록1을 참조하거나 SAS/STAT 매뉴얼을 참고하기 바란다. http://support.sas.com/documentation/cdl/en/statug/65328/HTML/default/viewer.htm#statug_phreg_details22.htm

23 독자들은 ‘절편만 이용하는 모형’이 어떤 의미인지 궁금할 수도 있을 것이다. 이는 종속변수를 설명하는 독립변수가 아무 것도 없는 상황에서 수립한 모형을 의미한다. 구체적으로 위 예를 사용하여 설명하면, 종속변수는 60명 환자가 느끼는 통증 여부를 그대로 사용하고, 독립변수로는 임의의 상수(보통 y값의 평균을 사용함)를 사용한 로지스틱 회귀분석 모형이다. 이러한 모형과, 종속변수에 영향을 주리라 생각되는 다수의 독립변수를 사용하는 모형의 우도를 비교하는 논리는 향후 지속적으로 사용됨을 알아두기 바란다.

$$\text{Cox-Snell 결정계수} = 1 - \left(\frac{L(0)}{L(\hat{\beta})} \right)^{2/n}$$

일반적으로 SAS 등의 통계프로그램에서는 −2ln L값이 제시되기 때문에 이 값에 안티로그를 취하면 Cox-Snell R-square값을 어렵지 않게 계산할 수 있다. [표 5.16]의 모형적합도 통계량에서는 −2ln L값이 제시되어 있다. 이 값을 이용하여 $L(0)$와 $L(\hat{\beta})$, 그리고 Cox-Snell 결정계수 값을 구하면 다음과 같다.

$$L(0) = \exp(81.503/-2) = 2.0038 \times 10^{-18}$$

$$L(\hat{\beta}) = \exp(48.736/-2) = 2.6128 \times 10^{-11}$$

Cox-Snell 결정계수

$$= 1 - \left(\frac{L(0)}{L(\hat{\beta})} \right)^{2/N} = 1 - \left(\frac{2.0038 \times 10^{-18}}{2.6128 \times 10^{-11}} \right)^{2/60} = 1 - 0.5792 = 0.4208$$

이 결정계수 값은 R-square 통계량으로 출력물에도 제시되고 있음을 알 수 있다.

[표 5.16] 모형적합도 통계량

Model Fit Statistics		
Criterion	Intercept Only	Intercept and Covariates
AIC	83.503	60.736
SC	85.598	73.302
−2Log L	81.503	48.736

R-Square	0.4208	Max-rescaled R-Square	0.5664

Cox-Snell 결정계수는 일반화 결정계수라고도 불린다. 이 결정계수의 최대값은 1보다 항상 작은 값을 갖는다. 일반화 결정계수 값은 모형에 독립변수를 포함한 경우 대비 독립변수를 전혀 고려하지 않았을 때 우도함수의 비율을 이용하기 때문에 모형의 예측력(predictive power)을 평가한다. 로지스틱 회귀모형을 이용하여 예측된 종속변수 값과 관측된 종속변수 값의 상관계수인 0.7084를 제곱하면 0.5018이 되는데 이 값은 일반화 결정계수 값 0.4208과 비슷하다.

로짓 값을 예측한 $X\hat{\beta}$와 관측된 종속변수의 상관계수 값의 제곱이 일반화 결정계수 값이라고 할 수 있는데 이 값을 계산하면 0.4250이 됨을 쉽게 알 수 있다. 이러한 이유로 일반화 결정계수는 모형의 예측력을 평가하는 모형적합도 통계량이라고 할 수 있다.

한편 일반화 결정계수는 항상 1보다 작은 값을 갖기 때문에 R-square값처럼 0과 1 사이 값을 갖도록 조정한 것이 Nagelkerke(1991)에 의해 제안된 최대값-조정 결정계수(Max-rescaled R-square)이다. Cox-Snell 결정계수 값의 최대값은 $1-L(0)^{2/n}$이므로[24] 이 값을 이용하여 다음과 같이 최대값-조정 결정계수가 정의된다.

$$\text{최대값}-\text{조정 결정계수} = \frac{R^2_{Cox-Snell}}{1-L(0)^{2/n}}$$

6) Hosmer – Lemeshow(HL) 통계량을 이용한 예측력

호스머-래머쇼(Hosmer-Lemeshow, HL) 통계량은 예측빈도와 관찰빈도의 차이를 이용하여 모형이 종속변수를 얼마나 잘 예측하는지를 평가하는 것으로 범주형 변수에 대한 카이제곱 검정의 원리를 사용한다. 모형의 독립변수에 연속형 변수가 있는 경우 DEVIANCE나 피어슨 카이제곱 통계량을 이용한 모형적합도 판단이 부적절하므로 HL 통계량이 유용하게 사용될 수 있다.

HL 통계량을 구하기 위해서는 예측된 확률값의 크기에 따라 자료를 정렬한다.[25] 그리고 전체 60개의 관찰점을 몇 개의 그룹으로 나눈다. 그룹의 수 g는 로지스틱 회귀모형에 사용되는 독립변수의 수보다 최소한 두 개 이상이 큰 값을 선택해야 하지만$(g>p+1)$ SAS에서는 일반적으로 10개의 그룹이 널리 사용된다. 60개의 관찰점이 있는 경우 각 그룹별로 6개의 관찰점이 포함되게 된다. [표 5.17]에서는 처음 12개의 관찰점을 보여주고 있으며 각각 그룹 1 및 그룹 2에 속해 있음을 확인할 수 있다.

예측빈도(expected frequency, E)를 구하기 위해서 종속변수가 NO인 경우의 예측 확률과 YES 그룹의 평균 확률값을 구한다. 2번째 그룹의 경우에는 NO인 그룹이 없다. 이 경우에는 YES 그룹의 평균 확률값을 먼저 구한 후 1에서 이 값을 뺀 것을 NO 그룹의 평균 확률값으로 가정하면 된다.

24 우도함수 $L(\theta)$의 최대값은 1이다. 이는 모수를 통해 모든 관측치를 오차 없이 완벽하게 예측할 수 있음을 의미한다.

25 우리 예제에서는 통증이 없는 상태(Pain=No)가 기준사건이다.

이렇게 평균 확률값을 구한 후 그룹 내의 관찰점 수에 이 확률값을 곱하면 각각의 예측빈도를 구할 수 있다. 예를 들어 그룹 1의 Yes 범주의 기대빈도는 5.86(=0.976×6)이 된다. 이렇게 얻은 값들을 [표 5.17]과 같이 관찰빈도와 예측빈도로 구분하여 정리할 수 있다.[26]

[표 5.17] HL 통계량 계산 예제

그룹	ID	Pain	예측값	NO 그룹 평균 확률값	YES 그룹 평균 확률값
1	1	Yes	0.00208	0.022	0.976
	2	Yes	0.00817		
	3	Yes	0.01169		
	4	No	0.02194		
	5	Yes	0.03986		
	6	Yes	0.05917		
2	7	Yes	0.10124	0.150142	0.89876
	8	Yes	0.13167		
	9	Yes	0.15442		
	10	Yes	0.16808		
	11	Yes	0.17201		
	12	Yes	0.17343		

각 그룹별 관찰빈도에 사건 발생 확률을 곱하면 [표 5.18]과 같이 기대 및 관찰 빈도표를 얻을 수 있고 [표 5.18]과 같이 자유도가 $g-2$를 갖는 피어슨 카이제곱 통계량을 이용하여 모형적합도를 판단하면 된다. 피어슨 카이제곱 통계량의 귀무가설은 "기대빈도와 관찰빈도가 큰 차이가 없다." 혹은 "모형이 적합하다."이다.

$$X^2 = \sum_j \frac{(O_j - E_j)^2}{E_j} \sim \chi^2(g-2)$$

(단, g는 그룹 수)

[표 5.18]에 따르면 p-value 값이 0.3864로 나타나고 있으므로 기대빈도와 관찰된 빈도의 차이가 없다는 귀무가설을 기각할 수 없다. 따라서 모형적합도는 문제가 없다고 판단

26 MODEL 명령문 옵션에 LACKFIT을 사용하면 이 표를 얻을 수 있다.

할 수 있다.

[표 5.18] HL 통계량을 이용한 모형적합도 평가

Partition for the Hosmer and Lemeshow Test					
Group	Total	Pain = No		Pain = Yes	
		Observed	Expected	Observed	Expected
1	6	1	0.14	5	5.86
2	6	0	0.90	6	5.10
3	6	1	1.56	5	4.44
4	6	2	2.68	4	3.32
5	6	4	3.46	2	2.54
6	6	5	4.18	1	1.82
7	6	5	4.91	1	1.09
8	6	5	5.49	1	0.51
9	6	6	5.78	0	0.22
10	6	6	5.90	0	0.10

Hosmer and Lemeshow Goodness-of-Fit Test		
Chi-Square	DF	Pr > ChiSq
8.4981	8	0.3864

7) ROC 곡선을 이용한 모형예측도

로지스틱 회귀분석의 결과를 이용하여 사건발생 유무를 정확히 예측하는지를 판단함으로써 모형의 설명력의 크기를 측정할 수 있는데 정확도, 민감도, 특이도, 잘못된 긍정, 잘못된 부정, 그리고 ROC 곡선 등을 사용할 수 있다. 로지스틱 회귀분석뿐만 아니라 범주형 자료 분석에서는 널리 사용되는 개념들이기 때문에 관심을 두고 그 의미를 정확히 이해할 필요가 있다. [표 5.19]와 같은 교차분포표를 이용해서 이 개념을 살펴보도록 하자.

[표 5.19] 실제 관찰된 사건과 예측된 사건의 교차분포표

		실제 관찰된 사건(Y)	
		사건 발생($Y=1$)	사건 미발생($Y=0$)
예측된 사건 ($\hat{Y}$)	사건 발생	a	b
	사건 미발생	c	d

먼저 정확도(correct)는 실제 관찰된 '모든 사건'에 대비하여 제대로 예측된 사건이 일치하는 경우로 다음과 같이 정의된다.

$$정확도(correct) = 100 \times \frac{a+d}{a+b+c+d}$$

민감도(sensitivity)는 관찰된 '사건 발생 건수'에 대비하여 '사건 발생'을 예측한 퍼센트 비율로 다음과 같이 정의된다.

$$민감도(sensitivity) = \Pr(\hat{Y}=1 \mid Y=1) = 100 \times \frac{a}{a+c}$$

특이도(specificity)는 관찰된 '사건 미발생 건수'에 대비하여 정확히 '사건 미발생'을 예측한 퍼센트 비율로 다음과 같이 정의된다.

$$특이도(specificity) = \Pr(\hat{Y}=0 \mid Y=0) = 100 \times \frac{d}{b+d}$$

만일 로지스틱 회귀모형이 사건 발생을 정확히 예측하는 설명력이 높으면 민감도 값이 크게 되며 사건 미발생을 정확히 예측하는 설명력이 높으면 특이도가 크게 된다. 또한, 전체적으로 사건 발생과 미발생을 종합적으로 정확히 예측하는 설명력이 높으면 정확도 값이 크게 된다.

한편 예측 오류 값에 대한 잘못된 긍정(false positive)과 잘못된 부정(false negative)[27]도 다음과 같이 정의할 수 있다.

$$잘못된\ 긍정 = \Pr(Y=0 \mid \hat{Y}=1)100 \times \frac{b}{a+b}$$

$$잘못된\ 부정 = \Pr(Y=1 \mid \hat{Y}=0)100 \times \frac{c}{c+d}$$

---

27 일반적으로 교과서에서는 false positive를 위양성(僞陽性)이라 해석하여 '실제로 음성인데 검사 결과는 양성'으로 나오는 경우를 지칭하며 1종 오류와 동일하게 취급해 왔다. 또한, false negative 역시 동일한 논리로 위음성(僞陰性)이라 해석하여 '실제로 양성인데 검사 결과는 음성' 지칭하고 2종 오류와 같이 설명해왔다. 그러나 양성/음성 중 어느 것을 귀무가설로 두는가에 따라 이런 해석은 달라질 수 있다. 예를 들어, 귀무가설을 '환자에게 병이 있다(양성)'로 설정해보자. 실제 환자에게 병이 있는 경우에, 검사 결과 환자에게 병이 없는 것(음성)으로 나타났다면 1종 오류가 발생한 상황이지만 '위양성(false positive)'이라고 하기 어렵다. 이에 저자는 false positive와 false negative를 각각 1종, 2종 오류에 대응시킨 기존의 교과서와는 달리, '잘못된 긍정' 그리고 '잘못된 부정'으로 표현한다.

예측된 확률 $\hat{\pi}$이 임의의 기준값 c보다 크면 $\hat{Y}=1$로 구분을 하고 그렇지 않으면 $\hat{Y}=0$으로 구분을 한다고 가정해보자. 만일 c값이 0에 가까울수록 모두 사건이 발생할 것으로 예측하게 된다. 이 경우 사건이 발생했는데 발생할 것으로 예측할 확률, 즉 민감도는 1이다. 특이도는 사건이 발생하지 않았는데 발생하지 않았다고 예측할 확률이다. $c=0$이면 모두 사건이 발생했다고 예측하므로 특이도 값은 0이 된다.

$\hat{\pi}$은 항상 0보다 크거나 같으므로 c값이 0에 가까워질수록 민감도의 값은 1에 가까워지게 되고 특이도는 0에 가까워짐을 알 수 있다. 반대로 사건 발생 여부를 구분하는 기준 확률값 c가 1에 가까워지면 민감도는 0에 가까워지고 특이도는 1에 가까워짐을 알 수 있다. 이처럼 민감도와 특이도는 서로 상충관계에 있음을 알 수 있다.

로지스틱 회귀분석에서는 종속변수의 추정된 확률을 이용하여 c의 값에 따라 정확도, 민감도, 특이도, 잘못된 긍정, 잘못된 부정 값을 [표 5.20]의 분류표(classification table)를 통해 살펴볼 수 있다. c값은 Prob Level열에 나타나고 있으며 이 값이 변함에 따라 정확도나 민감도가 변화함을 알 수 있다.[28] $c=0$일 때는 민감도가 100이고 특이도는 0임을 알 수 있다. 첫 번째 관찰점을 보면 이 경우 사건이 발생했다고 예측했는데 실제 발생하지 않을 잘못된 긍정 위험이 커지게 되며 그 확률이 41.7%에 달한다. 반대로 [표 5.20]에서는 생략하였지만 $c=1$일 때는 민감도는 0이고 특이도는 1임을 확인할 수 있다. 한편 $c=0.56$일 때 사건 발생이 관측된 경우 발생했다고 예측하거나 사건 미발생을 미발생으로 예측한 정확도가 83.3%로 가장 높음을 알 수 있다.

때에 따라서 민감도보다는 특이도가 더 중요할 수가 있다. 의학에서 특이도가 높은 검사는 질병이 없으면 양성으로 나오지 않는 경우의 검사를 이야기한다. 에이즈 검사의 경우 병에 걸렸는데 병에 걸렸다고 진단할 확률, 즉 민감도가 높은 검사 방법을 사용한다. 이 민감도 확률이 99%라고 해보자. 그리고 이 진단법을 이용하여 환자가 병에 걸렸다는 결과를 얻었다고 해보자. 그렇다면 그 환자가 진짜 에이즈 환자일까?

조건부 확률을 공부해본 사람은 알겠지만 Pr(에이즈 판정|에이즈 걸림)과 Pr(에이즈 걸림|에이즈 판정)이 같은 것은 아니다. 실제로 에이즈 판정이 낫지만, 에이즈가 걸리지 않았을 확률이 1%보다 더 높다. 따라서 1차 검사 결과 에이즈로 판정된 환자는 절망에 빠지지

---

28 분류표는 MODEL 명령문 옵션에 CTABLE 옵션을 이용하여 나타낼 수 있고, c 값이 특정 구간에 있는 경우만 살펴보고 있으면 PPROB=(0.2 to 0.7 BY 0.1)와 같이 구간을 지정하면 간편한 표를 확인할 수 있다.

말고 확진 검사를 받아야 한다. 이때 환자가 확진 검사를 받을 때 특이도가 높은 검사 방법이 바람직하다. 즉 에이즈에 걸리지 않았을 때 에이즈가 걸리지 않았다고 판정할 확률이 높은 검사 방법을 사용해야 한다. 이 경우 c를 선택할 때 특이도를 먼저 고려하고 민감도를 보완적으로 검토하는 방법을 선택할 수 있다.

[표 5.20] 기준값 변화에 따른 판단 정확성 및 오류 분류표

Classification Table									
Prob Level	Correct		Incorrect		Percentages				
	Event	Non-Event	Event	Non-Event	Correct	Sensitivity	Specificity	False POS	False NEG
0.000	35	0	25	0	58.3	100.0	0.0	41.7	.
0.020	34	3	22	1	61.7	97.1	12.0	39.3	25.0
…	…	…	…	…	…	…	…	…	…
0.460	30	16	9	5	76.7	85.7	64.0	23.1	23.8
0.480	30	16	9	5	76.7	85.7	64.0	23.1	23.8
0.500	30	16	9	5	76.7	85.7	64.0	23.1	23.8
0.520	30	18	7	5	80.0	85.7	72.0	18.9	21.7
0.540	30	18	7	5	80.0	85.7	72.0	18.9	21.7
0.560	30	20	5	5	83.3	85.7	80.0	14.3	20.0
0.580	26	20	5	9	76.7	74.3	80.0	16.1	31.0
0.600	25	20	5	10	75.0	71.4	80.0	16.7	33.3
0.620	25	20	5	10	75.0	71.4	80.0	16.7	33.3
0.640	25	21	4	10	76.7	71.4	84.0	13.8	32.3
0.660	24	21	4	11	75.0	68.6	84.0	14.3	34.4

위와 같이 얻은 분류표를 이용하여 모형적합도를 판단하는 것이 ROC 곡선(receiver operating characteristic curve)이다. ROC 곡선은 종속변수가 사건 발생과 미발생의 두 개의 범주를 갖는 경우에 예측의 정확성을 판단하기 위해 사용되는 것으로 민감도를 Y축으로 (1−특이도)를 X축으로 한 곡선이다. 이때 (1−특이도)는 사건이 실제는 미발생했지만 발생했다고 예측할 확률이다.

$$1-\text{특이도}=\Pr(\hat{Y}=1|Y=0)$$

결국, ROC 곡선의 수직축은 사건이 발생했는데 발생했다고 예측할 확률을, 수평축은 사건이 발생하지 않았는데 발생했다고 예측할 확률을 의미함을 알 수 있다. 이 ROC 곡선이 왼쪽 위에 위치할수록 곡선 아래의 면적이 1에 가깝게 되며, 모형의 적합도가 큰 것으로 판단할 수 있고 0.5에 가까우면 모형적합도가 없다고 판단할 수 있다. [그림 5.3]에서 ROC 곡선 밑의 면적은 0.9051로 1에 상당히 가까운 것으로 나타나고 있어 모형적합도가

높다고 판단할 수 있다.

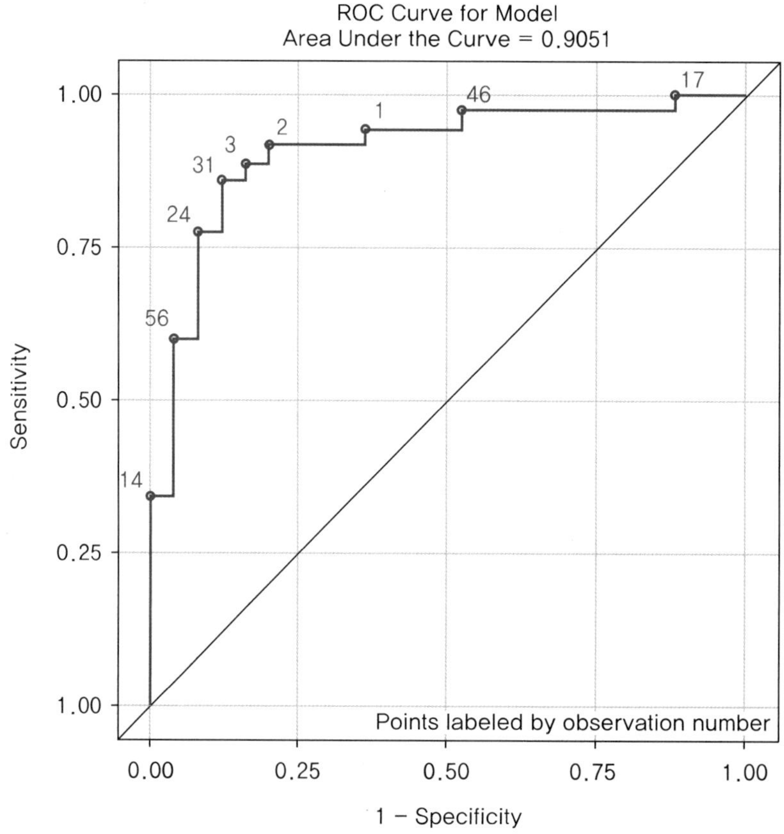

[그림 5.3] ROC 곡선

ROC 곡선의 면적의 크기가 얼마나 되어야 모형적합도가 높다고 해석할 수 있을지는 명확한 기준이 없으나 일반적으로 0.9 이상이면 적합도가 매우 좋은 것으로 판단하며, 0.6 이하면 적합도가 좋지 않은 것으로 판단한다(Kleinbaum, 2010:357).

ROC 곡선의 면적은 예측된 확률과 관찰된 종속변수의 연관성(association) 통계량을 이용해서도 계산할 수 있다. 연관성 통계량은 로지스틱 회귀분석뿐만 아니라 범주형 자료 분석에서도 흔히 사용되기 때문에 자세히 이를 살펴보기로 한다.

먼저 관찰점을 사건이 발생한 경우와 발생하지 않은 경우로 나누어 보자. 그리고 사건이 발생한 경우에 대응되는 사건이 발생하지 않은 관찰점의 쌍(pair)을 만들어 보자. 우리가 사용하는 예제에서는 전체 60개의 관찰점 중 $Y=1$인 경우(통증이 사라진 경우)가

25개, $Y=0$인 경우가 35개 있으므로 사건 발생과 미발생 관찰점의 쌍의 총 수는 875개가 된다. [표 5.21]에서 Pairs셀의 값은 이를 나타낸다. 이렇게 만들어진 관찰점의 i번째 쌍을 다음과 같이 나타내보자.

$$Y_i^k = 1\,,\, Y_i^m = 0$$

(단, $i=1,...,875$, k는 사건 발생 관찰점의 지시자, j는 사건 미발생 관찰점의 지시자)

이제 로지스틱 회귀분석을 통해 얻은 사건이 발생할 확률의 예측치를 $\hat{\pi}$라고 한다면 모형적합도가 높다면 사건 발생이 관찰된 관찰점의 예측된 확률이 사건 미발생이 관찰된 관찰점의 예측된 확률보다 커야 한다. 즉, 사건 발생이 관찰된 k번째 관찰점의 예측된 확률은 사건 미발생이 관찰된 m번째 관찰점의 예측된 확률보다 큰 아래와 같은 관계가 성립해야 한다.

$$\pi_k = \hat{P}(Y_i^k = 1) > \hat{P}(Y_i^m = 0) = \pi_m$$

일치율(Percent Concordant)은 875개의 쌍 중에서 몇 쌍이 위와 같은 관계를 만족하게 하는지를 계산한 값이다. [표 5.21]의 Percent Concordant값은 예측된 발생사건 중 90.5%가 위의 관계를 만족하고 있음을 보여준다.

한편 모형의 적합도가 낮은 경우에는 아래와 같이 실제 사건 발생이 관찰되었음에도 사건 미발생 경우보다 예측된 확률이 작은 경우가 발생할 수 있다. 이러한 경우를 불일치(discordance) 상황이라고 부를 수 있다.

$$\pi_k = \hat{P}(Y_i^k = 1) < \hat{P}(Y_i^m = 0) = \pi_m$$

[표 5.21]을 살펴보면 전체 875개의 가능한 쌍 중에서 불일치율(Percent Discordant)이 9.5% 정도가 되는 것으로 나타나고 있다.

한편 사건이 발생한 경우와 사건 미발생 경우의 예측확률이 같을 수가 있는데 이러한 경우의 비율은 동일률(Percent Tie)의 값으로 계산되며 표에서는 이 값이 0.0으로 나타나고 있다. 한편 c 통계량 값이 있는데 이 값은 아래 식과 같이 계산되는데 이 c 통계량 값은 ROC 곡선의 면적과 동일하다.[29]

29 c 통계량 값과 ROC 곡선의 면적이 동일함을 보여주는 기하학적 증명은 Kleinbaum(2010:363)을 참고하기 바란다.

$$c = \text{Percent Concordant} + 0.5 \times \text{percent tied} = 90.5 + 0.5 \times 0 = 90.5$$

한편 [표 5.21]의 오른쪽 부분에서는 Somers'D, Gamma, Tau-a와 같은 통계량이 있는데 이것은 관찰된 값과 예측된 값을 순윗값으로 바꾼 후 이들 간의 상관관계를 구한 값이다. 이 값이 1에 가까울수록 적합성이 크다고 할 수 있다.

[표 5.21] 예측된 확률과 관찰된 종속변수의 연관성 통계량

Association of Predicted Probabilities and Observed Responses			
Percent Concordant	90.5	Somers' D	0.810
Percent Discordant	9.5	Gamma	0.810
Percent Tied	0.0	Tau-a	0.401
Pairs	875	c	0.905

3 회귀계수의 통계적 유의성 판단

1) 왈드 검정과 우도비 검정

모형적합성에 관한 판단이 끝나면 추정된 회귀계수가 통계적으로 유의미한지에 대한 판단을 해야 한다. 로지스틱 회귀분석에서 회귀계수의 통계적 유의성 검정은 크게 왈드 검정(Wald test)과 우도비 검정(likelihood ratio test)을 사용한다.

OLS와 유사하게 로지스틱 회귀분석을 통해 얻은 회귀계수 추정량 $\hat{\beta}$은 표본의 크기가 충분히 크면 근사적으로 다음과 같은 정규분포를 따른다는 것이 알려져 있다.[30]

$$\hat{\beta} \sim N(\beta, Var(\hat{\beta}))$$

따라서 모회귀계수가 일정한 값 β_0라는 귀무가설, 즉 $H_0 : \beta = \beta_0$을 검정하기 위한 검정 통계량은 다음과 같이 제시될 수 있다.

$$Z_t = \frac{\hat{\beta} - \beta_0}{SE(\hat{\beta})} \quad (\text{단, SE는 } \hat{\beta}\text{의 표준오차} = \sqrt{Var(\hat{\beta})})$$

---

30 Long, J. S.(1997), *Regression Models for Categorical and Limited Dependent Variables*, Sage Publications, p. 85.

일반적으로 회귀계수가 0인지 여부에 대한 귀무가설을 검정하기 때문에 $\beta_0 = 0$이라고 한다면 검정 통계량은 다음과 같이 나타낼 수 있다.

$$Z_t = \frac{\hat{\beta}}{SE(\hat{\beta})}$$

SAS의 PROC LOGISTIC은 정규분포에 기반한 검정 통계량 대신에 아래와 같이 정의된 Wald 카이제곱 통계량을 사용한다. $\frac{\hat{\beta}-\beta_0}{SE(\hat{\beta})}$이 정규분포를 따르는 경우 W_t는 정규분포를 따르는 확률변수의 제곱이므로 자유도가 1인 카이제곱 분포를 따른다고 할 수 있다.

$$W_t = \left(\frac{(\hat{\beta}-\beta_0)}{SE(\hat{\beta})} \right)^2$$

Wald 통계량을 이용하여 통계적 유의미성을 검정하는 경우에 추정된 회귀계수에 대한 신뢰수준 $(1-\alpha)$하에서 신뢰구간은 정규분포의 가정에 따라 다음과 같이 계산된다.

$$\hat{\beta} \pm z_{1-\alpha/2} SE(\hat{\beta})$$

한편 추정된 오즈비의 신뢰구간은 다음과 같이 계산할 수 있다.

$$\exp\left(\hat{\beta} \pm z_{1-\alpha/2} SE(\hat{\beta})\right)$$

Wald 카이제곱 통계량을 이용한 접근방식이 흔히 사용되기는 하지만 표본이 크기가 작으면 $\frac{\hat{\beta}-\beta_0}{SE(\hat{\beta})}$이 정규분포를 따른다고 보기 어려우므로 Wald 카이제곱 통계량을 사용하는 것이 문제가 있을 수 있다. 또한, 자료가 불규칙한 경우에도 Wald 통계량은 문제가 있는 것으로 알려져 있다. 이 경우에는 회귀계수의 통계적 유의미성을 판단하기 위해서 우도비 검정(likelihood ratio test, LR test)을 활용할 수 있다.[31]

우도비 검정은 모형에 독립변수를 포함하지 않고 절편만으로 회귀모형을 적합시켰을 때 우도함수(likelihood function) 값과 모형에 검정하고자 하는 관심 있는 독립변수를 포함한 후의 우도함수 값의 차이에 대한 통계량이 카이제곱 분포를 따른다는 사실을 이용한다.

독립변수를 모두 포함시킨 모형을 M_β라고 하고, 절편만 포함한 모형을 M_a라고 한다면 각 모형의 로그-우도함수(log-likelihood function)는 각각 $\ln L(M_\beta)$, $\ln L(M_a)$로 나타

31 Allison, ibid, p. 26. 이에 대해 Long(1997:97)은 Wald 검정이나 우도비 검정이나 모두 한계가 있다는 주장도 있다고 하면서 편리성의 관점에서는 Wald 검정이 선호되고 있다고 주장하고 있다.

낼 수 있다. 회귀계수 값이 0이라는 귀무가설에 대한 검정 통계량은 다음과 같다.

$$G^2(M_\beta) = 2\ln L(M_\beta) - 2\ln L(M_a)$$

$G^2(M_\beta)$은 카이제곱 분포를 따르며 자유도는 모형에 포함된 회귀계수의 수이다. 특정한 독립변수의 회귀계수가 0이라는 귀무가설을 검정하기 위해서는 M_β에 해당 독립변수만을 포함하므로 자유도는 1이 된다. 하지만 만일 여러 개의 독립변수의 회귀계수가 동시에 0인지를 검정하기 위해서는 M_β에 이 독립변수들을 모두 포함하면 되고 자유도는 독립변수의 수가 되는 것이다.[32] $G^2(M_\beta)$의 p-value가 유의수준보다 작으면 귀무가설은 기각하고 회귀계수가 유의미하다고 해석한다.

한편 우도비 접근을 이용하여 추정된 회귀계수의 신뢰구간의 공식은 약간 복잡하다.[33] 그러나 SAS에서는 추정된 회귀계수와 오즈비의 각각 PLCL 및 PLRL 옵션을 MODEL 명령문에 지정하면 손쉽게 계산할 수 있다. 한편 우도비 접근을 이용하여 추정된 신뢰구간은 추정치를 중심으로 대칭인 것은 아니라는 점에 유의해야 한다.

2) 제곱합을 이용한 회귀계수의 통계적 유의미성 판단

범주형 변수의 경우에는 가변수의 범주별로 회귀계수의 통계적 유의미성이 판단되지만, 해당 변수 전체의 통계적 유의미성은 판단하기 어렵다. 이럴 때 판단에 유용한 것이 제3종 효과(Type 3 Analysis of Effects)이다.[34]

제3종 효과는 모형에 해당 독립변수와 다른 독립변수가 모두 포함한 경우와 해당 독립변수가 모형에 제외되었을 경우 모형적합도(우도함수 값)의 변화의 크기를 측정한 결과이다. [표 5.22]의 Treatment 변수의 예를 살펴보면 자유도가 2로 나타났다. 범주형 변수의 자유도는 변수가 가진 범주의 수에서 1을 뺀 값으로 Treatment는 A, B, P의 범주를 갖고 있으므로 자유도가 2가 된다.

Treatment의 통계적 유의미성은 [표 5.22]에서 Pr > Chisq로 나타난 p-value를 해석하

---

32 이러한 우도비 검정은 독립변수가 다른 여러 모형을 서로 비교 평가할 때 사용할 수 있기 때문에 복수의 회귀계수에 대한 가설검정에 많이 사용된다. SAS에서는 우도비 검정을 PROC GENMOD 프로시저의 MODEL 명령문에 옵션으로 TYPE3를 지정해주면 된다.

33 이에 대해서는 Long(1997:57-58)을 참고하기 바란다.

34 여러 유형의 제곱합에 대해서는 고길곤(2017:391-394)을 참고하기 바란다.

면 된다. 이 p-value는 독립변수가 "통계적으로 유의미하지 않다."라는 귀무가설을 검정한 결과로 p-value가 유의수준(일반적으로 5%)보다 작으면 귀무가설을 기각하게 된다. 본 예제에서는 0.0019로 Treatment는 종속변수를 예측하는 데 통계적으로 유의미하다고 결론을 내릴 수 있다.

한편 다른 변수에 비해 왈드 카이제곱 통계량 값이 크다는 것은 해당 변수가 모형에서 제외되면 모형적합도가 크게 떨어진다는 것을 의미한다. 따라서 독립변수의 상대적 중요성을 판단하기 위해 제3종 효과 크기를 사용할 수도 있다. [표 5.22]의 경우에는 종속변수를 설명하는 데 있어서 가장 중요한 독립변수는 Treatment와 Age임을 알 수 있다.

[표 5.22] 회귀계수의 통계적 유의미성 분석(Type 3 효과 분석)

Type 3 Analysis of Effects			
Effect	DF	Wald Chi-Square	Pr > ChiSq
Treatment	2	12.5310	0.0019
Sex	1	5.2946	0.0214
Age	1	7.2977	0.0069
Duration	1	0.0315	0.8591

4 로지스틱 회귀계수의 크기 해석

로지스틱 회귀분석에서 어려운 부분 중의 하나는 회귀계수 크기를 정확히 해석하는 것이다. OLS에서 독립변수 X의 회귀계수 β는 "독립변수가 한 단위 증가할 때 종속변수는 β만큼 증가한다."라고 해석한다. 하지만 비선형 함수의 형태를 보이는 로지스틱 회귀분석에서는 통상적인 회귀계수의 해석이 적용되지 않는다.

로지스틱 회귀분석에서 회귀계수를 정확히 해석하는 방법을 이해하지 않으면 단순히 회귀계수 부호와 통계적으로 유의미한지에 관한 판단에 그치게 된다. 따라서 이하에서는 로지스틱 회귀계수의 정확한 해석을 위해 오즈비의 관점에서 접근하는 방법과 사건 발생 확률 변화의 관점에서 접근하는 방법을 살펴보도록 하자.

1) 오즈비(odds ratio)를 이용한 해석

회귀계수 해석을 위해 다음과 같은 가상적인 경우를 고려해보자. 종속변수는 정부를 지지할 경우($Y=1$) 혹은 지지하지 않을 경우($Y=0$)의 범주를 갖는 이항변수(binary variable)이다. 그리고 독립변수는 성별(남자=1, 여자=0) 그리고 연속형 변수로 측정된 소득 수준이라고 가정을 해보자. 정부를 지지하지 않은 확률 대비 정부를 지지할 확률을 오즈라고 하면 추정된 로지스틱 회귀모형을 아래와 같이 나타낼 수 있다. 아래 식에서 π_i는 i번째 관찰점이 정부를 지지할 확률, $1-\pi_i$는 지지하지 않을 확률이다.

$$\log\left(\frac{\pi_i}{1-\pi_i}\right)=\widehat{\beta_0}+\widehat{\beta_1}\text{성별}_i+\widehat{\beta_2}\text{소득}_i$$

연속형 변수의 회귀계수 해석

위 로지스틱 회귀모형에서 연속형 변수인 소득의 회귀계수 $\widehat{\beta_2}$는 "소득이 한 단위 증가할 때 로짓, 즉 $\log\left(\frac{\pi}{1-\pi}\right)$[35]는 $\widehat{\beta_2}$만큼 증가한다."라는 의미로 해석할 수 있다. 그러나 $\log\left(\frac{\pi}{1-\pi}\right)$가 무엇을 의미하는지를 쉽게 해석하기는 어렵다. 따라서 회귀계수 자체를 지수 변환시킨 오즈비(odds ratio)를 사용하여 해석을 수행한다.

먼저 소득이 x_i에서 x_i+1로 한 단위 더 증가했다고 가정을 해보자. 그렇다면 추정된 로지스틱 함수는 다음과 같이 변화한다.

$$\text{log(소득 증가 전의 오즈)}=\log\left(\frac{\pi_i}{1-\pi_i}\right)=\widehat{\beta_0}+\widehat{\beta_1}\text{성별}_i+\widehat{\beta_2}x_i$$

$$\text{log(소득이 한 단위 증가한 후의 오즈)}=\log\left(\frac{\pi_j}{1-\pi_j}\right)=\widehat{\beta_0}+\widehat{\beta_1}\text{성별}_i+\widehat{\beta_2}(x_i+1)$$

따라서 소득이 변화할 때 로짓의 차이는 다음과 같음을 알 수 있다.

$$\log\left(\frac{\pi_j}{1-\pi_j}\right)-\log\left(\frac{\pi_i}{1-\pi_i}\right)=\widehat{\beta_2}$$

$$\log\left\{\left(\frac{\pi_j}{1-\pi_j}\right)/\left(\frac{\pi_i}{1-\pi_i}\right)\right\}=\widehat{\beta_2}$$

35 로그-오즈는 로짓(logit)이라고 부르기도 한다.

$$\left(\frac{\pi_j}{1-\pi_j}\right) / \left(\frac{\pi_i}{1-\pi_i}\right) = \exp(\widehat{\beta_2})$$

$$\therefore \frac{\pi_j}{1-\pi_j} = \exp(\widehat{\beta_2}) \times \left(\frac{\pi_i}{1-\pi_i}\right)$$

따라서 "소득이 x에서 $x+1$로 한 단위 증가하면 $x+1$일 때의 오즈는 x일 때의 오즈의 $\exp(\widehat{\beta_2})$배로 변한다."라고 해석할 수 있다.

한편 회귀계수를 오즈의 퍼센트 변화(percent change)관점에서 해석할 수도 있다. 오즈비는 변화 전의 오즈 대비 변화 후의 오즈 비율로 아래와 같이 정의될 수 있다.

$$\text{오즈비} = \left(\frac{\pi_j}{1-\pi_j}\right) / \left(\frac{\pi_i}{1-\pi_i}\right)$$

이러한 오즈비를 이용하여 오즈의 퍼센트 변화의 개념으로 나타내면 아래와 같은 관계가 성립한다.

$$\left(\frac{\pi_j}{1-\pi_j}\right) / \left(\frac{\pi_i}{1-\pi_i}\right) = \exp(\widehat{\beta_2})$$

$$100 \times \left\{\left(\frac{\pi_j}{1-\pi_j}\right) - \left(\frac{\pi_i}{1-\pi_i}\right)\right\} / \left(\frac{\pi_i}{1-\pi_i}\right) = 100 \times \left\{\exp(\widehat{\beta_2}) - 1\right\}$$

위 식에서 좌변은 소득 변화에 따른 오즈의 변화율을 나타낸다. 따라서 "소득이 x에서 $x+1$로 한 단위 증가하면 $100 \times \{\exp(\widehat{\beta_2}) - 1\}$ %만큼 오즈가 변한다."라고 해석할 수 있다.

범주형 변수의 회귀계수 해석

범주형 변수의 회귀계수 해석은 연속형 변수의 회귀계수 해석과 유사하게 다양한 방법으로 해석할 수 있다. 성별을 남자가 1, 그리고 여자는 0의 값을 갖는 범주형 변수라고 할 때 남자인 경우와 여자인 경우의 로짓은 아래와 같이 나타낼 수 있다.

$$\log(\text{여자의 오즈}) = \log\left(\frac{\pi_i}{1-\pi_i}\right) = \widehat{\beta_0} + \widehat{\beta_2}\text{소득}$$

$$\log(\text{남자의 오즈}) = \log\left(\frac{\pi_j}{1-\pi_j}\right) = \widehat{\beta_0} + \widehat{\beta_1} + \widehat{\beta_2}\text{소득}$$

따라서 남자와 여자의 로짓 차이는 아래와 같으므로 "남자의 로짓은 여자의 로짓보다

$\widehat{\beta_1}$만큼 차이가 난다."라고 해석할 수 있다.

$$\log\left(\frac{\pi_j}{1-\pi_j}\right)-\log\left(\frac{\pi_i}{1-\pi_i}\right)=\widehat{\beta_1}$$

오즈비를 이용하여 회귀계수를 해석할 수도 있다. 범주형 변수의 기준점이 되는 범주가 여자이므로 "여자의 오즈에 대비해서 남자의 오즈는 $\exp(\widehat{\beta_1})$배이다."라고 할 수 있다.

$$\text{남자의 오즈} / \text{여자의 오즈} = \left(\frac{\pi_j}{1-\pi_j}\right) / \left(\frac{\pi_i}{1-\pi_i}\right) = \exp(\widehat{\beta_1})$$

마지막으로 퍼센트 개념을 이용하여 해석을 해보면 "남자 그룹의 오즈가 여자 그룹의 오즈보다 $100\times\{\exp(\widehat{\beta_1})-1\}$%만큼 차이가 난다."라고 해석할 수 있다.

신경통 자료를 이용한 분석결과를 살펴보도록 하자. [표 5.23]에는 회귀계수 추정치가 제시되고 있다. 이 추정치를 이용하여 추정된 로지스틱 회귀식은 다음과 같다.

$$\ln\left(\frac{\pi_i}{1-\pi_i}\right)= 15.5744+3.1817\,Trt_{Ai}+3.7085\,Trt_{Bi}+1.8322Sex_{Fi}-0.2621Age_i \\ +0.00586Durtation_i$$

단, Duration은 p-value 값이 0.8591로 통계적으로 유의미하지 않은 독립변수임을 알 수 있다. 이 변수는 회귀모형에서 제거할 수 있으나 연구자가 종속변수를 설명하는 데 이론적으로 의미가 있는 변수라고 판단이 되면 비록 통계적으로 유의미하지 않더라도 모형에 포함시키는 것이 바람직할 수 있다.

Age의 회귀계수는 −0.2621이다. 오즈비 값은 Exp(Est)라는 칼럼에 제시되어 있으며 Age의 오즈비는 0.769이다.[36] 따라서 다음과 같이 다양하게 해석할 수 있다.

"다른 조건이 일정할 때 Age가 한 단위 증가할 경우 로짓은 −0.2621만큼 변한다."
"다른 조건이 일정할 때 Age가 한 단위 증가할 경우 오즈는 0.769배로 변한다."
"다른 조건이 일정할 때 Age가 한 단위 증가할 경우오즈는 −23.1%만큼 변한다."

오즈가 통증이 발생할 확률 대비 통증이 발생하지 않을 확률의 값이라고 이야기한다면

36 오즈비가 1보다 작은 경우에는 독립변수의 값이 증가함에 따라 사건 발생 확률이 감소한다는 의미임에 유의해야 할 것이다.

나이가 증가할수록 상대적으로 통증이 발생하지 않을 확률이 감소한다는 사실을 알 수 있다.

범주형 변수가 가변수 형태로 나타내면 범주형 변수의 해당 범주가 기준 범주와 차이가 나는지를 판단하게 된다. 예를 들어 Treatment는 A, B, P 범주가 있는데 [표 5.23]에서는 P 범주의 회귀계수 값은 나타나 있지 않다. 이것은 P 범주가 기준 범주로 사용되었음을 의미한다. A의 범주 회귀계수는 3.1817로 추정되어 있다. 이 회귀계수를 해석해보면 다음과 같다.

"다른 조건이 일정할 때 A 범주는 P 범주에 비해 로짓은 3.1817만큼 차이가 난다."
"다른 조건이 일정할 때 A 범주는 P 범주에 비해 오즈는 24.087배만큼 차이가 난다."
"다른 조건이 일정할 때 A 범주는 P 범주에 비해 오즈는 2408.77%만큼 차이가 난다."

[표 5.23] 회귀계수의 추정값과 통계적 유의미성 분석

Analysis of Maximum Likelihood Estimates							
Parameter		DF	Estimate	Standard Error	Wald Chi-Square	Pr > ChiSq	Exp(Est)
Intercept		1	15.5744	6.5915	5.5828	0.0181	5805879
Treatment	A	1	3.1817	1.0161	9.8049	0.0017	24.087
Treatment	B	1	3.7085	1.1407	10.5700	0.0011	40.794
Sex	F	1	1.8322	0.7963	5.2946	0.0214	6.248
Age		1	−0.2621	0.0970	7.2977	0.0069	0.769
Duration		1	0.00586	0.0330	0.0315	0.8591	1.006

회귀계수 해석을 할 때 신뢰구간 값을 함께 살펴보는 것이 좋다. SAS의 경우에는 우도비를 이용한 경우와 왈드 통계량을 이용한 경우의 값을 제시해준다. [표 5.24]에서 Age의 경우를 살펴보면 우도비를 이용한 경우 95% 신뢰구간은 [0.618, 0.911]임을 알 수 있다. 여기서 Age 추정된 우도비가 0.769임을 고려한다면 신뢰구간의 하한과 추정된 우도비와의 거리는 0.151만큼 떨어져 있고 상한과는 0.142만큼 떨어져 있어 추정치를 중심으로 비대칭적으로 떨어져 있음을 알 수 있다.

[표 5.24] 우도비를 이용한 오즈비의 신뢰구간 추정

Odds Ratio Estimates and Profile-Likelihood Confidence Intervals				
Effect	Unit	Estimate	95% Confidence Limits	
Treatment A vs P	1.0000	24.087	3.995	234.686
Treatment B vs P	1.0000	40.794	5.622	540.687
Sex F vs M	1.0000	6.248	1.465	36.097
Age	1.0000	0.769	0.618	0.911
Duration	1.0000	1.006	0.944	1.076

[표 5.25] 왈드 통계량을 이용한 오즈비의 신뢰구간 추정

Odds Ratio Estimates and Wald Confidence Intervals				
Effect	Unit	Estimate	95% Confidence Limits	
Treatment A vs P	1.0000	24.087	3.288	176.481
Treatment B vs P	1.0000	40.794	4.362	381.552
Sex F vs M	1.0000	6.248	1.312	29.750
Age	1.0000	0.769	0.636	0.931
Duration	1.0000	1.006	0.943	1.073

2) 한계효과를 이용한 확률 변화의 크기 해석

앞에서 오즈와 오즈비를 이용한 회귀계수의 해석 방법을 살펴보았다. 하지만 사회과학을 전공하는 연구자들에게 오즈 개념은 이해하기 어렵다. 실제로 "소득이 증가할 때 정부지지 확률이 얼마나 증가할 것인가?"가 "오즈가 얼마나 변할 것인가?"보다 더 일반적인 질문이라고 할 수 있다.

로지스틱 회귀분석에서는 한계효과(marginal effect) 개념을 이용하여 회귀계수를 해석하기도 한다. 한계효과는 독립변수가 변할 때 사건이 발생할 확률의 변화 크기를 의미한다. 한계효과의 계산은 크게 연속형 변화(continuous change)를 이용한 접근 방법과 이산형 변화(discrete change)를 이용한 접근 방법으로 구분할 수 있다. 연속형 변화를 이용한 접근 방법은 독립변수가 아주 작은 값(infinitely small)만큼 변화했을 때 종속변수의 변화하는 양을 이용하여 회귀계수를 해석한다.

이산형 변화(discrete change) 접근 방법은 독립변수가 '일정한 크기'로 변화할 때 종속변수가 변화하는 양을 측정한다. 예를 들면 독립변수가 한 단위(one unit) 변할 때 종속변수 변화의 크기를 이용하여 회귀계수를 해석하는 것이다. OLS에서는 독립변수가 종속변

수에 미치는 영향이 일정하므로 한계효과 접근이나 이산형 변화 접근은 차이가 나지 않는다. 하지만 로지스틱 회귀분석에서는 양자가 서로 다른 개념이다.

[그림 5.4]를 살펴보면 연속형 변화에서는 독립변수의 특정 값에서의 기울기를 이야기한 데 비해 이산형 변화는 점선으로 표시된 것처럼 특정 값과 변화된 값 사이의 기울기를 나타내며 X, Y가 비선형의 관계를 갖는 경우 그 크기가 다름을 확인할 수 있다.

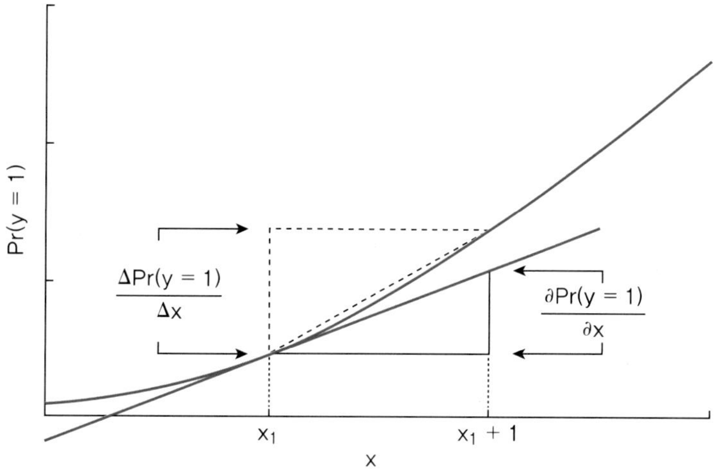

[그림 5.4] 연속형 변화와 이산형 변화

출처: Long(1997:76)

독립변수의 연속형 변화에 대한 한계효과 해석

연속형 변화를 이용한 회귀계수의 해석은 독립변수가 연속형일 때 미분을 이용하여 독립변수가 아주 작은 값이 변할 때 종속변수가 얼마나 변하는지를 살펴보는 것이다. 다음과 같은 독립변수가 하나인 로지스틱 회귀분석 모형을 가정해보자.

$$\log\left(\frac{\pi_i}{1-\pi_i}\right)=\beta_0+\beta_1 X_i$$

독립변수가 변할 때 종속변수가 변하는 양의 크기는 위 모형을 x에 대해서 편미분을 하면 다음과 같이 얻을 수 있다.

$$\frac{\partial \log\left(\frac{\pi_i}{1-\pi_i}\right)}{\partial x}=\beta_1$$

$$\frac{\partial \log\left(\frac{\pi_i}{1-\pi_i}\right)}{\partial x} = \frac{\partial \log\left(\frac{\pi_i}{1-\pi_i}\right)}{\partial \pi_i} \times \frac{\partial \pi_i}{\partial x} = \frac{1-\pi_i}{\pi_i} \times \frac{1 \cdot (1-\pi_i) - (-1)(\pi_i)}{(1-\pi_i)^2} \times \frac{\partial \pi_i}{\partial x}$$

$$= \frac{1}{\pi_i(1-\pi_i)} \times \frac{\partial \pi_i}{\partial x} = \beta_1$$

$$\therefore \frac{\partial \pi_i}{\partial x} = \pi_i(1-\pi_i)\beta_1$$

일반적으로 연속형 변화를 이용한 접근 방법에서는 관심 있는 독립변수 X_k의 회귀계수가 β_k라고 할 때 π_i을 구하기 위해 독립변수 값이 평균값으로 고정되어 있다고 가정한다. 즉 독립변수들이 평균으로 고정되어 있을 때[37] π_i값을 계산한 후 $\pi_i(1-\pi_i)\beta_k$ 값을 계산하면 X_k의 변화가 사건 발생확률에 미치는 한계효과의 크기가 된다.

연속형 변화를 이용한 한계효과 계산은 공식이 간단하므로 손쉽게 활용할 수 있다는 장점이 있다. 그러나 독립변수가 범주형 변수일 때 편미분에 기반을 둔 위 공식을 사용하는 것이 불가능하다. 물론 대략적으로 위 공식을 적용해 볼 수 있지만, 이 경우 한계효과를 과대추정하는 경향이 있는 것으로 알려져 있다.[38]

편미분을 사용하지 않고 독립변수의 일정 크기의 변화에 대한 효과도 계산할 수 있다. 즉, 독립변수 X_k가 x_0에서 $x_0 + \Delta$만큼 증가할 때 종속변수의 사건 발생 확률($P(Y=1)$)이 변화하는 크기를 이용하여 독립변수가 종속변수에 미치는 영향을 계산한다. 한계효과를 식으로 나타내면 다음과 같다.

$$P(Y=1|X_j, X_k = x_0 + \Delta) - P(Y=1|X_j, X_k = x_0)$$

로지스틱 회귀분석에서 확률의 변화는 비선형이기 때문에 X_k의 최초 값 x_0이 달라지면 동일한 Δ값을 가지더라도 한계효과 크기가 달라진다. 일반적으로 연속형 변수일 때는

---

37 이를 평균에서의 한계효과(marginal effect at the mean)라고 부르기도 한다(Long, 1997:74). 또한, 독립변수가 가변수의 경우 평균은 해당 가변수가 1인 관측치의 비율이기 때문에 이 경우 평균을 사용하는 것은 적절하지 않다. Long(1997:76~77)은 대안으로, 각각 가변수가 0 또는 1의 값을 가질 경우, 또는 다수의 가변수가 독립변수로 존재할 경우 각 경우의 조합을 모두 고려해보기를 권장하고 있다. 또한, 특정 독립변수의 왜도가 매우 큰 경우 평균은 대푯값으로 사용되기 부적절할 수가 있다. 이 경우 Long은 중앙값을 사용할 것을 권하고 있다. 요지는 한계효과를 구할 때 다른 변수에 적절한 대푯값을 찾는 점임을 독자들은 기억하기 바란다.

38 이성우 외(2005:71).

해당 독립변수의 평균을 x_0로 설정한다. 이 경우 한계효과는 "독립변수 X_k가 평균으로부터 Δ만큼 변화할 때 종속변수가 변화한 양"의 의미가 있게 된다. X_k가 이산형 변수일 때는 Δ는 범주가 되기 때문에 "X_k가 범주 A에서 범주 B로 변화할 때 종속변화가 변화한 양"이라고 한계효과를 해석할 수 있다.

독립변수의 변화 크기 Δ는 연구자가 임의로 지정할 수 있다. OLS에서는 통상적으로 독립변수가 한 단위 변화할 때 종속변수 변화의 크기를 회귀계수의 영향력으로 측정하기 때문에 $\Delta=1$인 경우가 일반적으로 사용된다.

마지막으로 주의해야 할 것은 한계효과를 계산하기 위해서는 다른 독립변수 값들이 고정되어야 한다는 점이다. 위 식에서 $P(Y=1)$은 X_k뿐만 아니라 다른 독립변수 X_j의 값에도 영향을 받게 된다. 만일 X_j값이 달라지면 한계효과가 달라진다. 따라서 다른 독립변수를 어떻게 고정시켜야 되는지가 문제가 된다. 일반적으로 연속형 변수면 평균값으로 고정한 후 한계효과를 측정한다. 범주형 변수일 때 기준값이 되는 범주에 고정한 후 측정한다.[39]

연속형 변수와 이산형 변수의 한계효과를 계산하기 위해서 다음과 같은 상황을 가정해보자. 먼저 연속형 변수인 AGE의 평균값이 70.5에서 71.5로 한 단위 증가하는 경우를 AGE 변수의 한계효과를 계산해보자. 그리고 이산형 변수인 TREATMENT가 P에서 A로 변할 때의 한계효과를 계산해보자. 한계효과를 계산하기 위해서는 관심 있는 변수 이외의 다른 변수는 고정해야 한다. 우리 예제에서는 AGE의 평균값은 70.5, 그리고 DURATION의 평균값은 16.73이다. 그리고 TREATMENT의 기준은 P, SEX의 기준값은 M이다.

한계효과를 계산하기 위해서는 회귀계수를 추정한 후에 추정된 모형식에 독립변수의 값들을 입력한 후 확률을 계산하는 복잡한 단계를 거쳐야 한다. SAS 사용자는 PLM 프로시저를 이용하면 어렵지 않게 분석을 수행할 수 있다. PLM 프로시저는 로지스틱 프로시저 분석에서 얻어진 모수 값을 저장한 후에, 이 모수 값을 PLM 프로시저에서 불러 읽은 후 독립변수 자료만 입력하여 종속변수 값을 예측한다.[40]

---

39 더미 코딩을 이용한 경우에는 가변수 값을 숫자형 변수로 간주하여 이 값의 평균값으로 고정하기도 한다.

40 모든 통계분석 프로시저에서 이 기능이 가능한 것은 아니며 SAS 9.4 버전에서는 GENMOD, GLIMMIX, GLM, GLMSELECT, LIFEREG, LOGISTIC, MIXED, ORTHOREG, PHREG, PROBIT, SURVEYLOGISTIC, SURVEYPHREG, SURVEYREG 프로시저에서 STORE 명령문이 제공되며 여기서 저장된 자료를 이용하여 PLM 프로시저에서 종속변수 값을 예측할 수 있다.

[표 5.26]의 /*①*/은 독립변수의 정보를 포함하고 있는 데이터셋을 만든다. 첫 번째 입력된 자료는 AGE의 값이 원래 평균보다 1 더 큰 값인 71.5로 입력하고 나머지 독립변수는 평균값을 입력하였다. 두 번째 입력된 자료는 독립변수는 평균값으로 입력하였고 범주형 변수인 TREATMENT와 SEX는 각각 기준값인 P와 M으로 입력하였다.

/*②*/는 분석에 사용한 NEURALGIA 자료를 이용하여 로지스틱 회귀분석을 수행한 후 분석을 통해 얻은 회귀계수 추정값 및 각종 추정 결과를 WORK 라이브러리의 RESULT라는 데이터셋에 결과를 저장하도록 하였다. 이 RESULT라는 데이터셋은 SAS 데이터셋으로 저장되는 것이 아니라 PLM 프로시저에서만 읽을 수 있는 고유한 자료 형태로 저장되어 있으므로 그 값을 바로 확인할 수는 없다. 저장된 자료를 확인하기 위해서는 PLM 프로시저의 SHOW 명령문을 사용하면 된다.

/*③*/은 PLM 프로시저로 먼저 저장된 로지스틱 회귀분석 결과를 RESTORE= 옵션을 사용하여 불러 읽도록 하였다. 두 번째 SHOW 명령문은 PROC LOGISTIC 프로시저의 STORE 명령문을 이용하여 저장된 결과를 출력하도록 하고 있다. 여기서는 추정된 회귀계수들만을 출력하도록 PARMS 옵션만 사용하였지만, 이 외에도 필요에 따라 다양한 결과들을 출력할 수 있다.

/*④*/의 SCORE 명령문은 DATA=에 지정된 데이터셋의 독립변수 값을 이용하여 다양한 값을 예측하도록 하고 있다. 여기서는 관심 있는 한계효과를 측정하기 위해 만든 CHANGE 데이터셋의 값에 대하여 종속변수를 추정한다. PREDICTED 옵션만을 사용하면 종속변수의 예측값을 OUT=에서 지정한 데이터셋 이름으로 지정한다. SCORE 명령문의 옵션으로 /ILINK을 사용하였는데 예측값을 구할 때 로짓 값을 예측하지 않고 확률값을 예측하기 위해 이를 사용하였다.

/*⑤*/의 SCORE 명령문은 로지스틱 회귀분석에 사용한 원자료를 이용하여 예측값뿐만 아니라 신뢰구간, 관찰값의 신뢰구간, 잔차 등도 저장할 수 있도록 하고 있다.

/*⑥*/은 예측된 확률값의 차이를 구하기 위해서 새로운 데이터셋을 만들기 위한 절차이다.

[표 5.26] 한계효과 측정을 위한 SAS 코드

```
DATA CHANGE; /*①*/
   INPUT TREATMENT$ SEX$ AGE DURATION;
   DATALINES;
   P M  71.5 16.73
   P M  70.5 16.73
   A M  70.5 16.73
   ;
RUN;
PROC LOGISTIC DATA=NEURALGIA SIMPLE;
   CLASS TREATMENT SEX / PARAM=REF;
   MODEL PAIN= TREATMENT SEX AGE DURATION/EXPB;
   STORE WORK.RESULT;/*②*/
RUN;
PROC PLM RESTORE=WORK.RESULT;/*③*/
   SHOW PARMS;
   SCORE DATA=CHANGE OUT=PRED PREDICTED/ILINK;/*④*/
   SCORE DATA=NEURALGIA OUT=PRED2 PREDICTED UCLM LCLM UCL LCL
   RESIDUAL/ILINK;/*⑤*/
RUN;
DATA PRD; /*⑥*/
   SET PRED;
   DIFF=LAG(PREDICTED)-PREDICTED;
RUN;
PROC PRINT DATA=PRD;
RUN;
```

[표 5.26]의 프로그램을 실행하면 로지스틱 회귀분석의 STORE 명령문에서 WORK.RESULT에 저장된 회귀계수 모수의 추정값을 PLM 프로시저의 SHOW 명령문을 이용해 [표 5.27]과 같은 결과가 출력됨을 확인할 수 있다. AGE 변수의 회귀계수는 −0.2621임을 알 수 있다.

[표 5.27] STORE 명령에 의해 저장된 로지스틱 회귀분석의 회귀계수 모수 추정값 결과

Parameter Estimates		
Parameter	Estimate	Standard Error
Intercept: Pain=No	15.5744	6.5915
Treatment A	3.1817	1.0161
Treatment B	3.7085	1.1407
Sex F	1.8322	0.7963
Age	−0.2621	0.09702
Duration	0.005859	0.03299

먼저 AGE 변수의 한계효과를 살펴보자. [표 5.28]을 살펴보면 AGE 값이 70.5일 때 PAIN=NO일 확률은 0.05705로 나타나고 있다. 만일 AGE가 한 단위 증가할 때 즉 71.5로 변하면 확률은 0.04448로 통증이 발생하지 않을 확률이 줄어들고 있음을 알 수 있다. 그 차이는 −0.01257이다.

연속형 변수일 때 편미분을 이용하여서도 한계효과를 계산할 수 있음을 앞에서 살펴보았다. 그 공식은 다음과 같다.

$$\frac{\partial \pi_i}{\partial x} = \pi_i(1-\pi_i)\beta_1$$

따라서 Age가 70.5일 때 한계효과 −0.014로 계산된다.

$$\frac{\partial \pi_i}{\partial x} = \pi_i(1-\pi_i)\beta_1 = 0.05705 \times (1-0.05705) \times (-0.2621) = -0.014$$

이 결과를 살펴보면 편미분을 했을 때의 결과가 실제 한계효과보다 과대 추정하는 경향이 존재함을 알 수 있다.[41] 따라서 다음과 같이 AGE의 한계효과를 해석할 수 있다.

"TREATMENT가 P이고, AGE가 70.5, DURATION이 16.73, SEX가 M일 때 AGE가 평균값인 70.5로부터 한 단위 증가하면 PAIN=NO일 확률은 0.01257만큼 감소한다."

41 이와 동일한 결과는 이성우 외(2005:71)를 참고하기 바란다.

[표 5.28] 독립변수 값의 변화에 따른 확률값의 변화

PAIR	TREATMENT	SEX	AGE	DURATION	PREDICTED	DIFF
1	P	M	71.5	16.73	0.04448	.
1	P	M	70.5	16.73	0.05705	−0.01257
1	A	M	70.5	16.73	0.59303	−0.53599

이산형 변수인 TREATMENT가 P에서 A로 바뀔 때 한계효과의 크기도 위 [표 5.28]을 이용하여 측정할 수 있다. 연속형 변수와 마찬가지로 이 한계효과를 구하기 위해서는 다른 독립변수들이 일정하게 고정되어 있다고 가정해야 한다. 연속형 변화를 이용한 경우와 마찬가지로 연속형 독립변수는 평균을 중심으로 범주형 독립변수는 기준값을 중심으로 고정하는 것이 일반적이다. 본 예제에서는 AGE의 평균값은 70.5, 그리고 DURATION의 평균은 16.73이다. 그리고 SEX의 기준값은 M이다. 이를 가정한다면 한계효과는 −0.53599로 계산된다.

$$P(Y=1|treatment=A, age=70.5, duration=16.73, sex=M)$$
$$-P(Y=1|treatment=P, age=70.5, duration=16.73, sex=M)=0.53599$$

따라서 TREATMENT 변수의 한계효과를 다음과 같이 해석할 수 있다.

"다른 연속형 독립변수들이 평균값으로 고정되어 있고 SEX=M의 값을 가질 때 TREATMENT가 P에서 A로 변할 경우 PAIN=NO가 발생할 사건의 확률은 0.53599만큼 증가한다."

제시된 SAS 코드를 이용하면 연구자가 관심이 있는 여러 형태의 비교 쌍을 만들어 한계효과를 쉽게 계산할 수 있다. 한계효과의 개념은 로지스틱 회귀분석 결과 해석에서 매우 중요하다. 독자들은 단순하게 로지스틱 회귀계수의 통계적 유의미성만을 해석하기보다는 한계효과를 적절히 해석함으로써 로지스틱 회귀분석을 정확히 사용하는 연습을 할 필요가 있다.

한계효과의 시각화

한계효과를 측정하여 독립변수와 종속변수의 관계를 해석할 수도 있지만 관심 있는 독립변수 값이 변함에 따라 사건 발생 확률이 어떻게 달라지는지를 살펴보고자 할 경우가 많다. 이를 위해 한계효과 그림을 그려보는 것은 분석결과 해석에 큰 도움이 될 수 있다.

[표 5.29]에서 /*①*/은 AGE 변수는 60에서 90까지 변화시키고 나머지 독립변수는 평균값과 기준값에 고정시킨 MARGINAL이라는 데이터셋을 생성하는 절차이다. AGE는 그 값을 각각 60~90 사이 값을 1씩 증가시켰다.

/*②*/는 /*①*/에서 만든 자료를 이용하여 예측값을 구하는 단계이다. 분석결과는 PRED2라는 데이터셋에 저장된다.

/*③*/은 /*②*/에서 얻어진 PRED2라는 데이터셋을 이용하여 한계효과 그림을 그리도록 하고 있다. 한계효과 그림을 그릴 때 예측된 값의 궤적은 SERIES 그림을 이용하여 그리고 예측된 확률의 95% 신뢰구간은 /*④*/의 BAND 그림 명령어를 이용하여 그리도록 하였다.

[표 5.29] 한계효과 그림을 위한 SAS 코드

```
DATA MARGINAL;/*①*/
   DO AGE=60 TO 90 BY 1;
   TREATMENT="P";
   SEX="M";
   DURATION=16.73;
   OUTPUT;
   END
   ;
RUN;
PROC PLM RESTORE=WORK.RESULT;
   SHOW PARMS;
   SCORE DATA=MARGINAL OUT=PRED2 PREDICTED UCLM LCLM UCL LCL
   RESIDUAL/ILINK;/*②*/
RUN;
PROC SGPLOT DATA=PRED2;/*③*/
   BAND X=AGE UPPER=UCLM LOWER=LCLM; /*④*/
   SERIES X=AGE Y=PREDICTED/ LINEATTRS=(COLOR=BLACK THICKNESS=2);
RUN;
```

[표 5.29]의 프로그램을 실행시킨 결과 얻어진 AGE 변화에 따른 사건발생 확률의 변화는 [그림 5.5]와 같다. 나이가 증가할수록 통증이 없을 확률이 감소하는 현상을 잘 보여주고 있다.

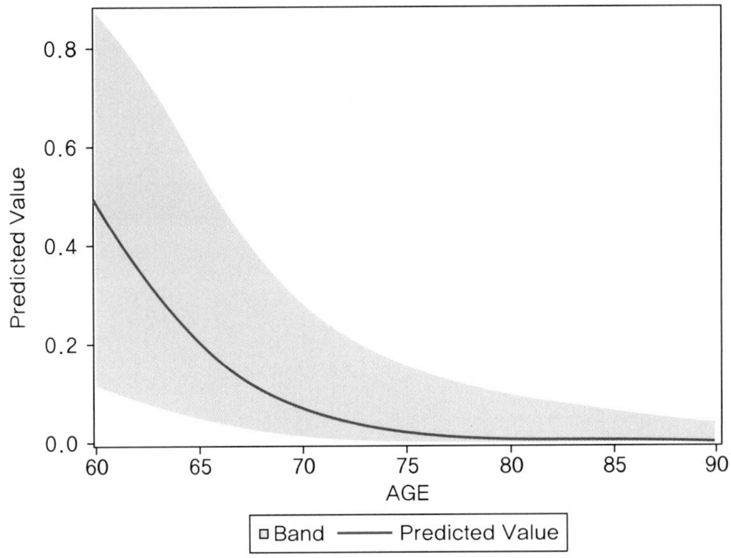

[그림 5.5] AGE 변수의 한계효과와 신뢰구간

두 개 이상의 변수의 값이 변할 때 확률의 변화들도 시각화할 수 있다. 만일 다른 조건은 고정된 상황에서 SEX와 AGE가 변할 때 확률의 변화를 시각화해보면 [표 5.30]의 코드를 이용하여 [그림 5.6]과 같은 결과를 얻을 수 있다.

[표 5.30] 두 개의 독립변수 값이 변할 때 확률변화의 시각화 프로그램

```
DATA MARGINAL;
    DO AGE=60 TO 90 BY 1;
    DO SEX= "M", "F";
    TREATMENT="P";
    DURATION=16.73;
    OUTPUT;
    END;
    END;
RUN;
PROC PLM RESTORE=WORK.RESULT;
    SHOW PARMS;
    SCORE DATA=MARGINAL OUT=PRED2 PREDICTED UCLM LCLM UCL LCL
    RESIDUAL/ILINK;
RUN;
PROC SGPANEL DATA=PRED2;
    PANELBY SEX;
    BAND X=AGE UPPER=UCLM LOWER=LCLM;
```

```
    SERIES X=AGE Y=PREDICTED/LINEATTRS=(COLOR=BLACK THICKNESS=2);
RUN;
```

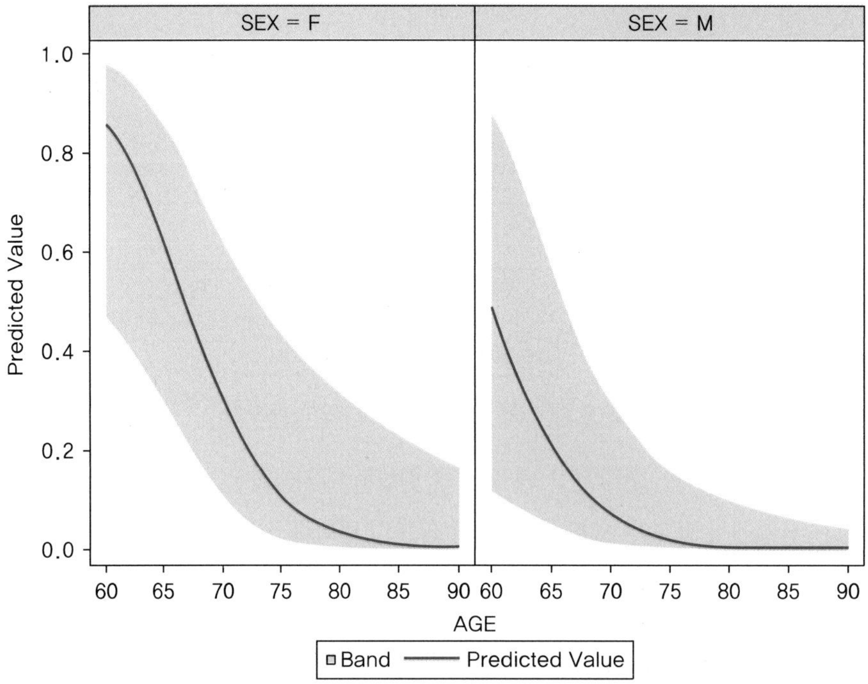

[그림 5.6] 성별·연령별 통증 발생 확률

이 책에서는 PLM 프로시저를 이용하여 한계효과를 그리는 절차를 설명하였다. 하지만 PROC LOGISTIC에서는 한계효과 그림을 그릴 수 있는 명령문을 제공해주고 있다. 저자의 판단으로는 로지스틱 회귀분석의 이론과 자료의 시각화 절차를 정확히 이해하는 사람은 PLM 프로시저를 이용하는 것이 더 바람직하다고 판단된다. 하지만 혹시 관심 있는 독자를 위해서 PROC LOGISTIC 프로시저 안에서 제공되는 EFFECTPLOT 명령문을 이용하여 한계효과 시각화를 프로그램과 결과를 [표 5.31]과 [그림 5.7]과 같이 제시하고자 한다. 독자들이 연습을 통해 이를 활용해보도록 한다.[42] 아래에서 제공한 그림들은 PLM 프로시저와 SGPLOT 프로시저를 이용하여 그릴 수 있으므로 이를 연습해보는 것도 추천한다.

42 LOGISTIC 프로시저에서는 연속형 변수에 대한 효과그림은 EFFECTPLOT 중에서 FIT 옵션을 선택하면 된다. 즉 "EFFECTPLOT FIT(X=age) / NOOBS;"라는 구문을 사용하면 확률 변화 그림을 얻을 수 있다.

[표 5.31] PROC LOGISTIC 프로시저의 EFFECTPLOT 명령문을 이용한 한계효과 계산

```
PROC LOGISTIC DATA=NEURALGIA SIMPLE;
   CLASS TREATMENT SEX / PARAM=REF;
   MODEL PAIN= TREATMENT AGE SEX  DURATION/EXPB;
   EFFECTPLOT FIT(X=AGE) / NOOBS;/*①*/
   EFFECTPLOT FIT(X=AGE) / AT(DURATION=15 TREATMENT="B" SEX="F")
   NOOBS;/*②*/
   EFFECTPLOT INTERACTION(X=TREATMENT PLOTBY=SEX) / NOOBS CLM;/*③*/
   EFFECTPLOT INTERACTION(X=TREATMENT SLICEBY=SEX) / NOOBS CLM;
   EFFECTPLOT SLICEFIT; /*④*/
   EFFECTPLOT SLICEFIT(SLICEBY=TREATMENT PLOTBY(ROWS)=SEX)
   / AT(DURATION=MIN MIDRANGE MAX) OBS(FRINGE JITTER); /*⑤*/
RUN;
```

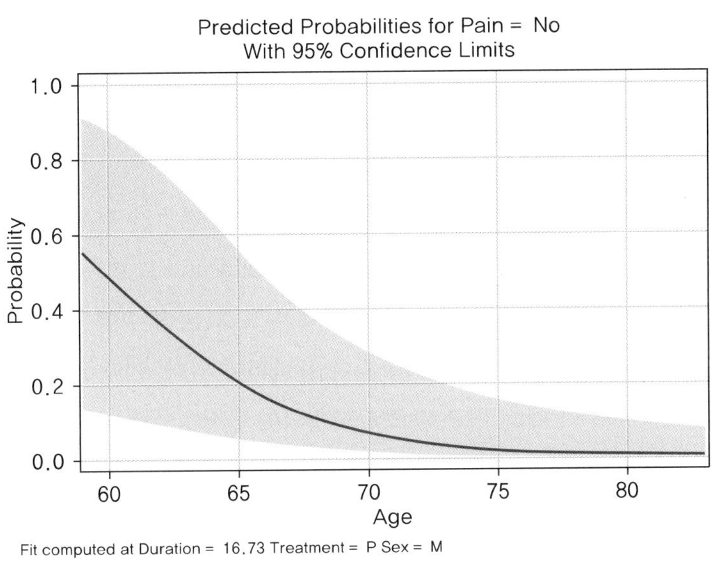

[그림 5.7] 연령 변화에 따른 통증이 없을 확률 변화 /*①*/
(다른 독립변수가 평균 및 기준 값으로 고정되었을 경우)

한편 다른 독립변수들이 SAS가 지정하는 디폴트 값이 아니라 다른 값으로 고정된 상황에서 AGE의 변화에 따라 종속변수의 확률이 어떻게 변화하는지를 살펴볼 수도 있다. [그림 5.8]은 DURATION=15, SEX=F, 그리고 TREATMENT=B로 고정된 상황에서 AGE의 변화에 따른 종속변수의 확률변화를 나타낸 그래프이다.[43]

---

43 다른 독립변수의 고정 값을 지정하기 위해서는 AT 옵션을 이용하여 아래와 같은 구문을 사용하면 된다. "EFFECTPLOT FIT(X=AGE) / AT(DURATION=15 TREATMENT="B" SEX="F") NOOBS;"

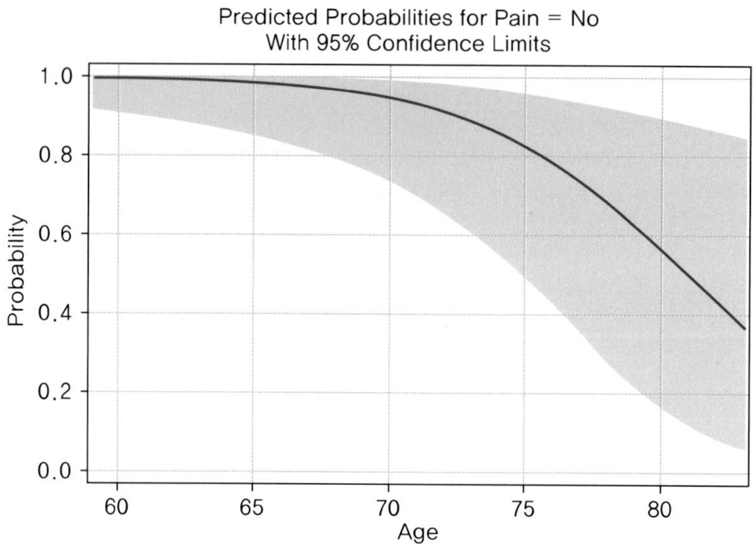

[그림 5.8] 연령 변화에 따른 통증이 없을 확률 변화 /*②*/
(독립변수가 Duration=15, Sex=F, Treatment=B로 고정된 경우)

관심 있는 독립변수가 연속형 변수가 아니라 범주형 변수인 경우에도 확률 변화를 그림으로 나타낼 수 있다. 관심 있는 독립변수가 Treatment라고 한다면 A, B, P 범주일 때 종속변수의 확률변화는 [그림 5.9]와 같다. 모형은 또 다른 범주형 변수인 SEX가 사용되었으므로 SEX의 값에 따라 각각 효과그림이 출력되어 있다. 이때 모형에 포함된 다른 독립변수가 연속형 변수일 때는 평균 값으로 고정되며 옵션을 사용하여 그 값을 변화시킬 수도 있다.[44]

---

44 범주형 변수에 대한 효과그림은 EFFECTPLOT 중 INTERACTION 옵션을 선택하면 된다. "EFFECTPLOT INTERACTION(X=TREATMENT PLOTBY=SEX) / NOOBS CLM;"

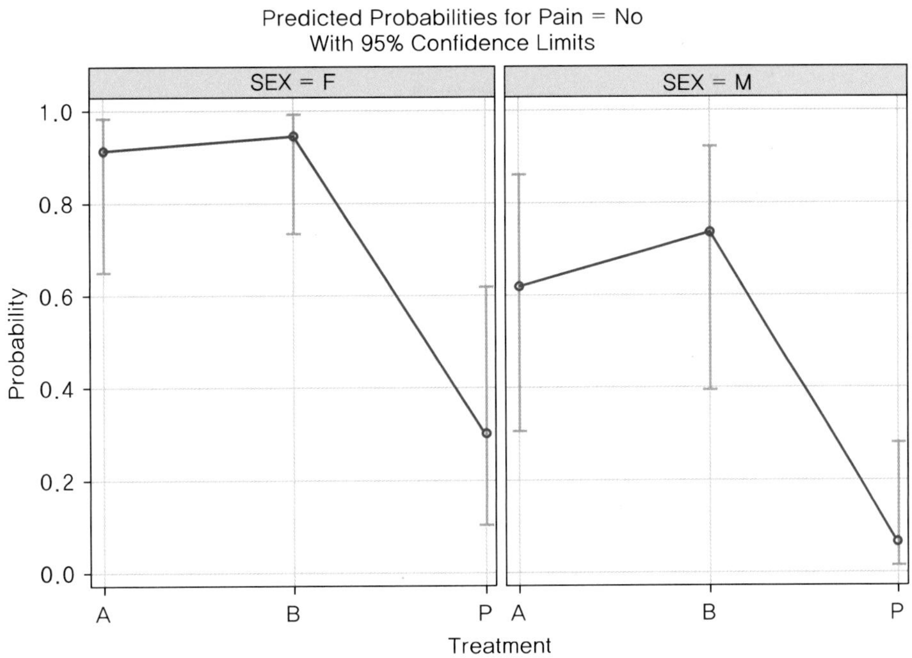

[그림 5.9] 범주형 독립변수의 값의 변화에 따른 확률변화 /*③*/

위와 같이 SEX의 값에 따라 분리하여 효과그림을 나타내지 않고 하나의 그림으로도 아래와 같이 나타낼 수 있다.[45] 주의 깊은 독자들은 TREATMENT가 종속변수의 확률에 미치는 영향이 SEX에 따라 달라지는 상호작용 효과의 존재 가능성이 보인다는 점을 알 수 있을 것이다. 그러나 이 효과그림은 다른 연속형 변수 값이 어떤 값으로 고정되었는지에 따라 달라질 수 있기 때문에 성급하게 판단하기보다는 TREATMENT와 SEX의 상호작용항을 모형에 포함시킨 후 통계적 검정을 수행하는 것이 바람직하다.

---

45 여기서는 SLICEBY 옵션을 사용하여 다음과 같이 구문을 제시해주면 된다. "EFFECTPLOT INTERACTION(X=TREATMENT SLICEBY=SEX) / NOOBS CLM;"

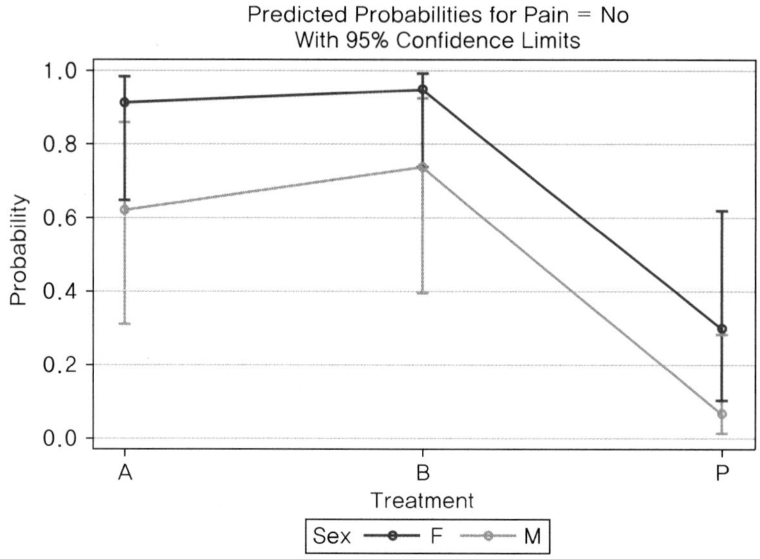

[그림 5.10] 범주형 독립변수의 값의 변화에 따른 확률변화(SLICEBY 옵션) /*④*/

마지막으로 연속형 및 범주형 독립변수를 종합하여 다음과 같은 효과그림을 그려봄으로써 변수 간의 결과를 종합적으로 해석해볼 수 있다.[46] 예를 들면 DURATION이 중간값인 25.5를 가지고 SEX=F일 때는 TREATMENT가 P 범주인 경우 나이가 들수록 급격히 PAIN=NO일 확률이 줄어든 데 비해 TREATMENT가 B 범주인 경우는 천천히 PAIN=NO일 확률이 줄어들고 있음을 알 수 있다.

---

46 EFFECTPLOT SLICEFIT(SLICEBY=TREATMENT PLOTBY(ROWS)=SEX) / AT(DURATION=MIN MIDRANGE MAX) OBS(FRINGE JITTER);

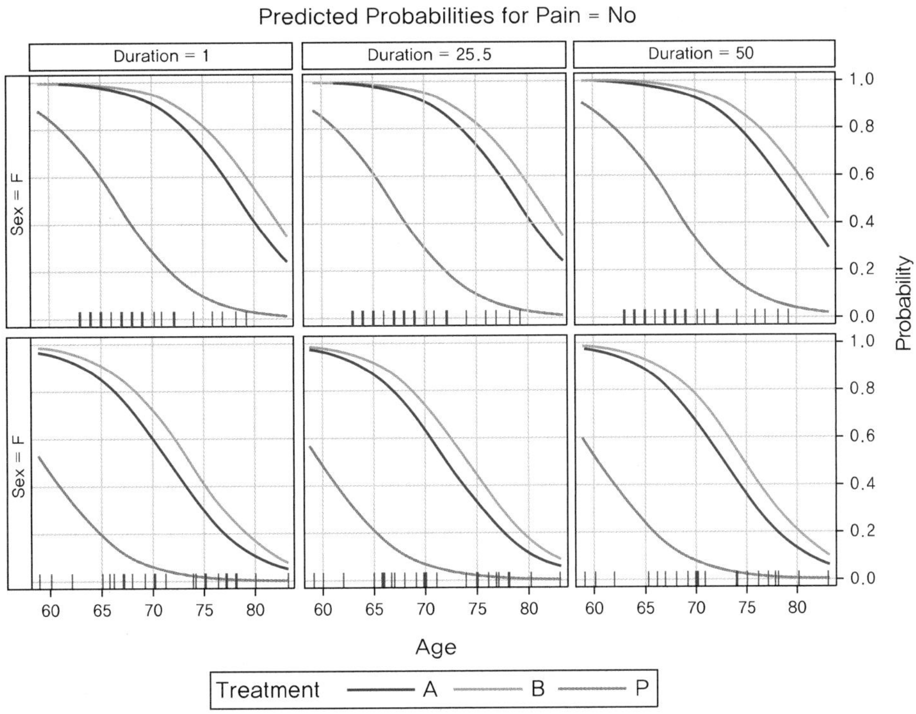

[그림 5.11] 여러 범주형 및 연속형 변숫값별 Age와 사건발생 확률 간의 관계 /*⑤*/

5 독립변수 선택 및 상호작용항 분석

로지스틱 회귀분석에서 복수의 독립변수를 사용했을 때 일부 변수는 통계적으로 유의미하지 않은 경우가 존재한다. 또한, 상호작용항이 존재하는 경우에는 회귀모형에 포함된 변수가 많아지고 계수 해석이 어렵게 된다. 따라서 연구자는 모형적합도는 유지하면서도 간결한 최적모형을 찾을 필요가 있다.

로지스틱 회귀분석에서 변수선택 방법은 OLS 회귀분석에서의 변수선택 방법과 유사하다. 변수선택 과정은 바람직한 모형의 판단 기준, 즉 모형적합도를 판단하는 기준을 선택하는 단계와 변수 추가 혹은 제거를 통해 모형적합도 변화를 측정하는 단계로 구분이 된다.

로지스틱 회귀분석에서 사용되는 모형적합도 판단 방법은 각 접근 방법에 따라 다르지만 주로 모형적합도를 평가하는 잔차 카이제곱 통계량은 우도비를 가장 크게 하는 모형을 선택하는 기준을 사용한다. 변수선택은 판단기준에 가장 적합한 변수를 선택하게 된다.

변수선택 방법은 여러 가지가 있다. 여기서는 후향제거법(backward elimination), 전향

추가법(forward selection), 단계별 회귀법(stepwise method), 그리고 스코어 방법(score method)이 있다.

후향제거법은 모형에 가능한 모든 변수를 포함시킨 완전모형(full model)에서 출발해서 종속변수에 유의미하게 영향을 미치지 않는 설명변수를 차례로 제거하다가 더 이상 제거할 설명변수가 없으면 그때까지 남아있는 설명변수를 최종적으로 선택하는 것이다.

전향추가법은 종속변수에 영향력이 큰 설명변수부터 하나씩 추가해나가다가 더 이상 유의적인 영향을 주는 설명변수가 없으면 바로 그 직전까지의 설명변수들을 선택하는 것이다. 이 방법의 문제는 일단 전 단계에서 선택된 변수는 다음에 어떤 변수가 추가되더라도 제거되지 않는다는 문제가 있다.

단계별 회귀법은 전향변수추가법을 사용하면서 하나씩 새로운 설명변수를 추가하되 새로운 설명변수를 추가했을 때 기존의 설명변수의 회귀계수 값이 유의미하지 않으면 이를 제거하는 방식이다.

스코어 방법은 주어진 독립변수의 숫자에서 모든 가능한 방법 중 우도비를 가장 크게 하는 모형을 선택하도록 하는 기법이다. 여기서 단 LOGISTIC 프로시저에서 CLASS 옵션을 사용하는 경우에는 사용할 수 없다.

여기서는 단계별 회귀법을 이용한 변수선택 방법을 살펴보자. 프로그램은 [표 5.32]와 같다.[47]

[표 5.32] 단계별 회귀법을 이용한 변수선택법

```
PROC LOGISTIC DATA=NEURALGIA  ;
   CLASS TREATMENT SEX / PARAM=REF;
   MODEL  PAIN= TREATMENT SEX AGE DURATION/SELECTION=STEPWISE ;
   OUTPUT OUT=PRED PRED=PREDICTED;
RUN;
```

분석 결과를 살펴보면 잔차 카이제곱 통계량[48]은 절편을 포함시키는 단계(Step 0),

---

47 다른 방법을 사용하고자 하는 경우에는 SELECTION= 옵션에 FORWARD, BACKWARD, SCORE 등의 키워드를 사용하면 된다.

48 잔차 카이제곱 통계량에 대해서는 SAS/STAT 매뉴얼의 Score Statistics and Tests 부분을 참고하기 바란다.

Treatment 변수 포함 단계(Step 1), 이 모형에 Age 변수 포함 단계(Step 2), SEX 변수 포함 단계(Step 3)를 거친다. Step 3의 잔차 카이제곱 통계량은 [표 5.33]과 같이 더 이상 유의미하지 않으며 변수선택을 마치게 된다. 잔차 카이제곱 통계량은 잔차 스코어 통계량(residual score statistic)이라고도 불리며 모형에서 얻은 잔차와 잠재적으로 가능한 변수 간의 연관성을 계산하여 얻는다(Stokes *et al*. 2000:212). 따라서 이 연관성이 크다면 이 변수를 모형에 포함하는 것이 바람직할 수 있다. 그러나 [표 5.33]에서는 그 연관성이 통계적으로 유의미하지 않음을 알 수 있다.

[표 5.33] 단계별 회귀의 잔차 카이제곱 통계량(Step 3의 경우)

Residual Chi-Square Test		
Chi-Square	DF	Pr > ChiSq
0.0315	1	0.8590

단계별 회귀를 마치게 되면 각 단계별로 포함되고 제거된 변수들이 제시되며 최종 선택된 변수를 [표 5.34]와 같이 얻을 수 있다.

[표 5.34] 단계별 회귀 결과 요약표

Summary of Stepwise Selection							
Step	Effect		DF	Number In	Score Chi-Square	Wald Chi-Square	Pr > ChiSq
	Entered	Removed					
1	Treatment		2	1	13.7143		0.0011
2	Age		1	2	10.6038		0.0011
3	Sex		1	3	5.9959		0.0143

변수선택은 연구자의 전문적 판단이 필요한 부분이다. 많은 통계학자가 모형적합도 통계에 의존해 변수를 선택하는 것의 문제점을 지적해왔다. 따라서 연구자는 변수선택 결과를 그대로 받아들이기보다는 변수의 추가 혹은 제거 과정에서 모형적합도의 변화 등과 연구문제에 대한 전문가의 판단을 종합해서 결정해야 한다.

6 회귀진단

회귀진단(regression diagnosis)은 회귀분석을 수행한 이후 회귀분석의 가정 검토와 모형 재수정 절차를 걸쳐 최종 모형을 선택하고 분석 결과 해석시 문제점들을 제시해주는 단계이다. 로지스틱 회귀분석에서는 주로 잔차 분석(residual analysis)을 통해 회귀진단을 수행한다. [표 5.35]는 회귀진단을 위한 SAS 코드를 제시하고 있다. 코드를 살펴보면 PLOTS 명령문을 이용하여 다양한 회귀진단 그림을 얻을 수 있으며 MODEL 명령문에서 INFLUENCE와 IPLOTS 등을 이용하여 영향점 분석을 간단히 수행할 수 있다.

[표 5.35] 회귀진단을 위한 SAS 코드

```
PROC LOGISTIC DATA=NEURALGIA PLOTS(LABEL UNPACK)=(DFBETAS INFLUENCE
    LEVERAGE);
    CLASS TREATMENT SEX / PARAM=REF;
    MODEL  PAIN= TREATMENT SEX AGE DURATION/INFLUENCE IPLOTS;
    OUTPUT OUT=PRED PRED=PREDICTED;
RUN;
```

1) 이상점, 지렛점, 영향점 분석

OLS 회귀분석에서는 관찰점의 종속변수 값이 다른 관찰점과 큰 차이를 보이는 경우(이상점, outlier), 독립변수 값이 차이가 나는 경우(지렛점, leverage), 관찰점이 모수 추정에 상당한 영향을 주는 경우(영향점, influence point) 등을 잔차분석을 통해 수행한다.[49] 로지스틱 회귀분석에서도 피어슨 카이제곱 잔차, 편차 잔차, 모자행렬 대각원소 등의 값을 이용하여 다양한 통계량을 만들어 잔차분석을 수행한다.[50]

종속변수 값이 다른 관찰점의 종속변수와 큰 차이를 보이는 경우를 이상점(outlier)라고 한다. 이상점 유무를 판단하기 위해서 사용하는 것이 피어슨 카이제곱 잔차(Pearson Chi-Square Residual)이다. 이 잔차 값이 큰 경우 해당 관찰점이 모형에 의해 제대로 설명

---

49 OLS의 잔차분석은 고길곤(2017)의 제14장을 참고하기 바란다.

50 이 책에서 기본적으로 사용한 프로그램이 SAS이므로 SAS의 잔차분석에서 사용되는 통계량을 중심으로 설명하고자 하며 SAS 매뉴얼에서 제시하는 통계량들을 이용하였다.

되지 못하고 있다고 해석할 수 있다. 피어슨 카이제곱 잔차의 일반식은 아래와 같다. 이 일반식은 종속변수가 전체 시도(trial) 중 사건 발생 횟수(r_j), 즉 r_i/n_j형태인 경우에 해당하는 것으로 만일 0과 1의 값을 갖는 종속변수의 형태로 로지스틱 회귀분석을 수행하는 경우 w_j, r_j, n_j은 1의 값을 갖는다.

$$\chi_j = \frac{\sqrt{w_j}\,(r_j - n_j\widehat{\pi_j})}{\sqrt{n_j\widehat{\pi_j}(1-\widehat{\pi_j})}}$$

(단, w_j는 j번째 관찰점의 가중치, r_j는 j번째 관찰점의 n_j 시도 중 사건이 발생한 횟수, $\widehat{\pi_i}$는 사건 발생 확률 추정치)

예를 들어 신경통 예제에서 첫 번째 관찰점의 $\widehat{\pi_i}$은 0.39894이므로 피어슨 카이제곱 잔차는 1.2275가 된다.[51]

$$\chi_j = \frac{(1-0.39894)}{\sqrt{0.39894(1-0.39894)}} = 1.2275$$

이렇게 피어슨 카이제곱 잔차 값을 구하여 X축을 관찰점의 ID, Y축을 피어슨 카이제곱 잔차 값으로 하는 잔차도를 그리면 [그림 5.12]와 같다. 그림에서 ID=17인 관찰점은 피어슨 카이제곱 잔차가 매우 큼을 확인할 수 있다. 이 관찰값을 살펴보면 $\widehat{\pi_i}$이 0.02194 값을 갖기 때문에 PAIN=NO일 확률이 매우 낮게 예측된다. 하지만 실제 관측된 종속변수는 PAIN=NO이므로 로지스틱 회귀모형이 제대로 관측된 상태를 예측하지 못함을 알 수 있다.

51 MODEL 명령문에서 INFLUENCE 옵션을 사용하면 잔차분석에 필요한 테이블을 출력해준다. 이 테이블에 피어슨 카이제곱 잔차를 비롯하여 잔차 분석에 필요한 여러 통계량 값을 얻을 수 있다.

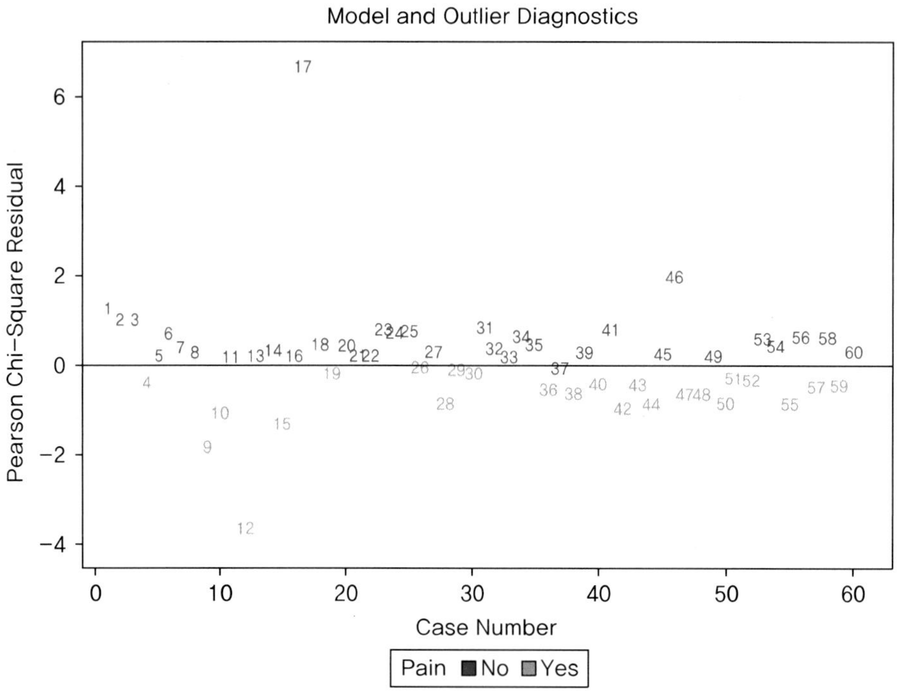

[그림 5.12] 피어슨 카이제곱 잔차를 이용한 이상점 검출

피어슨 카이제곱 잔차 이외에도 널리 사용되는 것이 편차 잔차(deviance residual)이다. 이 편차 잔차를 구하는 일반식은 다음과 같다.

$$d_j = \begin{cases} -\sqrt{-2w_j n_j \log(\hat{q_j})} & \text{if } r_j = 0 \\ \pm\sqrt{2w_j[r_j \log(r_j/(n_j\hat{p_j})) + (n_j - r_j)\log\{(n_j - r_j)/(n_j p_j)\}]} & \text{if } 0 < r_j < n_j \\ \sqrt{-2w_j n_j \log(\hat{p_j})} & \text{if } r_j = n_j \end{cases}$$

첫 번째 관찰점의 편차 잔차를 구하게 되면 $\hat{\pi}_i$은 0.39894이므로 $r_j = n_j$의 경우에 해당하므로 편차 잔차는 1.3557로 계산이 된다.

$$d_j = \sqrt{-2\ln(0.39894)} = 1.3557$$

편차 잔차를 이용한 잔차 산점도를 그려보면 [그림 5.13]과 같다. 그림에서도 17번째 관찰점과 46번째 관찰점은 이상점이 의심됨을 알 수 있다.

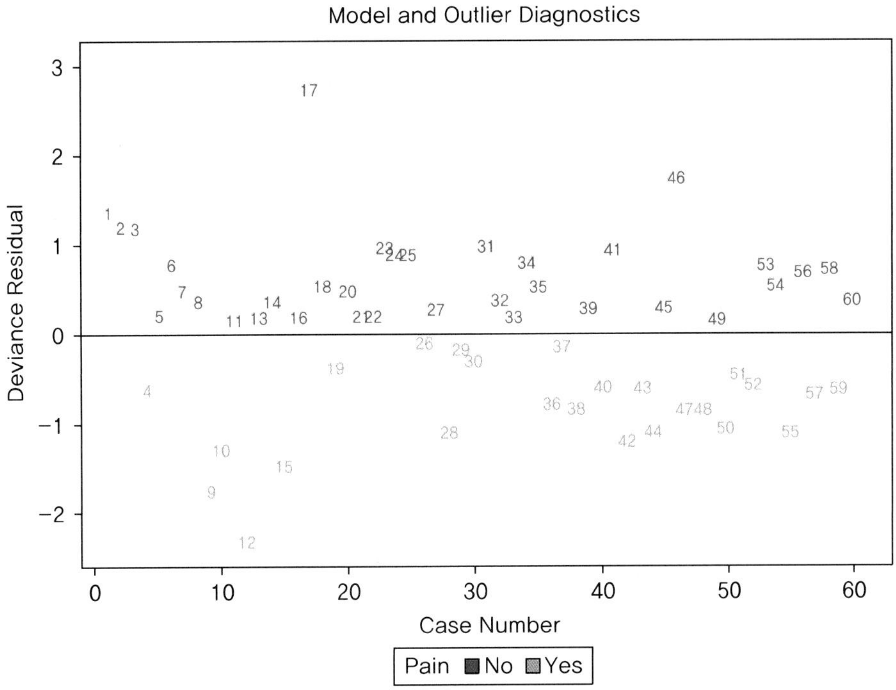

[그림 5.13] 편차 잔차를 이용한 이상점 검출

관찰점의 독립변수 값이 다른 관찰점과 크게 차이가 나는 경우 이를 지렛점(leverage)이라고 한다. 이 지렛점을 검출하는 방법은 모자행렬의 대각원소의 값을 이용한다. 이 지렛값 h_i는 종속변수와 무관하게 독립변수들만으로 결정된다. 이 지렛값이 커지게 되면 종속변수의 추정치에 영향을 미칠 가능성이 커진다. [그림 5.14]는 지렛값의 산점도를 나타내고 있는데 42번 관찰점은 다른 관찰점과 독립변수에서 차이를 보이는 것으로 나타나고 있다.

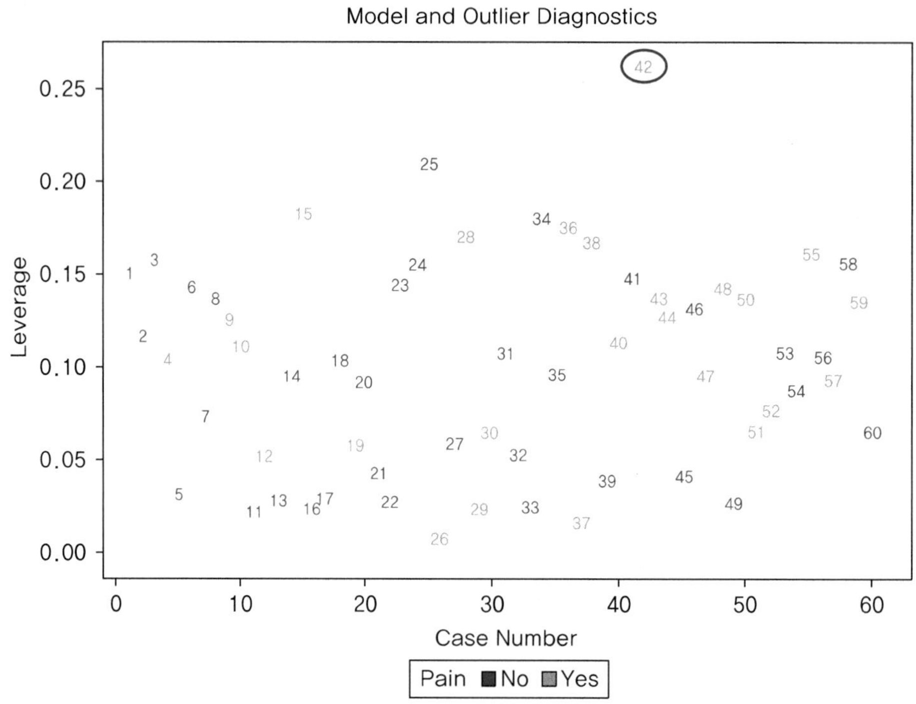

[그림 5.14] 모자행렬 대각원소 값을 이용한 지렛값 검출

DFBETAS는 관찰점이 회귀계수 추정치에 미치는 영향을 측정하는 통계량이다. 이 통계량은 해당 관찰점을 포함시켰을 때와 포함시키지 않았을 때 회귀계수의 크기의 변화량을 측정한 것이다.[52] 각 독립변수별로 DFBETAS값이 계산되기 때문에 해당 관찰점이 회귀계수 추정에 얼마나 크게 영향을 주는지를 살펴볼 수 있다. [그림 5.15]를 보면 관찰점 12, 17, 46이 각각 분석에서 제외되면 Treatment A의 추정된 회귀계수 값이 크게 변화할 수 있음을 보여준다.

52 이 통계량은 모자행렬의 대각원소 값과 추정된 회귀계수의 분산을 이용하여 계산이 되는데 자세한 내용은 SAS 매뉴얼을 참고하기 바란다.

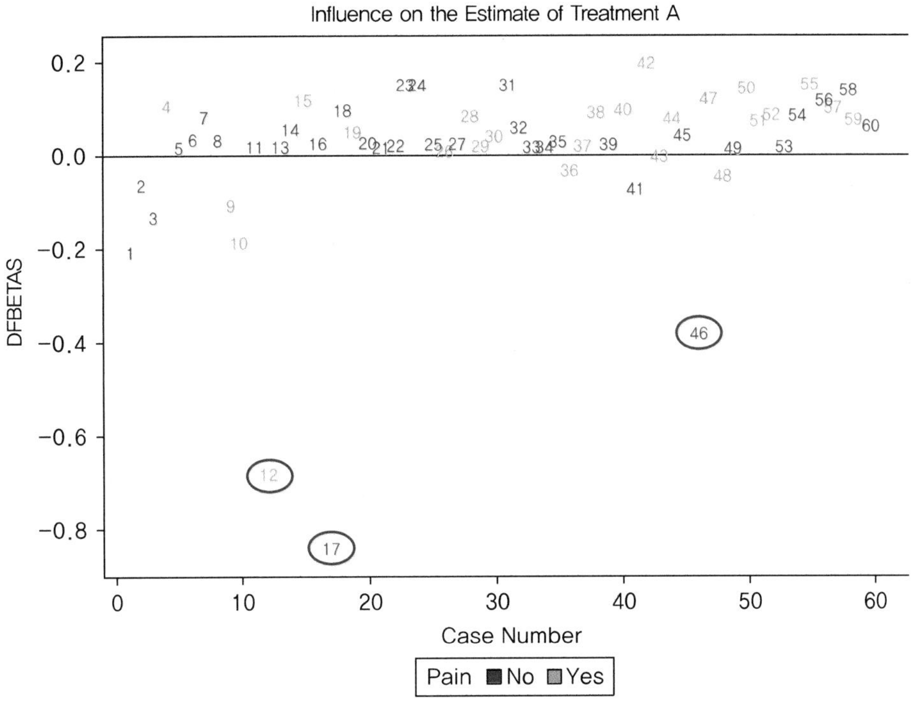

[그림 5.15] DFBETAS 통계량을 이용한 영향점 검출

C와 C BAR는 신뢰구간 대치 진단(confidence interval displacement diagnostics)으로 OLS의 회귀진단에서 널리 사용되는 Cook's D와 유사하다. 이 값은 피어슨 카이제곱 잔차와 모자행렬 값을 이용하여 계산된 것으로 관찰점이 회귀계수 벡터 전체에 미치는 영향을 측정한다. [그림 5.16]에서는 12, 17, 46번 관찰점이 영향점일 가능성이 높다고 판단할 수 있다.

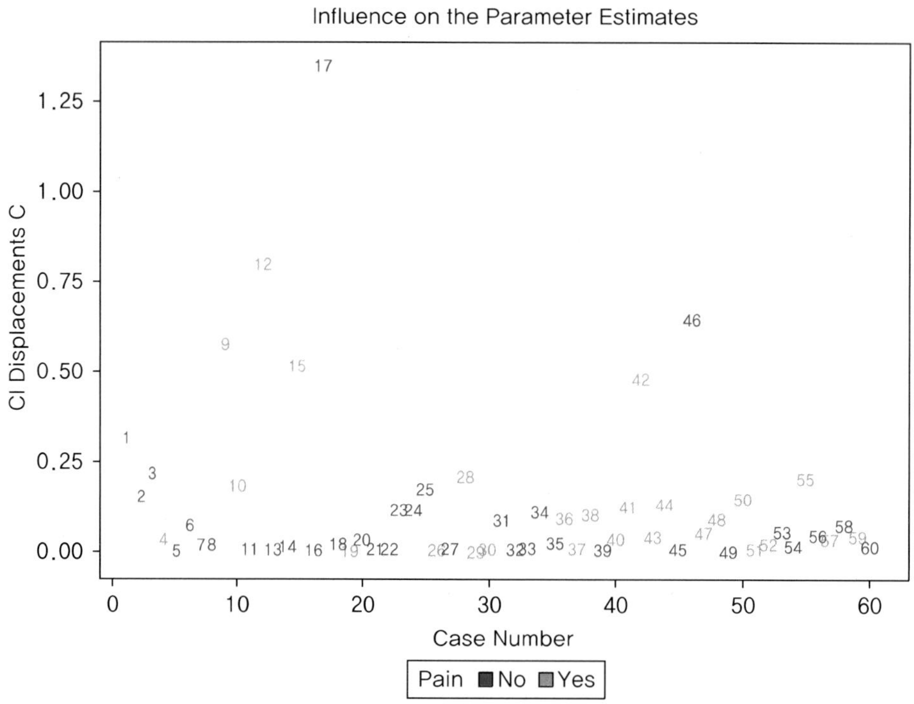

[그림 5.16] C 통계량을 이용한 영향점 검토

모형적합도에 영향을 주는 영향점을 검출하기 위해서 사용되는 통계량이 DIFDEV와 DIFCHISQ이다. 이 통계량은 관측값과 추정 확률의 차이가 가장 큰 값들을 검출하기 위해 사용되는 것으로 편차와 C Bar 통계량을 이용하여 다음과 같이 계산된다.

$$\mathrm{DIFDEV} = d_j^2 + \overline{C_j}$$

$$\mathrm{DIFCHISQ} = \overline{C_j}/h_j$$

DIFCHISQ를 이용한 모형적합도에 영향을 주는 영향점 산점도는 [그림 5.17]과 같이 나타나고 있다. 그림에서도 12, 17, 46이 영향점일 가능성이 높게 나타나고 있으며 특히 17은 관찰점과 예측 확률 값의 차이가 매우 크게 나타나고 있음을 확인할 수 있다.

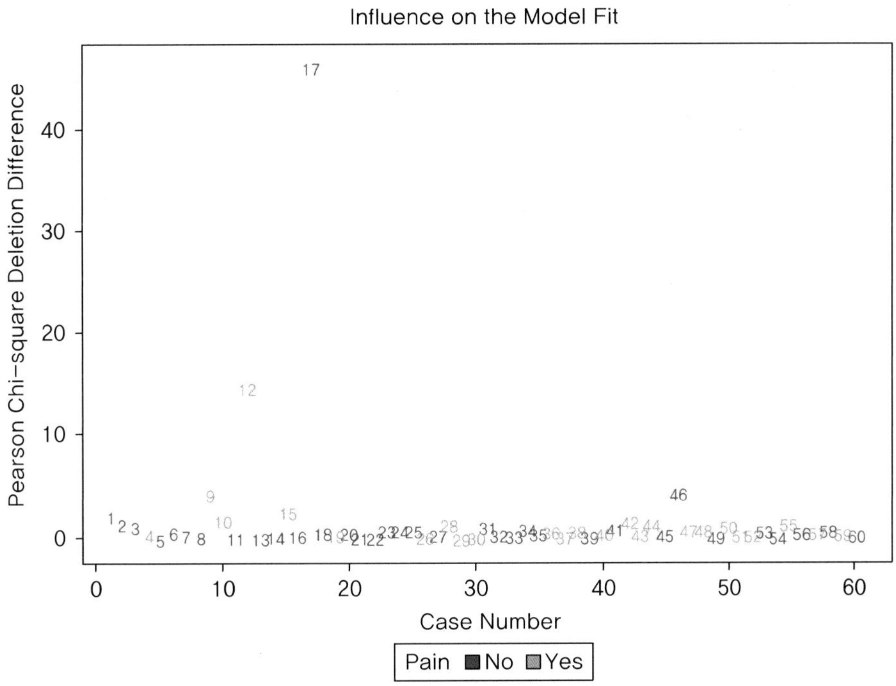

[그림 5.17] DIFCHISQ 통계량을 이용한 모형적합도에 영향을 주는 영향점 검출

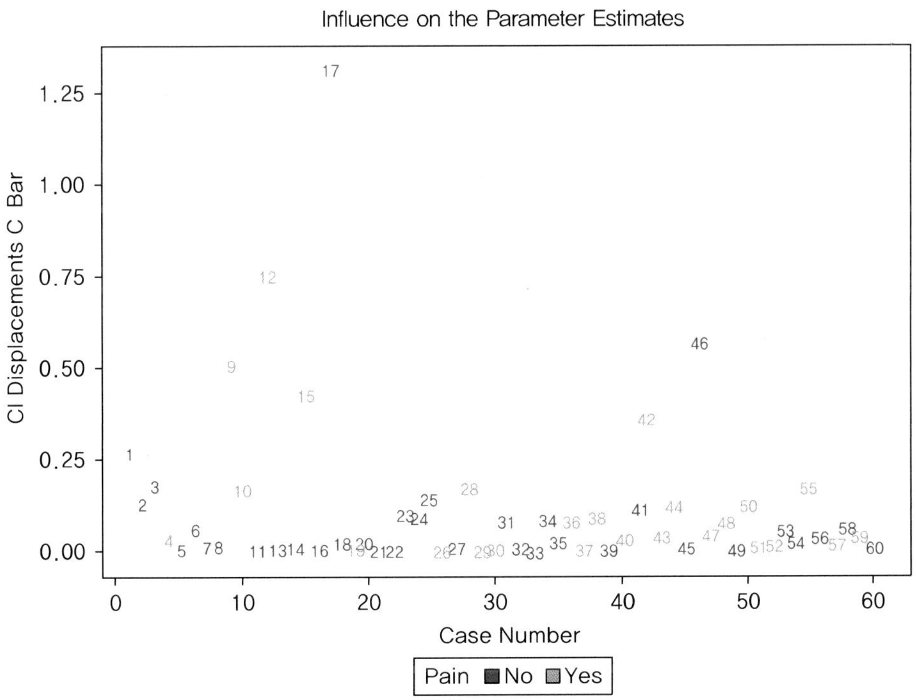

[그림 5.18] C Bar 통계량을 이용한 영향점 검출

2) 다중공선성의 문제

OLS에서 독립변수 간의 상관관계가 크면 다중공선성이 발생하게 된다. 이 경우 추정량의 분산이 커지는 문제가 발생하여 회귀계수에 대한 가설 검정 결과의 신뢰성이 떨어지게 된다. 로지스틱 회귀분석에서도 다중공선성은 유사한 문제를 초래한다. 다중공선성을 해결할 수 있는 방안은 없지만 다중공선성 문제가 존재하는지 여부는 검토를 해보아야 한다.

로지스틱 회귀분석에서 다중공선성 여부를 판단하는 직접적인 방법은 존재하지 않는다. 하지만 Allison(2001:49-51)의 주장처럼 다중공선성은 독립변수 간의 선형의 관계가 있는지를 판단하는 것이기 때문에 OLS를 이용하여 다중공선성 여부를 판단하면 된다.

다중공선성과 관련해서 하나 주목해야 하는 것은 상호작용항을 포함하는 경우 다중공선성 문제가 발생할 수밖에 없다는 점이다. 또한 상호작용항을 포함시키면 주효과와 상호작용효과에 대한 통계적 가설검정이 어려운 문제가 발생한다.

3) 종속변수 값이 0이나 1이 지나치게 많은 경우

로지스틱 회귀분석을 하다 보면 종속변수의 빈도 분포가 지나치게 편향된 경우들이 있다. 예를 들면 고등학교 졸업 여부가 취업 여부에 미치는 영향에 관한 연구에서 실업 상태에 있는 사람보다는 취업상태에 있는 사람들이 대부분이어서 실업을 0, 취업을 1로 코딩을 하게 되면 종속변수가 0의 값을 가진 사람들이 매우 적게 된다(Allison, 2001:79). 범죄수사 연구에서 뇌물 제공 여부를 종속변수로 하는 연구에서 뇌물을 제공한 경험이 있는 경우를 1, 뇌물을 제공하지 않은 경우를 0으로 코딩을 해보자. 하면이 경우 뇌물을 제공한 경험이 없는 사람들이 대부분이어서 종속변수가 1의 값을 가진 사람들이 매우 적고 0의 값을 가진 경우가 지나치게 많게 된다. 이처럼 종속변수의 값이 특정 범주에 지나치게 몰려 있게 되면 로지스틱 회귀분석 결과에 영향을 주는지가 문제가 된다.

뒤에서 공부하게 될 포아송 회귀분석(Poisson regression)이나 음의 이항 회귀분석(negative binomial regression)에서는 영과다 포아송 회귀모형(zero-inflated Poisson regression model) 혹은 영과다 음의 이항 회귀모형(zero-inflated negative binomial regression model)을 사용하게 된다. 하지만 로지스틱 회귀분석에서는 일반적으로 영이 과다한 자료는 추정에 큰 문제가 되지 않는 것으로 알려져 있다.

Allison(2001:79)의 예제를 이용하여 이를 살펴보자. [표 5.36]은 고등학교 졸업 여부와 취업 여부에 대한 교차표이다. 취업을 한 사람의 수는 930명으로 취업을 하지 못한 74명에 비해 매우 큼을 알 수 있다. 이 자료를 이용하여 취업을 기준으로 한 오즈비를 구해보면 3.74(=570×52/(360×22))가 됨을 알 수 있다. 그런데 취업을 한 사람이 지나치게 많으므로 취업한 사람들을 중 각각 10%씩의 자료만을 이용한다면 취업자 중 고등학교 졸업생과 미졸업자는 각각 57명 및 36명이 된다. 이렇게 취업자의 빈도를 일정하게 줄여도 오즈비는 여전히 동일함을 알 수 있다. 따라서 불균등한 종속변수 값의 분포는 회귀계수 추정치의 편의를 초래한다고 보기는 어렵다.

[표 5.36] 취업 여부와 고등학교 졸업 여부

취업 여부	고등학교 졸업 여부		
	Y	N	합계
1	570	360	930
0	22	52	74
합계	592	412	1004

OLS의 경우 종속변수의 분포가 정규분포를 이루지 않고 분포의 왜도가 매우 큰 경우에는 회귀계수 추정에 문제가 발생한다. 그러나 로지스틱 회귀분석에서는 0 혹은 1의 값이 지나치게 많거나 적으면 추정의 문제가 발생하지는 않는다. [표 5.37]은 위에서 과정을 분석하기 위한 코드이므로 관심 있는 독자는 참고하기 바란다.[53]

53 가변수 코딩 방법을 이해하도록 코드에서는 GLM 코딩 방법을 사용하였다. GLM 코딩은 범주형 변수의 범주 수만큼 가변수를 만들며 각각의 범주에 해당하는 가변수에 1의 값을 부여하는 방식이다.

[표 5.37] 상대적으로 0 혹은 1이 많은 경우에 대한 로지스틱 회귀분석 사례

```
DATA EMP;
    INPUT Y SCHOOL$ COUNT @@;
    CARDS;
    1 Y 570 0 Y 22
    1 N 360 0 N 52
    ;
PROC FREQ DATA=EMP ORDER=DATA;
    WEIGHT COUNT;
    TABLE Y*SCHOOL/NOPCT NOCOL NOROW;
RUN;
PROC LOGISTIC DATA=EMP;
    WEIGHT COUNT;
    CLASS SCHOOL/PARAM=GLM;
    MODEL Y=SCHOOL/EXPB CLPARM=BOTH;
RUN;
DATA EMP2;
    INPUT Y SCHOOL$ COUNT @@;
    CARDS;
    1 Y 57 0 Y 22
    1 N 36 0 N 52
    ;
PROC LOGISTICS DATA=EMP2;
    WEIGHT COUNT;
    CLASS SCHOOL/PARAM=GLM;
    MODEL Y=SCHOOL/EXPB CLPARM=BOTH;
RUN;
```

CHAPTER 6

이항 로지스틱 회귀분석의 특수문제들

1 범주형 변수에 대한 코딩과 해석의 문제

로지스틱 회귀분석에서 독립변수로 범주형 변수가 사용되는 경우가 많다. 범주형 변수에 대한 코딩은 여러 가지 방법이 있으나[1] 크게 기준 코딩(reference coding) 접근법과 효과 코딩(effect coding) 접근법이 널리 사용된다.

SAS의 LOGISTIC 프로시저를 사용하는 초보자들이 흔히 범하는 잘못 중의 하나는 범주형 변수에 대한 코딩을 기준 코딩으로 오해한다는 점이다. LOGISTIC 프로시저는 효과 코딩이 기본값으로 지정하고 있어서 기준 코딩에 따른 회귀계수 해석을 해서는 안 된다. 한편 효과 코딩은 상호작용 항이 있는 경우에 유용하게 사용할 수 있으므로 효과 코딩의 의미도 정확히 이해하는 것이 필요하다.

1) 기준 코딩 접근법

기준 코딩 혹은 가변수 코딩은 우리가 OLS 등에서 배운 일반적인 코딩 형태이다. k개의 범주를 갖는 독립변수의 경우 기준이 되는 범주를 설정한 후 $k-1$개의 가변수를 생성한다.[2] 예제에서 TREATMENT 변수는 A, B, P의 세 범주를 가지고 있을 때 기준이 되는

---

1 범주형 변수에 대한 코딩 방법은 연구목적에서 매우 다양하지만 LOGISTIC 프로시저에서는 EFFECT, GLM, ORDINAL, THERMOMETER, POLYNOMIAL, ORTHEFFECT, ORTHORDINAL, ORTHPOLY, ORTHREF 코딩 등으로 매우 다양한 방법을 제공한다. 각 방법에 대해서는 SAS LOGISTIC 프로시저 매뉴얼의 CLASS 명령문 설명을 참고하기 바란다.

2 가변수 코딩의 기본원리에 대해서는 고길곤(2017:372-378)을 참고하기 바란다.

범주를 P로 정한 후 나머지 두 범주에 대한 가변수를 만드는 것이다. 즉 어떤 관찰점의 TREATMENT가 A의 값을 가지면 가변수 D1은 1의 값을 D2는 0의 값을 갖는다고 코딩을 하는 것이다. 그리고 P의 값을 가지면 D1은 0, D2는 0의 값을 갖게 코딩이 된다.

$$D1 = \begin{cases} \text{If TREATMENT} = A, 1 \\ \text{o/w} \qquad\qquad\qquad\quad, 0 \end{cases}$$

$$D2 = \begin{cases} \text{If TREATMENT} = B, 1 \\ \text{o/w} \qquad\qquad\qquad\quad, 0 \end{cases}$$

이렇게 코딩을 하게 되면 가변수 D1의 회귀계수는 기준값(reference value)에 해당하는 범주 즉 P에 대비한 A 범주의 종속변수 차이가 된다.

[표 6.1] 기준 코딩의 예시

TREATMENT	D1	D2
A	1	0
B	0	1
P	0	0

[표 6.2]는 로지스틱 회귀분석을 위한 코드이다. /*①*/에서 CLASS 명령문은 TREATMENT와 SEX를 범주형 변수로 선언하고 있다. 또한, 옵션에서 사용한 PARAM=REF는 범주형 변수를 기준 코딩에 따라 가변수로 만들도록 하고 있다.

[표 6.2] 기준 코딩을 이용한 로지스틱 회귀분석

```
PROC LOGISTIC DATA=NEURALGIA SIMPLE;
   CLASS TREATMENT SEX / PARAM=REF;/*①*/
   MODEL PAIN= TREATMENT/EXPB AGGREGATE SCALE=WILLIAMS RSQ LACKFIT;
RUN;
```

기준 코딩의 의미를 이해하기 위해 [표 6.3]에 제시된 자료를 살펴보자. 여기서 종속변수는 PAIN 그리고 독립변수는 TREATMENT로 하는 단순 로지스틱 회귀분석을 수행해 보도록 하자. 우리가 관심 있는 사건은 통증이 없는 경우, 즉 PAIN=NO인 사건이다. 따라서 각 독립변수의 범주별 확률은 [표 6.3]을 이용하면 다음과 같이 계산된다.[3]

$$\pi_A = P(pain = N \mid treatment = A) = 15/20 = 0.75$$

$$\pi_B = P(pain = N \mid treatment = B) = 15/20 = 0.75$$

$$\pi_C = P(pain = N \mid treatment = C) = 5/20 = 0.25$$

[표 6.3] Treatment 범주별 Pain의 교차표

Frequency Distribution of Class Variables				
Class	Value	Pain		Total
		No	Yes	
Treatment	A	15	5	20
	B	15	5	20
	P	5	15	20

독립변수의 범주별 로그-오즈 값을 구해보면 다음과 같다.

$$\ln\left(\frac{\pi_A}{1-\pi_A}\right) = \ln\left(\frac{0.75}{1-0.75}\right) = 1.0986$$

$$\ln\left(\frac{\pi_B}{1-\pi_B}\right) = \ln\left(\frac{0.75}{1-0.75}\right) = 1.0986$$

$$\ln\left(\frac{\pi_P}{1-\pi_P}\right) = \ln\left(\frac{0.25}{1-0.25}\right) = -1.0986$$

한편 로지스틱 회귀모형을 이용해서도 위의 로짓 값을 추정해볼 수 있다. 위에서 제시한 기준 코딩 방법을 이용한 경우 회귀모형식은 다음과 같다.

$$\ln\left(\frac{\pi_i}{1-\pi_i}\right) = \beta_0 + \beta_1 D1 + \beta_2 D2$$

LOGISTIC 프로시저를 이용하여 회귀모형식의 계수를 추정한 결과는 [표 6.4]와 같다. $\widehat{\beta_1}$은 2.1972, $\widehat{\beta_2}$는 2.1972임을 알 수 있다. 독립변수가 A, B, P 범주를 가질 때 로그-오즈의 회귀식은 다음과 같다.

---

3 빈도분포표는 PROC LOGISTC 명령문에서 SIMPLE이라는 옵션을 주면 연속형 독립변수인 경우에는 종속변수의 범주별로 각 독립변수의 기술통계량 값이 제시되고 범주형 독립변수의 경우에는 독립변수와 종속변수의 교차분포표(CONTINGENCY TABLE)가 출력된다.

$$\text{A 범주: } \ln\left(\frac{\pi_A}{1-\pi_A}\right) = \beta_0 + \beta_1$$

$$\text{B 범주: } \ln\left(\frac{\pi_B}{1-\pi_B}\right) = \beta_0 + \beta_2$$

$$\text{P 범주: } \ln\left(\frac{\pi_P}{1-\pi_P}\right) = \beta_0$$

A의 로짓값과 기준값이 P라는 범주를 가질 때의 로짓 값의 차이가 $\widehat{\beta_1}$의 값임을 알 수 있다.

$$\ln\left(\frac{\pi_A}{1-\pi_A}\right) - \ln\left(\frac{\pi_P}{1-\pi_P}\right) = 1.0986 - (-1.0986) = 2.1972$$

따라서 범주형 독립변수를 기준 코딩을 이용하여 분석한 경우 로지스틱 회귀분석의 회귀계수는 독립변수의 기준값에 대비한 다른 범주들의 로짓의 차이이고, 절편(intercept) 값의 추정치 $\widehat{\beta_0}$는 -1.0986임을 알 수 있는데 이 절편은 독립변수가 기준값 P를 가질 때 로짓 값임을 알 수 있다.[4]

한편 $\widehat{\beta_1}$에 대해 자연상수(e)[5]의 승수 값으로 계산을 한 값, 즉 $e^{\widehat{\beta_1}}$값을 오즈비라고 한다. 이 더미 코딩의 오즈비는 기준 범주의 오즈 대비 해당 범주의 오즈의 비율이다. 예제의 경우에는 P의 오즈 대비 A의 오즈 비율이 9라는 의미로 해석할 수 있다.

[표 6.4] 로지스틱 회귀분석 결과

Analysis of Maximum Likelihood Estimates							
Parameter		DF	Estimate	Standard Error	Wald Chi-Square	Pr > ChiSq	Exp(Est)
Intercept		1	−1.0986	0.5164	4.5261	0.0334	0.333
Treatment	A	1	2.1972	0.7303	9.0521	0.0026	9.000
Treatment	B	1	2.1972	0.7303	9.0521	0.0026	9.000

4 독립변수가 하나인 경우이기 때문에 절편 값이 기준 범주의 로짓 값이다. 독립변수가 여러개인 경우에는 다른 독립변수 값이 0일때라는 가정이 부과되어야 한다. 절편 값을 의미있게 하기 위해서 다른 연속형 변수인 독립변수들을 각각의 평균값을 뺀 후 이를 새로운 독립변수로 모형에 포함시키는 경우가 있다. 이 경우는 다른 독립변수가 평균값(0)을 가질 때 기준 범주의 로짓 값으로 절편 값을 해석할 수 있다.

5 자연상수(exponential constant) e값은 2.71828··· 값을 갖는다.

이러한 기준 코딩 접근 방법은 OLS에서도 널리 사용되기 때문에 많은 연구자는 범주형 독립변수가 사용된 로지스틱 회귀분석의 회귀계수도 이와 동일하게 해석을 하는 경향이 있다. 그러나 SAS의 LOGISTIC 프로시저에서는 기준 코딩 접근법이 디폴트로 사용되지 않고 효과 코딩 접근법이 디폴트로 사용된다.[6]

2) 효과 코딩 접근법

효과 코딩 접근법은 범주형 변수에 대한 코딩을 해당 범주, 기준 범주, 그리고 다른 범주 값에 따라 코딩 방식을 달리한다. 특정 범주 A에 대한 효과 코드 가변수를 E1이라고 해보자. 만일 관찰 값이 해당 범주 값을 가질 때는 1, 기준 값 P를 가질 때는 −1, 그렇지 않은 범주 값을 가질 때는 0의 값을 갖도록 E1의 값을 지정하는 것이다.[7] SAS 출력에서는 E1은 Treatment A의 변수로 지정하고, E2는 Treatment B의 변수의 회귀계수로 지정한다.

[표 6.5] 효과 코딩의 예시

Treatment	E1	E2
A	1	0
B	0	1
P	−1	−1

효과 코딩을 이용하여 Pain의 Treatment에 대한 로지스틱 회귀분석을 수행한 결과는 [표 6.6]과 같다. 이 표에서 확인할 수 있듯이 추정된 절편 및 회귀계수 값이 기준 코딩을 이용한 경우와 비교해서 매우 상이함을 알 수 있다. Treatment가 A 범주를 가질 때 기준 코딩의 경우 추정된 회귀계수 값은 2.1972였지만 효과 코딩을 이용했을 때는 0.7324로 나타나고 있다.

효과 코딩을 이용한 로지스틱에서 범주 P의 회귀계수 추정이 되지 않고 있다. 아래에서 자세히 설명하겠지만 효과 코딩은 회귀식에서 모든 범주의 회귀계수 합을 0으로 하도

---

6 CLASS 명령문 옵션에서 PARAM=REF 옵션을 지정해주면 가변수 코딩 접근법을 PARAM=EFFECT 옵션을 지정하면 효과 코딩을 해준다.

7 범주가 3개 이상일 때에는 위와 같이 해당 범주, 기준 범주, 다른 범주로 코딩을 하면 되지만 성별과 같이 범주가 2개인 경우에는 해당 범주 1, 다른 범주 −1로 코딩한다.

록 제약 조건을 두기 때문이다. 여기서 회귀계수 값은 로짓 값의 전체 평균과 각 범주의 차이를 나타낸다. 예를 들어 A=0.7324는 전체 평균보다 0.7324만큼 로짓이 크다는 것을 의미한다.

[표 6.6] 효과 코딩을 이용한 로지스틱 회귀분석의 결과

Analysis of Maximum Likelihood Estimates							
Parameter		DF	Estimate	Standard Error	Wald Chi-Square	Pr > ChiSq	Exp(Est)
Intercept		1	0.3662	0.2981	1.5087	0.2193	1.442
Treatment	A	1	0.7324	0.4216	3.0174	0.0824	2.080
Treatment	B	1	0.7324	0.4216	3.0174	0.0824	2.080

효과 코딩을 이용한 경우 추정된 회귀계수의 값이 기준 코딩을 이용한 경우 추정된 회귀계수와 다를 뿐 아니라 위 [표 6.6]에서 제시된 오즈비와 따로 계산된 오즈비의 출력 결과도 다르게 나타난다. 위 [표 6.6]에서 Treatment A의 Exp(Est)는 회귀계수의 오즈비의 값을 계산한 것으로서 2.080으로 나타나고 있다. 그러나 아래 [표 6.7]에서 오즈비는 9.000으로 나타나고 있으며 [표 6.7]은 P 그룹의 오즈 대비한 A 그룹의 오즈의 비율을 계산한 것이다. 이 결과는 기준 코딩을 이용한 로지스틱 회귀분석의 오즈비와 동일함을 알 수 있다. 따라서 효과 코딩을 이용한 경우에 기준 코딩을 이용한 결과를 비교해서 살펴보기 위해서는 [표 6.7]의 결과를 활용해서 해석하면 된다.

[표 6.7] 효과 코딩을 이용한 경우 오즈비 계산 결과

Odds Ratio Estimates			
Effect	Point Estimate	95% Wald Confidence Limits	
Treatment A vs P	9.000	2.151	37.659
Treatment B vs P	9.000	2.151	37.659

효과 코딩을 이용한 경우 회귀계수의 해석은 추정된 절편 값의 해석이 매우 중요하다. 절편 값의 의미를 정확히 이해하기 위해 독립변수의 범주별로 회귀식의 형태를 살펴보도록 하자. 먼저 아래와 같이 OLS 회귀모형을 가정해보자.

$$Y = \beta_0 + \beta_1 e1 + \beta_2 e2 + \epsilon$$

그러면 Treatment값이 A, B, P값을 가질 때 회귀식은 다음과 같다.

$$\text{A일 때 } \widehat{Y_A} = \widehat{\beta_0} + \widehat{\beta_1}$$

$$\text{B일 때 } \widehat{Y_B} = \widehat{\beta_0} + \widehat{\beta_2}$$

$$\text{P일 때 } \widehat{Y_P} = \widehat{\beta_0} - \widehat{\beta_1} - \widehat{\beta_2}$$

이때 A, B, P 그룹 평균은 다음과 같이 $\widehat{\beta_0}$이다.

$$\text{그룹 평균} = \frac{\widehat{Y_A} + \widehat{Y_B} + \widehat{Y_P}}{3} = \widehat{\beta_0}$$

만일 독립변수의 범주별로 표본의 크기가 모두 같은 균형자료(balanced data)인 경우에 $\widehat{\beta_0}$는 종속변수의 전체 평균(grand mean)이 된다. 그러나 각 범주별로 표본의 크기가 다른 불균형자료(unbalanced data)인 경우에는 각 범주별 평균에 표본의 크기를 가중치로 사용해야 전체 평균이 구해지기 때문에 $\widehat{\beta_0}$는 전체 평균의 값과 차이가 나게 된다는 점에 유의해야 한다. 즉 불균형자료의 경우에는 $\widehat{\beta_0}$가 표본의 크기에 따라 가중평균이 되지 않은 단순 범주별 평균의 평균값일 뿐이다.

이러한 논리를 로지스틱 회귀분석에 적용해보면 효과 코딩을 이용한 경우 얻어진 절편 값의 추정량은 균형자료인 경우 로짓의 전체 평균을 의미하며 불균형 자료에서는 각 범주별 로짓 평균의 평균으로 해석할 수 있다. 한편 추정된 회귀계수 $\widehat{\beta_1}$은 A 범주를 갖는 그룹의 로짓 평균과 전체 그룹의 로짓 평균 차이를, $\widehat{\beta_2}$는 B 범주를 갖는 그룹과 전체 그룹의 로짓 평균 차이를 의미하게 된다.

[표 6.6]에서 계산된 절편 값은 0.3662으로 제시되고 있다. 우리가 예제로 사용한 자료는 A, B, P 범주의 표본크기가 모두 20으로 같으므로 전체 60개 관찰점의 로짓의 평균은 0.3662라고 해석할 수 있다.[8]

한편 Treatment값이 A인 경우에는 로짓의 값이 전체 관찰점의 로짓 평균 값 0.3662보다 0.7324만큼 크다고 해석할 수 있다. 앞의 기준 코딩 접근 방법에서 A 범주 값을 갖는

8 관심 있는 독자는 로지스틱 회귀분석을 수행하여 각 관찰점의 사건이 발생할 확률의 추정치 $\widehat{\pi_i}$를 계산한 후 이를 이용하여 각 관찰점별로 로그-오즈, 즉 $\ln\left(\widehat{\pi_i}/(1-\widehat{\pi_i})\right)$ 값을 계산한 후 이 로그-오즈의 평균이 효과 코딩을 이용한 로지스틱 회귀분석의 절편 값의 추정량과 같은지 여부를 계산하는 연습을 해보는 것도 유용할 것이다.

그룹의 로짓 평균값이 1.0986였고 60개 관찰점 전체의 로짓 평균값이 0.3662이므로 A는 0.7323 만큼의 로짓 평균값이 전체 평균보다 큼을 확인할 수 있다.

$$\ln\left(\frac{\pi_A}{1-\pi_A}\right)=\ln\left(\frac{0.75}{1-0.75}\right)=1.0986$$

독자들은 조금은 복잡한 효과 코딩 접근 방법이 왜 필요한지에 대해 궁금해 할 수 있다. 효과 코딩의 유용성은 상호작용항(interaction term)이 포함되어 있을 때 주효과(main effect) 크기를 측정하기 유용하기 때문이다. 범주형 변수 간의 상호작용항이 모형에 포함되어 있으면 독립변수가 종속변수에 미치는 영향은 다른 독립변수의 값의 크기에 따라 달라진다. 따라서 기준 코딩을 이용하여 추정된 회귀계수의 경우에는 주효과를 나타내는 회귀계수를 해석하는 데 어려움이 있다. 이와 달리 효과 코딩의 경우 독립변수가 종속변수에 미치는 평균적인 영향을 쉽게 해석할 수 있다. 이해를 돕기 위해서 TREATMENT와 SEX 간의 상호작용항이 포함된 회귀모형에서 SEX에 대해 효과 코딩을 이용하는 경우를 살펴보자.

$$Y=\beta_0+\beta_1 Trt_A+\beta_2 Trt_B+\beta_3 Sex+\beta_4 Trt_A Sex+\beta_5 Trt_B Sex+\epsilon$$

TREATMENT 값이 A인 그룹의 남자와 여자의 추정된 회귀식은 각각 다음과 같다.[9]

$$\hat{Y}_{A,male}=\hat{\beta_0}+\hat{\beta_1}+\hat{\beta_3}+\hat{\beta_4}$$
$$\hat{Y}_{A,female}=\hat{\beta_0}+\hat{\beta_1}-\hat{\beta_3}-\hat{\beta_4}$$

따라서 균형자료인 경우 $\hat{\beta_3}$은 TREATMENT A 그룹에서 남자와 여자의 주효과가 평균으로부터 얼마나 차이가 나는지를, $\hat{\beta_4}$는 상호작용 효과의 차이를 나타내고 있다.[10] 그러나 불균형자료인 경우는 전체 평균이 그룹별 표본의 크기를 가중평균한 것이 아니기 때문에 해석상의 문제가 있다.

9 성별 변수의 경우 남성이 1, 여성이 -1로 코딩되었다.

10 로지스틱 회귀분석에서 평균은 로그-오즈, 즉 로짓의 평균임을 유의해야 될 것이다.

2 교차분포표 형태의 자료를 이용한 이항 로지스틱 분석

현실에서 흔하게 접할 수 있는 자료 중의 하나는 교차분포표 형태의 자료이다. 교차분포표는 범주형 변수를 조합하여 그 빈도를 나타낸다. 다음 [표 6.8]은 흑인과 백인 범죄자 중 사형 비율을 나타낸 자료이다. 이 자료를 이용하여 인종에 따라 사형 확률이 다른지를 살펴보도록 하자.[11]

[표 6.8] 범죄자 인종별 사형 교차분포표

	사형	비사형	행 합계
백인	19	141	160
흑인	17	149	166

이 자료를 보면 백인 범죄자 중에서 사형 선고를 받은 사람이 11.88%, 흑인 범죄자 중에서 사형 선고를 받은 사람이 10.24%이다. 단순히 이 숫자만을 보면 백인 범죄자의 사형 선고를 받을 확률이 더 높아 보인다. 그러나 이 차이가 통계적으로 유의미한지는 깊이 있는 분석이 필요하다.

교차분포표 자료를 로지스틱 회귀분석을 이용해서 분석할 때는 크게 두 가지 접근 방법이 있다. 첫 번째 방법은 아래와 같이 [표 6.9]의 모든 셀의 자료를 아래와 같이 입력하는 것이다. 이 자료는 인종, 사형 여부, 그리고 빈도의 세 변수를 가진 자료의 형태로 만들어 분석하는 것이다. 이때 분석에서 빈도는 /*①*/과 같이 WEIGHT 명령문을 사용하여 지정해주면 된다.

[표 6.9] 교차분포표 자료를 이용한 로지스틱 회귀분석

```
DATA DEATH;
    INPUT RACE$ DEATH$ COUNT @@;
    CARDS;
```

11 범죄자의 인종과 사형 선고의 문제에 관한 자료는 Radelet, M. L.(1981), "Racial Characteristics and the Imposition of the Death Penalty," *American Sociological Review* 46(6), pp. 918~927을 참고하기 바란다.

```
    WHITE Y 19 BLACK Y 17 WHITE N 141 BLACK N 149
    ;
RUN;
PROC LOGISTIC DATA=DEATH;
    CLASS RACE/PARAM=REF;
    WEIGHT COUNT;/*①*/
    MODEL DEATH(EVENT='Y')=RACE/RSQ EXPB;
RUN;
```

또 하나의 방법은 종속변수를 (사건 발생 빈도/전체 사건), 즉 사건 발생률로 나타낸다. 이를 사건/시도(events/trials) 접근법이라고 한다. 이 접근 방법에서는 기준이 되는 사건을 먼저 설정해야 한다. 만일 기준이 되는 사건을 사형이라고 한다면 전체 사건은 독립변수인 인종별 합이 된다. 이 경우 사건 발생률은 백인의 경우 19/160, 흑인의 경우 17/169로 나타낼 수 있다. 이렇게 사건 발생률을 이용한 회귀분석을 수행하기 위해서는 다음과 같이 자료를 입력할 수 있다. 여기서 전체 사건은 독립변수 범주별로 전체 사건의 횟수를 구해야 하고 사건 발생 빈도는 각 독립변수의 범주가 주어졌을 때 관심 있는 종속변수 범주 사건이 발생한 횟수를 아래와 같이 입력한 후 로지스틱 회귀분석을 수행하면 된다.

[표 6.10] 빈도자료를 이용한 로지스틱 회귀분석 코드 예시

```
DATA DEATH2;
    INPUT RACE$ DEATH TOTAL @@;
    CARDS;
    WHITE 19 160 BLACK 17 166
    ;
RUN;
PROC LOGISTIC DATA=DEATH2;
    CLASS RACE/PARAM=REF;
    MODEL DEATH/TOTAL=RACE/EXPB RSQ AGGREGATE SCALE=N;
RUN;
```

두 접근법은 동일한 결과를 제시해주며 결과는 다음과 같다. 분석결과에 따르면 인종에 따라 범죄자의 사형율은 차이가 없다고 판단할 수 있다(p-value=0.6382). 출력물은 제시되지 않았지만 모형적합도를 판단해보면 모형도 통계적으로 유의미하지 않음 역시 확인할 수 있다.

[표 6.11] 로지스틱 회귀분석 결과

Analysis of Maximum Likelihood Estimates							
Parameter		DF	Estimate	Standard Error	Wald Chi-Square	Pr > ChiSq	Exp(Est)
Intercept		1	-2.0043	0.2444	67.2647	<.0001	0.135
RACE	BLACK	1	-0.1664	0.3539	0.2211	0.6382	0.847

다만 사건 발생률을 종속변수로 이용할 때 주의해야 하는 것은 결정계수의 값이 적절히 계산되지 않는다는 점이다. [표 6.12]에서처럼 사건 발생률을 종속변수로 하는 경우는 결정계수 값이 매우 작게 계산되는 문제가 발생한다.

[표 6.12] 빈도표 종속변수 입력의 접근 방식에 따른 결정계수의 차이

종속변수	R-Square	Max-rescaled R-Square
0/1	0.0539	0.0539
사건 발생률	0.0007	0.0237

한편 교차분포표에 대한 로지스틱 회귀분석의 접근 방법은 CMH 통계량을 이용한 변수 간의 연관성 분석과 동일한 결과를 제시해준다.[12]

범주형 변수가 세 개가 있는 교차분포표의 예제도 유사한 방법을 이용하여 분석을 수행할 수 있다. 예를 들어 [표 6.8]의 자료에 피해자의 인종을 추가해서 얻은 빈도표는 [표 6.13]과 같다.

[표 6.13] 범죄자 인종별 사형 교차분포표

범죄자	피해자	판결	
		사형	비사형
백인	백인	19	132
	흑인	0	9
흑인	백인	11	52
	흑인	6	97

12 이에 대해서는 Allison(2001:87)을 이용해 독자들도 한번 확인을 해보도록 한다.

이 자료를 사건 발생률을 종속변수로 하는 로지스틱 모형을 이용해 분석하기 위해서는 다음과 같이 자료를 입력하여 분석을 수행하면 된다.

[표 6.14] 여러 개의 범주형 변수가 있는 교차분포표에 대한 로지스틱 회귀분석

```
DATA DEATH3;
   INPUT CRIMINAL$ VICTIM$ YES NO @@;
   TOTAL=YES+NO;
   CARDS;
   WHITE WHITE 19 132 WHITE BLACK 0 9
   BLACK WHITE 11 52 BLACK BLACK 6 97
   ;
RUN;
PROC LOGISTIC DATA=DEATH3;
   CLASS CRIMINAL VICTIM/PARAM=REF;
   MODEL YES/TOTAL=CRIMINAL VICTIM/LACKFIT EXPB AGGREGATE SCALE=N;
RUN;
```

위 자료를 분석해보면 희생자의 인종을 고려했을 때는 로지스틱 회귀모형이 통계적으로 유의미한 것으로 [표 6.15]에 나타나고 있다.

[표 6.15] 로지스틱 회귀분석의 모형적합도

Testing Global Null Hypothesis: BETA=0			
Test	Chi-Square	DF	Pr > ChiSq
Likelihood Ratio	7.4309	2	0.0243
Score	6.9710	2	0.0306
Wald	6.5034	2	0.0387

[표 6.16]을 살펴보면 희생자의 인종(VICTIM)은 통계적으로 유의미한 것으로 나타나고 있으며 오즈비는 0.266이다. 희생자의 인종에서 기준 범주를 WHITE로 하였기 때문에 희생자의 인종이 흑인일수록 범죄자가 사형을 받을 오즈가 줄어든다고 해석할 수 있다.

[표 6.16] 회귀계수 추정치

Analysis of Maximum Likelihood Estimates							
Parameter		DF	Estimate	Standard Error	Wald Chi-Square	Pr > ChiSq	Exp(Est)
Intercept		1	−1.9581	0.2451	63.8483	<.0001	0.141
CRIMINAL	BLACK	1	0.4402	0.4009	1.2059	0.2721	1.553
VICTIM	BLACK	1	−1.3241	0.5193	6.5004	0.0108	0.266

오즈비의 신뢰구간을 구한 결과는 [표 6.17]에 제시되어 있다. 희생자가 흑인인 경우에는 희생자가 백인인 경우에 비해 범죄자가 사형을 당할 오즈가 95% 신뢰수준에서 0.096배와 0.736배 사이에 있다. 혹은 희생자가 백인인 경우는 희생자가 흑인인 경우에 비해 사형 당할 오즈가 95% 신뢰수준에서 1.35배와 10.42배 사이에 있다고 할 수 있다.

[표 6.17] 추정된 오즈비 신뢰구간

Odds Ratio Estimates			
Effect	Point Estimate	95% Wald Confidence Limits	
CRIMINAL BLACK vs WHITE	1.553	0.708	3.407
VICTIM BLACK vs WHITE	0.266	0.096	0.736

한편 상호작용항을 포함하여 범죄자와 피해자 인종 간의 상호작용 효과도 살펴볼 수 있다. [표 6.18]에서 확인할 수 있듯이 상호작용항의 유의확률은 0.9529로 통계적으로 유의미하지는 않다. 그러나 회귀계수가 상당히 크고 표준오차도 154.2에 달해서 모형 추정에 문제가 있음을 확인할 수 있다. 이것은 사건 발생률을 종속변수로 사용하는 경우 자료가 4개의 관찰점으로 구성되어 있어서 자유도가 4인데 추정해야 하는 모수가 4개인 상황이 발생하기 때문이다.[13]

13 독자들은 종속변수가 0/1인 종속변수 형태로 로지스틱 회귀분석을 수행해보고 회귀계수의 추정치와 표준오차를 살펴보도록 한다.

[표 6.18] 상호작용항이 포함된 모형

Analysis of Maximum Likelihood Estimates								
Parameter			DF	Estimate	Standard Error	Wald Chi-Square	Pr > ChiSq	Exp(Est)
Intercept			1	-1.9384	0.2454	62.4052	<.0001	0.144
CRIMINAL	BLACK		1	0.3850	0.4127	0.8702	0.3509	1.470
VICTIM	BLACK		1	-10.3349	154.2	0.0045	0.9466	0.000
CRIMINAL*VICTIM	BLACK	BLACK	1	9.1053	154.2	0.0035	0.9529	9002.652

모형의 한계에도 불구하고 범죄자와 피해자의 인종별로 한계효과 그림을 그려보면 [그림 6.1]처럼 범죄자가 흑인이든 백인이든 피해자가 백인이면 사형 선고를 받을 확률이 높아짐을 알 수 있다.

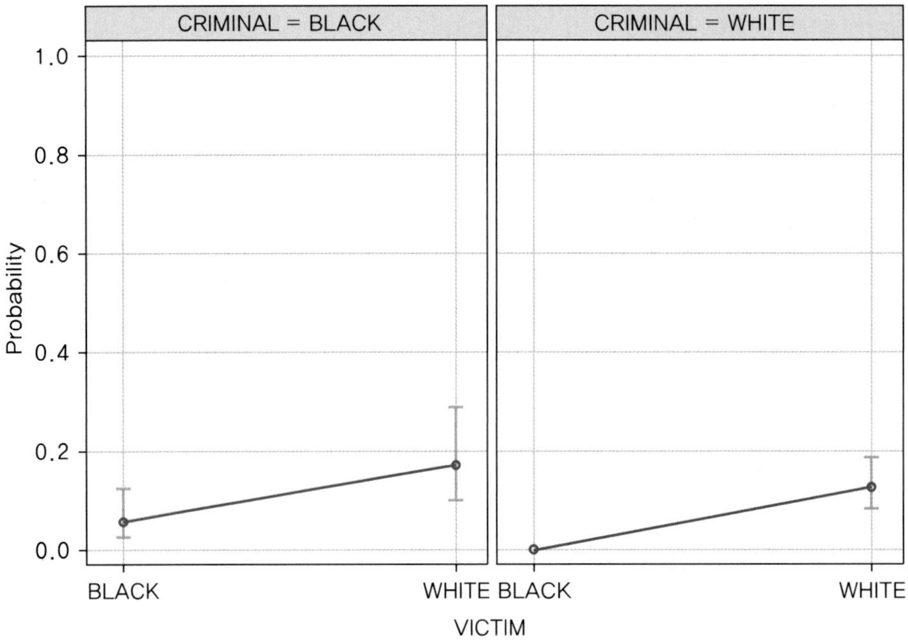

[그림 6.1] 범죄자와 피해자의 인종의 상호작용 효과

CHAPTER 7

다항 로지스틱 회귀분석

1 다항 로지스틱 회귀분석

다항 로지스틱 회귀분석(multinomial logistic regression)은 이항 로지스틱 회귀분석이 일반화되었다는 측면에서 일반화 로짓 모형(generalized logit model)이라고 부르기도 한다. 다항 로지스틱 회귀분석은 흔히 사용되는 이항 로지스틱 회귀분석과 달리 종속변수의 범주가 3개 이상이라는 점에서 차이가 난다. 하지만 논리적으로는 기준점이 되는 사건에 대비해서 관심 있는 사건의 비율에 대한 모형이라는 점에서 이항 로지스틱 회귀분석의 논리를 확장하고 있을 뿐이다. 다만 다항 로지스틱 모형은 추정해야 하는 모수의 수가 많아지므로 표본의 크기가 충분해야 한다는 점에 유의해야 한다.

먼저 종속변수의 범주는 3개 이상이기 때문에 J개의 범주를 갖는다고 가정을 해보자. 이항 로지스틱 회귀분석에서는 종속변수가 사건 발생(1)과 발생하지 않음(0)의 2개의 범주를 갖고 오즈 계산은 사건이 발생하지 않을 확률 대비 사건이 발생할 확률로 정의한다. 다항 로지스틱 회귀분석에서도 오즈를 계산하기 위해 기준이 되는 사건 확률에 대비하여 다른 사건이 일어날 확률의 비율을 계산하게 된다. 만일 종속변수가 J개의 범주를 갖는다고 가정하면 j 사건에 대한 로짓은 마지막 J번째 사건 발생 확률을 기준으로 하여 다음과 같이 정의할 수 있다.[1]

1 다항 로지스틱 회귀분석에서 굳이 마지막 범주를 기준 범주로 사용할 필요는 없다. 다만, 편의상 마지막 범주를 기준 범주로 사용한 것이다.

$$\log\left(\frac{\pi_j}{\pi_J}\right) \text{ (단, } j=1,2,\ldots,J-1 \text{)}$$

만일 종속변수가 가질 수 있는 사건의 상태가 3개라고 한다면 로짓은 3번째 사건이 발생할 것을 기준으로 하여 다음과 같이 두 개의 로짓을 계산할 수 있다.

$$\log\left(\frac{\pi_1}{\pi_3}\right),\ \log\left(\frac{\pi_2}{\pi_3}\right)$$

이렇게 로짓이 정의가 되면 연속형 독립변수를 갖는 다항 로지스틱 선형모형을 정의할 수 있다. 다항 로지스틱 선형모형은 종속변수의 범주에 따라 동일한 독립변수 범주의 회귀계수가 달라진다. 따라서 종속변수의 범주를 나타내는 하첨자를 $j(j=1,..,J)$라고 하고, 독립변수의 벡터를 X라고 하고, j번째 종속변수의 로짓에 대응하는 회귀계수 벡터를 β_j라고 한다면 다항 로지스틱 회귀모형은 다음과 같이 나타낼 수 있다.

$$\log\left(\frac{\pi_j}{\pi_J}\right)=\alpha_j+X'\beta_j$$

위 모형식의 하첨자를 자세히 살펴보면 $J-1$개의 절편항 α_j와 각 사건 유형별로 하나의 독립변수 X에 대한 $J-1$개의 회귀계수 β_j를 추정하게 됨을 알 수 있다. 만일 세 개의 범주가 있는 종속변수와 두 개의 연속형 독립변수가 있는 경우에는 다음과 같은 다항 회귀분석을 통해 아래와 같은 두 개의 식을 추정하게 된다.

3번째 범주와 1번째 범주를 비교할 경우: $\log\left(\frac{\pi_1}{\pi_3}\right)=\alpha_1+\beta_{11}X_1+\beta_{21}X_2$

3번째 범주와 2번째 범주를 비교할 경우: $\log\left(\frac{\pi_2}{\pi_3}\right)=\alpha_2+\beta_{12}X_1+\beta_{22}X_2$

이를 일반화하여 종속변수가 J범주 값을 가질 경우를 생각해 보자.

$$\begin{aligned}
&\log\left(\frac{\pi_j}{\pi_J}\right)=\alpha_j+X'\beta_j \\
&\frac{\pi_i}{\pi_J}=\exp(\alpha_j+X'\beta_j) \\
&\pi_j=\pi_J\exp(\alpha_j+X'\beta_j)
\end{aligned}$$

이제 각 범주가 나타날 확률에 대한 식을 각각 풀어쓰면 다음과 같다.

$$j=1\text{일 때 } \pi_1=\pi_J\exp(\alpha_1+X'\beta_1)$$

$$j=2\text{일 때 } \pi_2=\pi_J\exp(\alpha_2+X'\beta_2)$$

$$j=J-1\text{일 때 } \pi_{J-1}=\pi_J\exp(\alpha_{J-1}+X'\beta_{J-1})$$

위 식을 모두 더하고 양변에 π_J를 더하면 다음과 같다.

$$\pi_1+\pi_2+\cdots+\pi_J=\pi_J\sum_{k=1}^{J-1}\exp(\alpha_k+X'\beta_k)+\pi_J=1$$ [2]

$$\pi_J=\frac{1}{1+\sum_{k=1}^{J-1}\exp(\alpha_k+X'\beta_k)}$$

이 식을 이용하면 j번째 범주가 발생할 확률을 다음과 같이 계산할 수 있다.

$$\pi_j=\pi_J\exp(\alpha_j+X'\beta_j)=\frac{\exp(\alpha_j+X'\beta_j)}{1+\sum_{k=1}^{J-1}\exp(\alpha_k+X'\beta_k)}$$

다항 로지스틱 회귀분석에서는 SAS에서 제공한 예제를 사용해보도록 한다. 이 자료에는 종속변수로 학습 선호 스타일이 있으며 자가(self), 팀(team), 그리고 수업(class)의 세 범주가 있다. 그리고 학교(school)와 학생들이 속한 프로그램이 범주형 변수로 제시되어 있다. 학교는 3개의 범주가 있으며 프로그램은 보통(regular)과 오후(afternoon) 프로그램이 있다. 자료와 분석 프로그램은 [표 7.1]과 같다. 다항 로지스틱 분석을 위해서는 PROC LOGISTIC 프로시저를 사용하면 되며 연계함수를 일반로짓함수(GLOGIT)로 지정해주기만 하면 된다.[3]

---

2 π_j는 j번째 범주가 발생할 확률이기 때문에 모든 범주 J의 발생확률을 더하면 1이 된다.

3 MODEL 명령문에서 LINK=GLOGIT 옵션을 사용하면 일반화로짓함수를 연계함수로 사용하도록 해준다.

[표 7.1] 일반 로짓함수 분석 예제

```
DATA SCHOOL;
   LENGTH PROGRAM $ 9;
   INPUT SCHOOL PROGRAM $ STYLE $ COUNT @@;
   DATALINES;
   1 REGULAR   SELF 10  1 REGULAR   TEAM 17  1 REGULAR   CLASS 26
   1 AFTERNOON SELF  5  1 AFTERNOON TEAM 12  1 AFTERNOON CLASS 50
   2 REGULAR   SELF 21  2 REGULAR   TEAM 17  2 REGULAR   CLASS 26
   2 AFTERNOON SELF 16  2 AFTERNOON TEAM 12  2 AFTERNOON CLASS 36
   3 REGULAR   SELF 15  3 REGULAR   TEAM 15  3 REGULAR   CLASS 16
   3 AFTERNOON SELF 12  3 AFTERNOON TEAM 12  3 AFTERNOON CLASS 20
   ;

PROC LOGISTIC DATA=SCHOOL;
   CLASS SCHOOL PROGRAM(REF="AFTERNOON")/PARAM=REF;
   FREQ COUNT;
   MODEL STYLE(REF="CLASS")=SCHOOL PROGRAM /LINK=GLOGIT EXPB RSQ;
   EFFECTPLOT interaction(X=SCHOOL) / clm noobs LIMITS;
   EFFECTPLOT interaction(PLOTBY=PROGRAM) / clm noobs LIMITS;
   OUTPUT OUT=RESULT PRED=PRED UPPER=UPPER LOWER=LOWER;
RUN;

PROC PRINT DATA=RESULT;
RUN;

PROC CATMOD ORDER=DATA;
   WEIGHT COUNT;
   MODEL STYLE=SCHOOL PROGRAM;
RUN;
```

다항 로지스틱 회귀분석을 수행할 때 주의해야 하는 것은 무엇을 기준 범주로 해야 할 것인지를 명확히 해야 한다는 점이다. [표 7.2]는 종속변수의 범주와 빈도를 출력한 결과를 보여준다. 각 범주의 순서들이 나타나 있는데 일반적으로 순서 값(ordered value)이 가장 작은 것을 기준 범주로 자동 선택이 된다. 순서 값은 문자의 경우 알파벳순으로, 숫자의 경우에는 오름차순으로 매겨지게 되므로 우리가 사용하는 자료의 경우에는 'TEAM' 범주가 기준값으로 자동적으로 사용된다.[4]

[표 7.2] 종속변수 STYLE의 프로파일

Response Profile		
ORDERED VALUE	STYLE	TOTAL FREQUENCY
1	CLASS	174
2	SELF	79
3	TEAM	85

한편 독립변수로 사용되는 범주형 변수의 경우에도 각 범주에 대한 가변수를 어떻게 코딩해야 하는지 판단해야 한다. SAS의 LOGISTIC 프로시저에서는 효과 코딩 접근법을 지정값으로 사용하고 있다. 여기서는 기준 변수 코딩을 사용하도록 하자. 무엇을 기준 범주로 사용할지를 REF= 옵션을 이용하여 지정해 줄 수 있다.[5] [표 7.3]은 기준 변수 코딩 결과를 나타낸다.

[표 7.3] 범주형 독립변수의 범주별 값과 기준 변수 코딩의 디자인 행렬

Class Level Information			
Class	Value	Design Variables	
School	1	1	0
	2	0	1
	3	0	0
Program	afternoon	0	
	regular	1	

다항 로지스틱 회귀분석은 추정해야 하는 모수가 많으므로 표본 크기가 작은 경우에는 최우추정법을 이용하여 해를 찾지 못하는 경우가 많다. 따라서 모형이 수렴하는지 여부를 항상 확인해야 한다. 예제의 경우에는 [표 7.4]와 같이 모형이 큰 문제 없이 수렴함을 알 수 있다.

---

4 연구자가 기준 범주를 선택하기 위해서는 MODEL 명령문에 종속변수 이름을 나타낼 때 (REF= '기준범주 이름')을 표기해주어야 한다. 주의해야 할 것은 다항 로지스틱 회귀분석은 일반적인 이항 로지스틱 분석과 달리 링크 함수로 GLOGIT을 사용하게 되는데 이 옵션을 사용하게 되면 이항로짓에서 사용하는 EVENT='범주 이름' 옵션 대신 REF= 옵션을 사용해야 한다는 점이다.

5 효과 코딩 이외의 가변수 코딩 방법을 사용하는 경우에 이를 PARAM= 옵션을 사용하여 지정할 수 있으며 LOGISTIC 프로시저를 사용할 때는 독립변수 범주에 대한 정보 테이블 출력 결과를 확인하여 어떻게 가변수 코딩이 되었는지를 꼭 확인하는 것이 바람직하다.

[표 7.4] 모형 수렴 상태

Model Convergence Status
Convergence criterion (GCONV=1E-8) satisfied.

모형적합도는 [표 7.5]에서와 같이 통계적으로 유의미한 것으로 나타나고 있다.[6]

[표 7.5] 모형적합도

Testing Global Null Hypothesis: BETA=0			
Test	Chi-Square	DF	Pr > ChiSq
Likelihood Ratio	28.4704	6	<.0001
Score	27.1190	6	0.0001
Wald	25.5881	6	0.0003

[표 7.6]에 제시된 추정된 회귀계수를 보면 총 8개의 회귀계수가 추정되고 있음을 알 수 있다. 종속변수인 Style의 경우 'CLASS'가 기준 범주로 설정되어 있으므로 이 기준범주 대비 SELF 및 TEAM의 로짓에 대한 각각의 회귀계수를 추정한 결과를 제시해주고 있다.

[표 7.6] 추정된 회귀계수

Analysis of Maximum Likelihood Estimates								
Parameter		Style	DF	Estimate	Standard Error	Wald Chi-Square	Pr > ChiSq	Exp(Est)
INTERCEPT		SELF	1	-0.6560	0.2957	4.9237	0.0265	0.519
INTERCEPT		TEAM	1	-0.6532	0.2926	4.9855	0.0256	0.520
SCHOOL	1	SELF	1	-1.3147	0.3839	11.7262	0.0006	0.269
SCHOOL	1	TEAM	1	-0.6556	0.3395	3.7296	0.0535	0.519
SCHOOL	2	SELF	1	-0.2319	0.3327	0.4859	0.4858	0.793
SCHOOL	2	TEAM	1	-0.4755	0.3436	1.9145	0.1665	0.622
PROGRAM	REGULAR	SELF	1	0.7474	0.2820	7.0272	0.0080	2.112
PROGRAM	REGULAR	TEAM	1	0.7426	0.2706	7.5332	0.0061	2.101

6 우도비 검정의 경우 자유도가 6으로 나타나고 있는데 절편만 있는 경우에 2개의 절편이 되기 때문에 모수가 2개 있고 [표 7.6]에서처럼 독립변수를 모두 포함시킨 경우 추정된 모수의 수는 8개이므로 우도비 검정의 자유도는 6이 된다.

추정된 회귀계수를 이용하여 종속변수의 범주별로 로짓 회귀모형을 나타내보면 다음과 같다.[7]

$$logit(self/class) = -0.6560 - 1.3147 \times School_1 - 0.2319 \times School_2 + 0.7474 \times Program_{reg}$$
$$logit(team/class) = -0.6532 - 0.6556 \times School_1 - 0.4755 \times School_2 + 0.7426 \times Program_{reg}$$

위 추정된 회귀계수들을 보면 학교의 경우 수업을 선택할 확률 대비 자가 학습을 선택할 확률 즉 로짓($logit(self/class)$)은 학교 3보다 학교 1이 -1.3147만큼 차이가 나며 이것은 통계적으로 유의미하다. 즉 학교 1에서 자가 학습을 선택할 확률이 학교 3에서 자가 학습을 선택할 확률보다 작다. 오즈비의 신뢰구간을 살펴보면 [표 7.7]과 같은 결과를 얻을 수 있다. 종속변수가 team범주 값을 가질 때 School 2와 School 3의 신뢰구간은 [0.317, 1.219]로 1을 포함하고 있으므로 차이가 없다고 판단할 수 있다.

[표 7.7] 오즈비 추정치와 신뢰구간

Odds Ratio Estimates				
Effect	Style	Point Estimate	95% Wald Confidence Limits	
SCHOOL 1 VS 3	SELF	0.269	0.127	0.570
SCHOOL 1 VS 3	TEAM	0.519	0.267	1.010
SCHOOL 2 VS 3	SELF	0.793	0.413	1.522
SCHOOL 2 VS 3	TEAM	0.622	0.317	1.219
PROGRAM REGULAR VS AFTERNOON	SELF	2.112	1.215	3.670
PROGRAM REGULAR VS AFTERNOON	TEAM	2.101	1.237	3.571

한편 오즈비의 신뢰구간은 [그림 7.1]과 같이 나타낼 수 있다.

7 아래 식에서 모든 독립변수는 가변수로 처리되었음에 유의하라.

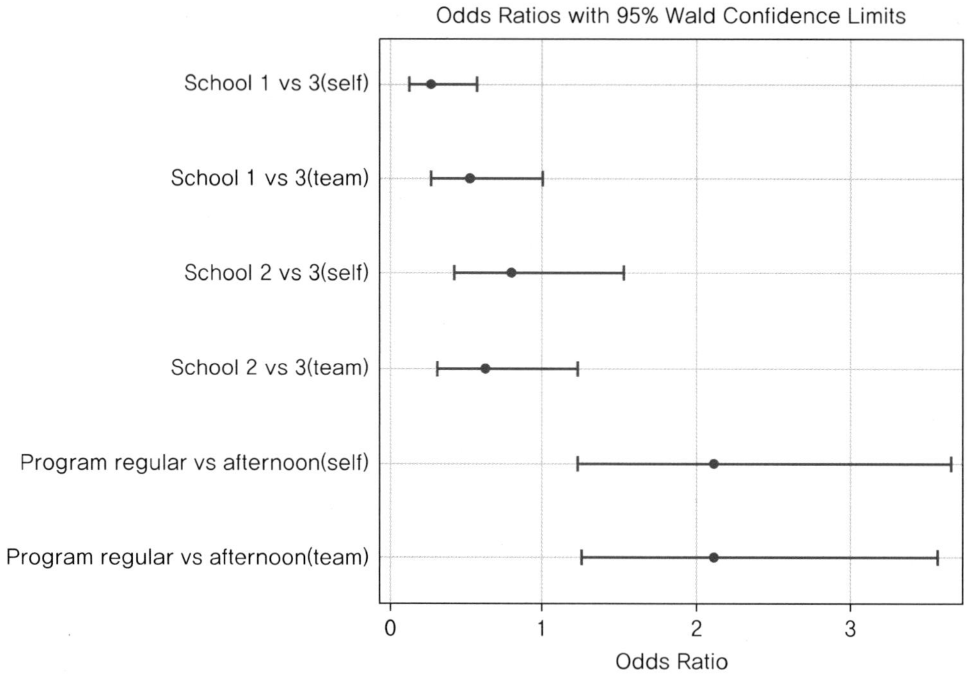

[그림 7.1] 종속변수 범주와 독립변수 범주별 오즈비의 차이(기준 값: STYLE=CLASS)

한편 오즈비가 아닌 효과크기 차이를 살펴볼 수도 있다. [그림 7.2]의 효과크기 그림을 보면 School 3에서 SELF 사건의 확률이 School 1의 SELF 사건이 발생할 확률보다 큼을 확인할 수 있다. 그러나 TEAM 사건의 경우는 학교 간 큰 차이를 보이지 않고 있다.[8]

---

8 예측된 확률과 신뢰구간은 OUTPUT 명령문의 PRED= , LOWER= , UPPER= 옵션을 이용해서도 계산할 수 있다.

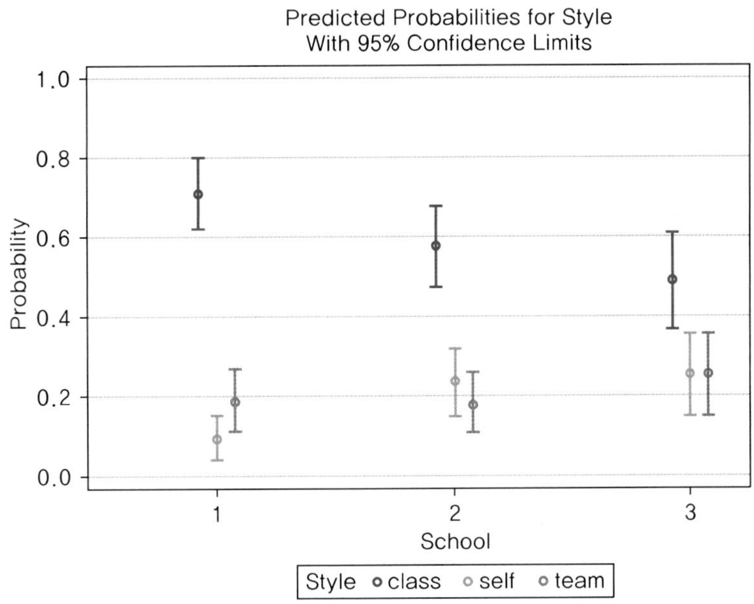

[그림 7.2] 효과크기 그림

다항 로지스틱 분석은 회귀계수의 크기를 직접 해석하는 데 어려움이 있으므로 종속변수의 범주의 확률을 예측한 값을 이용하여 분석하는 것이 바람직한 경우가 많다. [표 7.8]은 PLM 프로시저를 이용하여 종속변수의 확률과 신뢰구간 등을 구하고 이를 시각화하는 절차를 제시하기 위한 것이다.

[표 7.8] 다항 로지스틱 분석

```
PROC LOGISTIC DATA=SCHOOL;
   CLASS SCHOOL PROGRAM(REF="AFTERNOON")/PARAM=REF;
   FREQ COUNT;
   MODEL STYLE(REF="CLASS")=SCHOOL PROGRAM /LINK=GLOGIT EXPB RSQ;
   OUTPUT OUT=RESULT PRED=PRED UPPER=UPPER LOWER=LOWER;
   STORE WORK.RESULT;
RUN;
PROC PLM RESTORE=WORK.RESULT;
   SCORE DATA=SCHOOL OUT=PRED2 PREDICTED UCLM LCLM /ILINK;/*①*/
RUN;
PROC SORT DATA=PRED2;BY PROGRAM;RUN;
PROC SGPANEL DATA=PRED2;
```

```
    PANELBY PROGRAM;
    COLAXIS VALUES=(1 2 3);
    SCATTER X=SCHOOL Y=PREDICTED/GROUP=_LEVEL_ YERRORUPPER=UCLM
    YERRORLOWER=LCLM GROUPDISPLAY=CLUSTER DATALABEL ;
RUN;
```

위 프로그램의 /*①*/을 시행하면 종속변수의 예측값(PREDICTED), 95% 신뢰구간(UCLM, LCLM) 정보를 포함한 PRED2라는 데이터셋을 [표 7.9]와 같이 얻을 수 있다. 이때, PROGRAM과 SCHOOL이라는 두 변수를 통해 선호하는 학습 스타일(STYLE)을 예측한 것이므로, [표 7.9]에서 확인할 수 있듯이 PROGRAM과 SCHOOL이 동일한 경우에는 각 _LEVEL_에 대한 예측값(predicted value)이 같다. 예를 들어, SCHOOL 1의 오후반에 속한 학생들은 CLASS(수업) 스타일을 선호할 확률이 0.709라고 해석할 수 있는 것이다. 참고로, 표의 세 번째 열에 나와 있는 STYLE은 실제 선호한다고 대답한 학습 유형, 즉 실제값을 의미한다.

[표 7.9] 종속변수 예측 결과

PROGRAM	SCHOOL	STYLE	COUNT	_LEVEL_	Predicted	LCLM	UCLM
AFTERNOON	1	SELF	5	CLASS	0.709	0.620	0.799
AFTERNOON	1	SELF	5	SELF	0.099	0.044	0.153
AFTERNOON	1	SELF	5	TEAM	0.192	0.115	0.269
AFTERNOON	1	TEAM	12	CLASS	0.709	0.620	0.799
AFTERNOON	1	TEAM	12	SELF	0.099	0.044	0.153
AFTERNOON	1	TEAM	12	TEAM	0.192	0.115	0.269
AFTERNOON	1	CLASS	50	CLASS	0.709	0.620	0.799
AFTERNOON	1	CLASS	50	SELF	0.099	0.044	0.153
AFTERNOON	1	CLASS	50	TEAM	0.192	0.115	0.269
AFTERNOON	2	SELF	16	CLASS	0.576	0.475	0.678
AFTERNOON	2	SELF	16	SELF	0.237	0.150	0.324
AFTERNOON	2	SELF	16	TEAM	0.186	0.110	0.263
AFTERNOON	2	TEAM	12	CLASS	0.576	0.475	0.678
AFTERNOON	2	TEAM	12	SELF	0.237	0.150	0.324
AFTERNOON	2	TEAM	12	TEAM	0.186	0.110	0.263

PROGRAM	SCHOOL	STYLE	COUNT	_LEVEL_	Predicted	LCLM	UCLM
AFTERNOON	2	CLASS	36	CLASS	0.576	0.475	0.678
AFTERNOON	2	CLASS	36	SELF	0.237	0.150	0.324

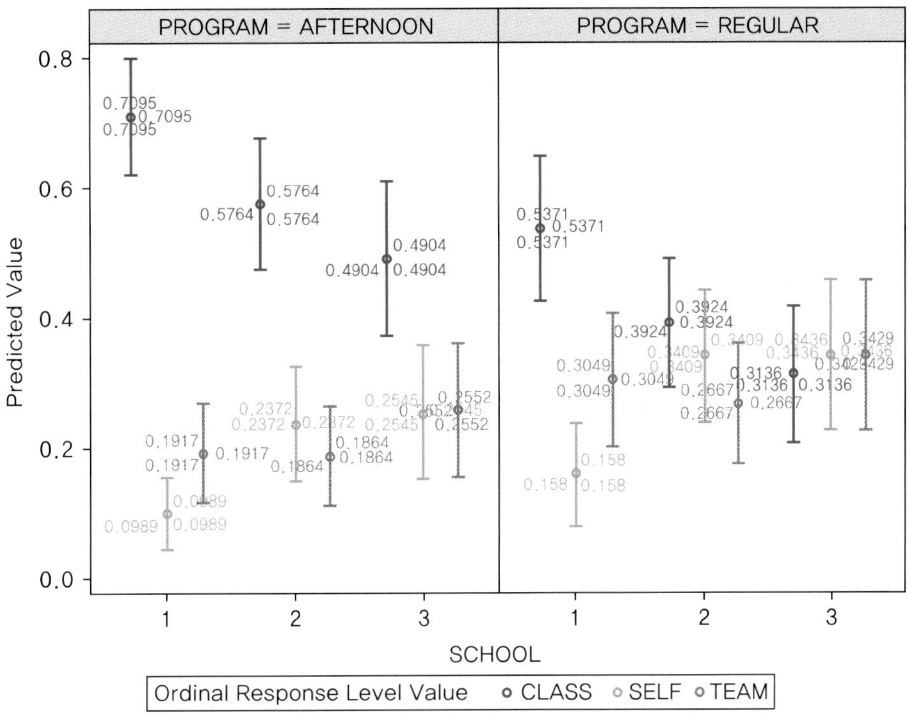

[그림 7.3] PROC PLM을 통해 얻어진 자료의 시각화

한편 독립변수가 주어졌을 때 예측확률을 그림과 같이 시각화할 수 있다. 이러한 시각화는 PROC LOGISTIC 프로시저를 이용해서 수행할 수도 있지만 PROC PLM을 통해 얻어진 자료를 이용하여 시각화할 수도 있다. 다항 로지스틱 회귀분석 결과를 이해하기 쉽게 제공하기 위해서는 결과를 시각화해주는 것이 바람직하다. [그림 7.3]을 살펴보면 수업(CLASS) 스타일을 선호할 확률이 자가(SELF)나 팀(TEAM) 스타일을 선호할 확률보다 전반적으로 높음을 알 수 있고 SCHOOL1이 이러한 경향이 가장 높으며 오후 프로그램인 경우가 오전 프로그램인 경우보다 수업 스타일을 더 선호함을 알 수 있다.

2 순서형 로지스틱 모형

종속변수가 범주를 갖는 변수이기는 하지만 범주가 순서형(ordinal)일 때 다항 로지스틱 회귀분석의 특수한 형태로 순서형 로지스틱 모형을 이용하여 분석할 수 있다.[9] 순서형 자료의 대표적인 예는 "당신은 대통령의 자질 중에서 청렴도가 얼마나 중요한가?"라는 질문에 대해 "전혀 그렇지 않다."부터 "매우 그렇다."라는 5점 척도로 측정할 때 측정된 변수는 순서형 변수라고 할 수 있다. 이 순서형 변수를 사용한 순서형 로지스틱 모형을 누적 로지스틱 모형(cumulative logistic model)이라고 부르기도 한다.[10]

종속변수가 j번째 범주를 갖는다고 했을 때 범주가 순서형이면 다음과 같이 누적확률을 정의할 수 있다.

$$P(Y \leq j) = \pi_1 + \pi_2 + \ldots + \pi_j$$

이 누적확률은 $P(Y \leq 1) \leq P(Y \leq 2) \leq \ldots \leq P(Y \leq J-1)$의 관계를 갖는다고 가정한다. 이 누적확률을 이용하여 누적 로짓(cumulative logit)은 다음과 같이 정의할 수 있다. 이때 $\left[\dfrac{\pi_1 + \ldots + \pi_j}{\pi_{j+1} + \ldots + \pi_J}\right]$은 누적 오즈(cumulative odds)라고 부른다.

$$Logit[Y \leq j] = \log\left[\frac{P(Y \leq j)}{1 - P(Y \leq j)}\right] = \log\left[\frac{\pi_1 + \ldots + \pi_j}{\pi_{j+1} + \ldots + \pi_J}\right]$$

종속변수가 3개의 범주를 갖는 경우를 가정해본다면, 누적 로짓은 각각 다음과 같이 정의된다.

$$Logit[Y \leq 1] = \log\left[\frac{\pi_1}{\pi_2 + \pi_3}\right]$$

---

9 리커트 5점 척도와 같은 순서형 종속변수에 대해 일반적인 OLS를 사용해야 할지 혹은 순서형 로지스틱 모형을 사용해야 할지 논쟁은 매우 오래되었다. 고전적인 논쟁은 Winship, C. and Mare, R. D.(1984), "Regression Models with Ordinal Variables," *American Sociological Review* 49(4), pp. 512~525를 참고하기 바란다.

10 주의해야 하는 것은 순서형 로지스틱 모형과 순위(rank) 로지스틱 모형은 다르다는 점이다. 순위 로지스틱 모형은 여러 개의 선택지에게 순위를 부여하여 측정한 것이다. 예를 들어 청렴성, 전문성, 소통력, 강력한 리더십 중 대통령에게 중요한 자질을 순위를 부여하여 측정한 경우에는 순위 로지스틱 모형을 사용하게 된다.

$$Logit[Y \le 2] = \log\left[\frac{\pi_1 + \pi_2}{\pi_3}\right]$$

이 누적 로짓에 대한 선형모형은 아래와 같다.

$$Logit[Y \le j] = \alpha_j + \beta X \text{ (단, } j = 1, 2, ..., J-1)$$

위 선형모형에서 확인할 수 있듯이 각 범주와 관계없이 독립변수의 회귀계수는 β로 일정하지만, 절편 값 α_j만 다르게 계산됨을 알 수 있다. 이것은 순서형 로지스틱 회귀분석에서 비례 오즈 가정(proportional odds assumption) 혹은 평행 회귀 가정(parallel regression assumption)을 두고 있기 때문이다(Long, 1997:141; Kleinbaum and Klein, 2010:467). 만일 종속변수가 3개의 범주가 있다면 다음의 관계가 있다고 가정을 하는 것이다.

$$\frac{\partial \Pr(Y \le 1|X)}{\partial X} = \frac{\partial \Pr(Y \le 2|X)}{\partial X} = \frac{\partial \Pr(Y \le 3|X)}{\partial X}$$

이를 시각적으로 나타내면 [그림 7.4] 왼쪽과 같이 종속변수 범주별로 주어진 독립변수가 각각의 종속변수의 범주가 발생할 확률에 미치는 영향의 크기가 동일하게 나타나는 것을 의미한다. 만일 이 가정을 만족하지 않으면 [그림 7.4]의 오른쪽과 같이 그 영향의 크기가 달라지게 된다.[11]

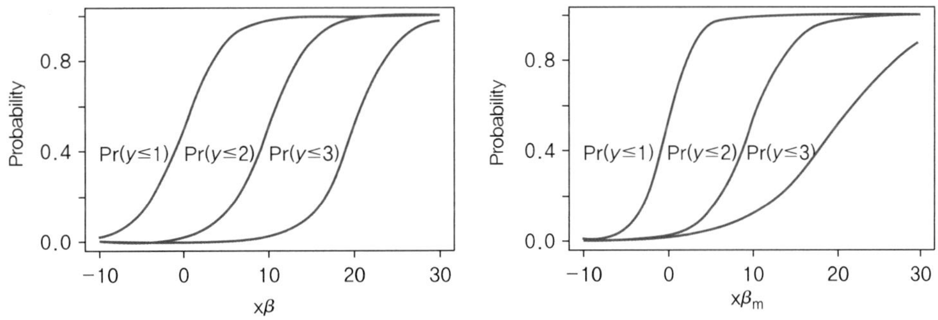

[그림 7.4] 평행 회귀 가정이 만족되는 경우와 그렇지 않은 경우

누적확률 $P(Y \le j)$를 θ_j라고 나타내면 위의 누적 로짓 선형모형은 다음과 같이 나타

---

11 Ari Erkan and Yildiz Zeki(2014), "Parallel Lines Assumption in Ordinal Logistic Regression and Analysis Approach," *International Interdisciplinary Journal of Scientific Research*, 1(3), www.iiisr.org.

낼 수 있다.

$$\ln\left(\frac{\theta_j}{1-\theta_j}\right) = \alpha_j + \beta X$$

따라서 누적확률 θ_j는 다음과 같다.

$$\theta_j = \frac{e^{\alpha_j + \beta X}}{1 + e^{\alpha_j + \beta X}}$$

순서형 로지스틱 분석에서 일차적으로 추정되는 회귀계수는 '누적' 로지스틱 선형모형의 회귀계수이다. 또한, 추정되는 오즈비는 '누적확률'에 대한 오즈비임에 유의할 필요가 있다. 한편 각 범주 선택이 독립이므로 $\theta_j - \theta_{j-1}$값은 종속변수가 j번째 범주를 가질 확률, 즉 π_j가 됨을 알 수 있다.

예제를 이용하여 순서형 로지스틱 분석 절차를 살펴보자. [표 7.10]의 /*①*/은 분석에 사용된 자료를 입력한 것이다. 독립변수 X_1은 성별을 나타내는 가변수로 두 개의 범주를 갖고 있고 기준값은 여자인 변수이다. 즉, 여성이면 0, 남자라면 1의 값을 갖는 변수이다. X_2는 사회봉사 활동을 했는지를 나타내는 변수로 두 개의 범주를 갖고 있으며 기준값은 사회봉사 활동을 하지 않은 상태이다. 종속변수 Y는 공직을 선택하고자 하는 동기로 세 범주를 갖고 있으며 공직선택 동기의 강도는 1, 2, 3으로 나타냈다.

[표 7.10] 순서형 로지스틱 자료와 분석 코드

```
DATA ORDER;/*①*/
    INPUT X1 X2 Y COUNT @@;
    DATALINES;
    0 0 1 29 0 0 2 1 0 0 3 1 0 1 1 3 0 1 2 1 0 1 3 2
    1 0 1 10 1 0 2 1 1 0 3 7 1 1 1 3 1 1 2 3 1 1 3 22
    ;
PROC LOGISTIC DATA=ORDER PLOTS(LABEL)=ALL;
    WEIGHT COUNT;
    CLASS X1 X2 /PARAM=REF REF=FIRST;
    MODEL Y= X1 X2;
    EFFECTPLOT INTERACTION(X=X1 PLOTBY=X2 SLICEBY=Y) / POLYBAR;
    EFFECTPLOT INTERACTION(X=X1 PLOTBY=X2 SLICEBY=Y) / POLYBAR CLM;
    OUTPUT OUT=PRED PRED=PRED UPPER=UPPER LOWER=LOWER ; /*③*/
```

```
    OUTPUT OUT=PROB PREDPROBS=INDIVIDUAL ; /*④*/
RUN;

PROC PRINT DATA=PROB NOOBS;
RUN;
```

이 자료에 대한 순서형 로지스틱 회귀분석은 다음과 같은 누적 로짓 모형 추정 문제로 정리할 수 있다.

$$Logit[Y \le 1|X] = \alpha_1 + \beta_1 X_1 + \beta_2 X_2$$
$$Logit[Y \le 2|X] = \alpha_2 + \beta_1 X_1 + \beta_2 X_2$$

위 누적 로짓 모형을 이용해 독립변수의 범주 조합에 따라 추정되는 누적 오즈와 누적 확률은 다음과 같이 나타낼 수 있다.

[표 7.11] 누적 로짓 모형의 회귀계수를 이용한 누적 오즈 및 누적 확률 계산

	X_1	X_2	누적 오즈 $\left(\frac{\theta_j}{1-\theta_j}\right)$	누적 확률(θ_j)
$Y \le 1$	0	0	e^{α_1}	$e^{\alpha_1}/(1+e^{\alpha_1})$
	1	0	$e^{\alpha_1+\beta_1}$	$e^{\alpha_1+\beta_1}/(1+e^{\alpha_1+\beta_1})$
	0	1	$e^{\alpha_1+\beta_2}$	$e^{\alpha_1+\beta_2}/(1+e^{\alpha_1+\beta_2})$
	1	1	$e^{\alpha_1+\beta_1+\beta_2}$	$e^{\alpha_1+\beta_1+\beta_2}/(1+e^{\alpha_1+\beta_1+\beta_2})$
$Y \le 2$	0	0	e^{α_2}	$e^{\alpha_2}/(1+e^{\alpha_2})$
	1	0	$e^{\alpha_2+\beta_1}$	$e^{\alpha_2+\beta_1}/(1+e^{\alpha_2+\beta_1})$
	0	1	$e^{\alpha_2+\beta_2}$	$e^{\alpha_2+\beta_2}/(1+e^{\alpha_2+\beta_2})$
	1	1	$e^{\alpha_2+\beta_1+\beta_2}$	$e^{\alpha_2+\beta_1+\beta_2}/(1+e^{\alpha_2+\beta_1+\beta_2})$

순서형 로지스틱 회귀모형에서는 독립변수의 회귀계수는 종속변수의 범주에 따라 차이가 없고, 다만 종속변수의 범주 간의 차이는 절편에서만 차이가 난다고 가정하고 있다. 따라서 모형에서 절편을 나타내는 α에만 범주를 나타내는 하첨자 j가 포함되어있고 독립변수 X에는 하첨자를 포함하지 않았다.

$$\ln\left(\frac{\theta_j}{1-\theta_j}\right)=\alpha_j+\beta X$$

하지만 종속변수의 범주에 따라 회귀계수가 차이가 난다면 위 모형은 다음과 같이 수정될 수밖에 없다. β_j는 종속변수가 j번째 범주를 가질 때 고유한 회귀계수이다.

$$\ln\left(\frac{\theta_j}{1-\theta_j}\right)=\alpha_j+\beta_j X$$

순서형 로지스틱 회귀분석에서는 모든 j에 대해 $\beta_j=\beta$임을 가정하고 있으므로 이 가정이 맞는지를 검정할 필요가 있다. 이를 위한 검정을 비례 오즈 검정(proportional odds test)이라고 한다.

비례 오즈 검정은 $\beta_j=\beta$라는 귀무가설이 참일 때와 이 가정을 완화했을 때의 차이를 비교하여 검정하게 된다. [표 7.12]의 결과에서처럼 본 예제에서는 그 차이가 없다는 귀무가설을 기각할 수 없음을 알 수 있다. 참고로 비례 오즈 검정을 위한 카이제곱 통계량의 자유도는 종속변수의 범주의 수 J이고 추정해야 하는 독립변수의 회귀계수의 수를 p라고 할 때 $(J-2)\times p$가 된다(Stokes *et al.*, 2000:249). 우리 예제에서는 $(3-2)\times 2=2$가 되며 [표 7.12]에서 제시된 자유도와 동일함을 알 수 있다.

[표 7.12] 비례 오즈 검정 결과

Score Test for the Proportional Odds Assumption		
Chi-Square	DF	Pr > ChiSq
1.6130	2	0.4464

모형적합도 판단을 위해서 모든 회귀계수가 0이라는 귀무가설을 우도비, 스코어, 왈드 통계량을 이용하여 분석한 결과는 다음과 같다.

[표 7.13] 모형적합도 검정 결과

Testing Global Null Hypothesis: BETA=0			
Test	Chi-Square	DF	Pr > ChiSq
Likelihood Ratio	47.7055	2	<.0001
Score	41.0749	2	<.0001
Wald	29.3468	2	<.0001

회귀계수의 추정 결과를 살펴보면 [표 7.14]와 같다. 이때, 모든 회귀계수가 통계적으로 유의미한 것으로 나타나고 있다. 추정된 누적 로짓 모형은 아래와 같다.

$$Logit[Y \le 1|X] = 2.4751 - 2.2870X_1 - 2.1594X_2$$

$$Logit[Y \le 2|X] = 3.0208 - 2.2870X_1 - 2.1594X_2$$

성별과 관련된 누적 로짓 모형의 독립변수 X_1의 회귀계수는 -2.2870으로 제시되어 있다. 그러나 회귀계수 값은 누적 로짓의 변화를 나타내는 것이어서 직접 해석하기가 쉽지 않다. 따라서 회귀계수를 직접 해석하기보다는 오즈비 추정량을 해석하는 것이 더 편리할 수 있다.

[표 7.14] 회귀계수 추정치

Analysis of Maximum Likelihood Estimates						
Parameter		DF	Estimate	Standard Error	Wald Chi-Square	Pr > ChiSq
Intercept	1	1	2.4751	0.5633	19.3075	<.0001
Intercept	2	1	3.0208	0.6034	25.0599	<.0001
X1	1	1	-2.2870	0.6182	13.6857	0.0002
X2	1	1	-2.1594	0.5653	14.5921	0.0001

[표 7.14]에 제시된 것은 오즈비의 추정치이다. 이 오즈비는 누적 오즈 값으로 앞의 [표 7.14]에서 얻어진 회귀계수 추정치를 지수로 하고 자연상수를 밑으로 한 값이다. 즉 X_1의 누적 오즈비는 exp(−2.2870)으로 0.102이며 이 값은 [표 7.15]에 제시되고 있다. 즉 ln(남자 오즈)−ln(여자 오즈)=−2.2870이므로 ln끼리 묶어서 정리하면 ln(남자오즈/여자오즈)=−2.2870에 지수를 취하면(exponentiate) 남자 오즈/여자 오즈=0.102가 된다. 즉, '남자가 공직 선택 강도가 2나 3에 속할 확률 대비 공직강도 1에 속할 확률'을 '여자가 공직 선택 강도가 2나 3에 속할 확률대비 공직강도 1에 속할 확률'로 나누면 0.102가 된다는 의미이므로, 남자의 오즈가 여자보다 작다. 현재 오즈는 $\pi_1/\pi_2+\pi_3$이므로, 남자보다 여자가 공직 선택 강도가 2, 3일 때보다 1일 때의 확률이 높음을 의미한다.

그러나 이 값 역시 누적 오즈의 값이라 해석이 여전히 쉽지는 않다. 다만 X_1=0(여성)일 때가 X_1=1(남성)일 때에 비해 종속변수의 첫 번째 범주 사건(공직선택 강도가 낮은 경우)이 발생할 확률이 더 크다는 것은 알 수 있다. 또한 X_2=0(봉사 경험이 없음)일 때

$X_2=1$(봉사 경험이 있음)일 때 비해 첫 번째 범주 사건(공직선택 강도가 낮은 경우)을 선택할 확률이 높음을 알 수 있다.

[표 7.15] 오즈비 추정치

Odds Ratio Estimates			
Effect	Point Estimate	95% Wald Confidence Limits	
X1 1 vs 0	0.102	0.030	0.341
X2 1 vs 0	0.115	0.038	0.349

독립변수의 각 범주 조합이 주어졌을 때 종속변수의 확률을 그림을 이용해서 나타내보면 다음과 같다. [그림 7.5]는 예측된 종속변수의 누적확률을 나타낸 것으로 가장 왼쪽에 있는 패널의 그림을 살펴보면 $X_1=0, X_2=0$일 때 $Y=1$일 확률은 $X_1=0, X_2=1$일 때 $Y=1$일 확률보다 훨씬 큰 것으로 나타나고 있다. 하지만 누적 확률 그림을 이용해서는 여전히 각 범주별 차이를 정확하게 이해하기 쉽지 않다.

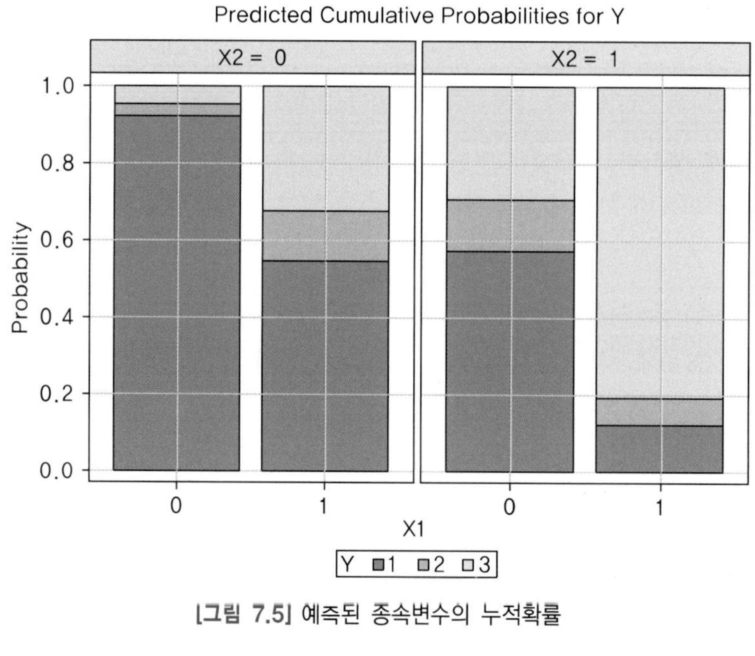

[그림 7.5] 예측된 종속변수의 누적확률

마지막으로 독립변수와 종속변수의 각 범주의 조합별로 개별적인 확률을 추정한 결과를 얻을 수 있다. [표 7.10]의 SAS 코드의 /*③*/은 추정된 회귀계수를 이용하여 누적 예측값을 출력해준다. 예측값을 제시한 아래 [표 7.16]을 살펴보도록 하자.

첫 번째 관찰점은 $X1, X2$의 값이 각각 0과 0으로 나타나고 있다. 그리고 _LEVEL_=1은 $Y=1$인 경우를 예측한다는 것이 아니라 $Y \le 1$을 예측한다는 것을 의미한다. 한편, 추정된 회귀계수를 이용하여 누적 로짓 추정식을 나타내면 아래와 같다.

$$Logit[Y \le 1|X_1, X_2] = 2.4751 - 2.2870X_1 - 2.1594X_2$$

$$(\text{단, } Logit[Y \le 1] = \log\left[\frac{\pi_1}{\pi_2 + \pi_3}\right])$$

따라서, $X1 = 0, X2 = 0$일때 $\Pr(Y \le 1)$은 다음과 같이 계산할 수 있다.

$$\Pr(Y \le 1) = \frac{\exp(2.4751)}{1 + \exp(2.4751)} = 0.922378$$

한편 $\Pr(Y \le 2)$는 아래의 누적 로짓 추정식을 이용하여 다음과 같이 계산할 수 있다.

$$Logit[Y \le 2|X_1,\ X_2] = 3.0208 - 2.2870X_1 - 2.1594X_2$$

$$(\text{단, } Logit[Y \le 2] = \log\left[\frac{\pi_1 + \pi_2}{\pi_3}\right])$$

$$\Pr(Y \le 2) = \frac{\exp(3.0208)}{1 + \exp(3.0208)} = 0.953505$$

위 값들은 [표 7.16]의 PRED라는 변수에 나타나고 있다.

[표 7.16] 누적확률 예측값

OBS	X1	X2	Y	COUNT	_LEVEL_	PRED	LOWER	UPPER
1	0	0	1	29	1	0.92238	0.79755	0.97286
2	0	0	1	29	2	0.95351	0.86272	0.98528
3	0	0	2	1	1	0.92238	0.79755	0.97286
4	0	0	2	1	2	0.95351	0.86272	0.98528
5	0	0	3	1	1	0.92238	0.79755	0.97286
6	0	0	3	1	2	0.95351	0.86272	0.98528
7	0	1	1	3	1	0.57827	0.29048	0.82118
8	0	1	1	3	2	0.70295	0.41142	0.88903
9	0	1	2	1	1	0.57827	0.29048	0.82118
10	0	1	2	1	2	0.70295	0.41142	0.88903
11	0	1	3	2	1	0.57827	0.29048	0.82118
12	0	1	3	2	2	0.70295	0.41142	0.88903

OBS	X1	X2	Y	COUNT	_LEVEL_	PRED	LOWER	UPPER
13	1	0	1	10	1	0.54689	0.34076	0.73810
14	1	0	1	10	2	0.67564	0.46640	0.83233
15	1	0	2	1	1	0.54689	0.34076	0.73810
16	1	0	2	1	2	0.67564	0.46640	0.83233
17	1	0	3	7	1	0.54689	0.34076	0.73810
18	1	0	3	7	2	0.67564	0.46640	0.83233
19	1	1	1	3	1	0.12225	0.05213	0.26074
20	1	1	1	3	2	0.19379	0.09208	0.36293
21	1	1	2	3	1	0.12225	0.05213	0.26074
22	1	1	2	3	2	0.19379	0.09208	0.36293
23	1	1	3	22	1	0.12225	0.05213	0.26074
24	1	1	3	22	2	0.19379	0.09208	0.36293

누적 확률보다는 개별 확률을 구하는 것이 간편할 수 있다. /*④*/는 개별 확률을 구하기 위한 코드이다. [표 7.17]에 따르면 $X_1 = 0, X_2 = 0$인 경우 $Y=1$일 확률은 0.92238, $Y=2$일 확률은 0.03113, $Y=3$일 확률은 0.04649임을 알 수 있다. 이 개별 확률은 누적 확률을 이용하여 계산할 수 있다. 예를 들어 $Y=2$일 때의 확률은 다음과 같이 계산된다.

$$\Pr(Y=2) = \Pr(Y \leq 2) - \Pr(Y \leq 1) = 0.953505 - 0.922378 = 0.03113$$

$\Pr(Y=3)$ 역시 다음과 같이 간단히 계산된다.

$$\Pr(Y=3) = 1 - \Pr(Y \leq 2) = 1 - 0.953505 = 0.046495$$

이 결과는 [표 7.17]의 IP_1, IP_2, IP_3에 각각 제시되고 있다. 주어진 독립변수의 값에 따른 종속변수 범주별 확률은 IP_1, IP_2, IP_3에 제시되어 있으므로 이를 사용하면 된다. 또한 [표 7.17]은 주어진 독립변수에 따라 관찰된 종속변수 범주의 실제 관측값의 빈도 정보 역시 나타내고 있다.

한편, $X_1 = 0, X_2 = 1$인 경우 $Y=1$일 확률은 0.57827로 크게 떨어지고 있음을 알 수 있다. 즉 사회봉사 경험이 있는 사람은($X_2 = 1$) 그렇지 않은 사람에 비해 공직선택 강도가 낮은 것을 선택할 확률이 줄어들고 있음을 알 수 있다. 대신 공직선택 강도가 가장 큰 $Y=3$을 선택할 확률은 0.04649에서 0.29705로 많이 늘어나고 있음을 알 수 있다.

[표 7.17] 독립변수와 종속변수 조합에 따른 개별 관찰점에 대한 확률 추정치

X1	X2	Y	COUNT	_FROM_	_INTO_	IP_1	IP_2	IP_3
0	0	1	29	1	1	0.92238	0.03113	0.04649
0	0	2	1	2	1	0.92238	0.03113	0.04649
0	0	3	1	3	1	0.92238	0.03113	0.04649
0	1	1	3	1	1	0.57827	0.12468	0.29705
0	1	2	1	2	1	0.57827	0.12468	0.29705
0	1	3	2	3	1	0.57827	0.12468	0.29705
1	0	1	10	1	1	0.54689	0.12876	0.32436
1	0	2	1	2	1	0.54689	0.12876	0.32436
1	0	3	7	3	1	0.54689	0.12876	0.32436
1	1	1	3	1	3	0.12225	0.07154	0.80621
1	1	2	3	2	3	0.12225	0.07154	0.80621
1	1	3	22	3	3	0.12225	0.07154	0.80621

한편 PROC PLM 프로시저를 이용하여서도 예측 확률을 구할 수 있는데 PLM 프로시저를 통해 얻어지는 예측 확률은 누적 예측확률이다. 누적 예측확률을 얻기 위한 코드를 간단히 제시하면 [표 7.18]과 같다.

[표 7.18] PLM 프로시저를 이용한 순서형 로지스틱 모형 예측값 구하기

```
PROC LOGISTIC DATA=ORDER;
   FREQ COUNT;
   CLASS X1 X2 /PARAM=REF REF=FIRST;
   MODEL Y= X1 X2;
   STORE WORK.RESULT;
RUN;
PROC PLM RESTORE=WORK.RESULT;
   SCORE DATA=ORDER OUT=PRED PREDICTED=PRED LCLM=LCLM UCLM=UCLM/ILINK
   OBSCAT ;
RUN;

PROC PRINT DATA=PRED NOOBS;
RUN;
```

[표 7.18]의 프로그램을 실행하면 다음과 같은 결과를 얻을 수 있다. 출력결과를 보여

주는 [표 7.19]에서 PRED행은 누적 확률을 나타낸다. 따라서 $X_1 = 0$, $X_2 = 0$인 경우 $Y = 1$일 확률은 0.92238이고 $Y = 2$일 확률은 0.03113(=0.95351−0.92238), $Y = 3$일 확률은 0.04649(=1−0.95351)임을 알 수 있다. PROC PLM의 SCORE 명령문에 사용한 OBSCAT 옵션을 사용하지 않으면 주어진 독립변수에 대해서 실제 종속변수 범주별 빈도의 값에 대한 자세한 표를 얻을 수 있으니 이를 확인해보는 것도 좋다.

[표 7.19] PLM을 이용한 순서형 로지스틱 예측값 결과

X1	X2	Y	COUNT	_LEVEL_	PRED	LCLM	UCLM
0	0	1	29	1	0.92238	0.79755	0.97286
0	0	2	1	2	0.95351	0.86272	0.98528
0	1	1	3	1	0.57827	0.29048	0.82118
0	1	2	1	2	0.70295	0.41142	0.88903
1	0	1	10	1	0.54689	0.34076	0.73810
1	0	2	1	2	0.67564	0.46640	0.83233
1	1	1	3	1	0.12225	0.05213	0.26074
1	1	2	3	2	0.19379	0.09208	0.36293

Long(1997:145)은 순서형 로지스틱 회귀분석의 비례 오즈 가정이 위반되는 경우가 많기 때문에 이러한 가정을 두기보다는 다항 로지스틱 회귀분석을 수행하는 것이 바람직할 수 있다는 의견을 제시하고 있다. 실제로 종속변수의 각 범주가 발생할 확률을 예측할 때 독립변수가 미치는 영향이 모두 동일하다는 가정이 매우 제약적임을 고려한다면 다항 로지스틱 회귀분석이 선호될 수 있다고 할 수 있다.

CHAPTER 8

조건부 로지스틱 회귀분석

조건부 로지스틱 회귀모형(conditional logistic regression model)은 로지스틱 회귀분석의 활용 가능성을 높여주고 있는 영역이다. 조건부 로지스틱 회귀분석이 가장 많이 사용되는 경우는 짝을 이룬 표본을 다룰 때이다. 동일 개인에 대해 반복 측정을 하여 짝을 이룬 표본을 얻으면 개인에 대한 가변수를 사용해야 한다. 이 경우 추정해야 하는 모수가 많아져서 충분한 표본을 요구하는 최우추정법 가정을 만족시키지 못한다. 이러한 상황에서 조건부 로지스틱 회귀모형이 널리 사용된다.

조건부 로지스틱 회귀모형은 이산형 선택 모형(discrete choice model)에도 널리 사용된다. 이산형 선택은 개인이 여러 대안 중 하나를 선택하는 상황이다. 소비자는 어떤 상품을 사야 할지 고민을 하고 학생들은 주어진 객관식 질문 문항 중의 하나를 선택해야 한다. 설문조사에서 응답자들에게 여러 정책의 우선순위를 측정하기도 하고, 교통공학에서는 주어진 교통수단 중 특정 교통수단의 선택 여부를 측정하기도 한다. 경제학의 효용이론은 대안선택에 대한 설문조사 결과를 이용하여 수요함수를 추정하는 현시선호 이론(revealed preference theory)을 발전시키기도 해왔다. 이처럼 여러 선택지 중에 특정 대안을 선택하거나 순위를 부여할 때 설명하기 위한 통계 모형을 추정하기 위해 사용되는 방법이 조건부 로지스틱 회귀모형이다.

조건부 로지스틱 회귀모형은 조건부 확률의 관점에서 접근하기도 하고 효용함수(utility function)의 관점에서 접근하기도 하므로 이를 모두 소개하는 것이 바람직하다고 판단하였다. 특히 IIA 조건이 위배되는 경우에는 이산형 선택모형(discrete choice model)의 일종인 내포 로지스틱 회귀모형(nested logistic regression model)을 활용해야 하는데 이 모형도 조건부 로지스틱 모형의 일종으로 이해할 수 있다. McFadden(1978)에 의해 제시된 이 모형은 2000년 McFadden이 노벨 경제학상을 수상하게 된 중요한 근거가 되기도 하였다. 또한, 조건부 로지스틱 회귀모형 이론은 다수준 로지스틱 회귀모형에서도 사용하기 때문에 이론을 적절히 이해할 필요가 있다.

1 조건부 로지스틱 회귀분석

조건부 로지스틱 회귀분석(conditional logistic regression)은 추정해야 할 모수가 관찰점수보다 상대적으로 많은 경우에 널리 사용되는 방법이다. 예를 들어 복지프로그램 참여 여부가 정부 정책지지 여부에 영향을 주는지를 살펴보기 위해 100명을 대상으로 사전/사후 측정을 하였다고 가정해보자. 이 경우 개인 간의 차이를 모형에 반영하기 위해 가변수를 사용할 수 있는데 99개의 가변수가 만들어져, 추정해야 하는 모수의 수가 매우 많이 늘어난다. 이처럼 추정해야 하는 모수가 많은 경우에는 연구자가 직접 관심이 없는 변수는 주어진 조건으로 제약을 두어 모수들을 추정할 수 있는데 이를 조건부 로지스틱 회귀분석이라고 한다.

조건부 로지스틱 회귀분석은 주로 반복해서 측정된 관찰점이나, 짝을 이룬 표본을 대상으로 널리 사용되어 왔다(Stokes *et al.*, 2000:273-323). 예를 들어 100개의 병원에서 각각 무작위로 두 명의 환자를 뽑아 진짜 약과 가짜 약을 환자에게 하나씩 투약하는 경우는 동일한 집단에서 반복 측정한 경우에 해당하는데 이 경우에도 조건부 로지스틱 회귀분석을 사용할 수 있다. 짝을 이룬 표본이나 반복 측정된 자료에 비제약 로지스틱 회귀분석(unconditional logistic regression)을 적용하는 경우 오즈비 값이 과대 추정되고 편의 추정의 문제가 발생하는 문제가 발생한 데 비해 조건부 로지스틱 회귀분석은 불편 추정량을 얻을 수 있는 것으로 알려져 있다(Kleinbaum, 2010:110).

조건부 로지스틱 회귀분석은 관심 있는 모수와 관심이 없는 모수(nuisance parameter)로 구분한다. 일반적으로 짝을 이룬 표본이나 층을 가진 표본은 개인별 ID나 층을 나타내는 가변수를 관심 없는 모수로 가정하여 조건부 로지스틱 회귀분석을 수행한다. 이산형 선택 모형 상황에서는 여러 대안을 왜 선택하지 않았는지에 관심을 기울이기보다는 특정 대안을 왜 선택했는지에 관심을 기울이는데 이 경우에도 조건부 로지스틱 회귀분석을 사용할 수 있다.

앞에서 배운 다항 로지스틱 회귀분석과 조건부 로지스틱 회귀분석을 연계해서 이해하기 위해 사례를 살펴보도록 하자. 자료는 Hensher and Bradley(1993)에서[1] 교통수단의 이산형 선택(discrete choice) 분석에 사용한 것을 사용하도록 한다. 이 자료는 Allison(2001)도 사용하고 있으므로[2] 이를 참고해도 된다. 자료는 210명의 사람에게 네 가지 교통수단(air, train bus, car) 중 어느 것을 사용했는지 질문을 하였다. 응답자들은 이 네 가지 교통수단 사용 여부와 관계없이 각각의 교통수단이 어떤 특징을 가졌는지를 대답하였다. 그 결과 수집된 변수와 각 변수의 내용은 다음과 같다.

[표 8.1] 여행 예제자료의 변수 설명

변수 이름	내용
ID	개인 고유의 식별번호
MODE	교통수단(1=항공, 2=기차, 3=버스, 4=차)
CHOICE	1=해당 수단을 선택, 0=미선택
TTME	터미널 대기 시간
COST	총비용
TIME	총운행시간
HINC	가계소득
PSIZE	동반자 수

[표 8.2]는 예제 자료의 첫 20개 관찰점을 보여준다. 먼저 동일한 ID에 대해서 4개의 관찰점이 있는 것을 알 수 있다. ID=1인 경우에는 4번째 교통수단(MODE=4) 즉 차를 선택하였다(CHOICE = 1). 한편 동일한 개인에 대해 MODE별로 TTME, COST, TIME의 값은 다르지만, HINC 및 PSIZE는 동일한 값을 갖고 있음을 알 수 있다.

---

1 Hensher, D. A. and Bradley, M.(1993), "Using stated response choice data to enrich revealed preference discrete choice models," *Marketing Letters,* 4(2): 139~151.

2 Allison, P. D.(2001). *Logistic Regression Using the SAS System: Theory and Application,* Wiley-SAS.

[표 8.2] 자료의 예시(첫 20개 관찰점)

OBS	ID	MODE	CHOICE	TTME	COST	TIME	HINC	PSIZE
1	1	1	0	69	59	100	35	1
2	1	2	0	34	31	372	35	1
3	1	3	0	35	25	417	35	1
4	1	4	1	0	10	180	35	1
5	2	1	0	64	58	68	30	2
6	2	2	0	44	31	354	30	2
7	2	3	0	53	25	399	30	2
8	2	4	1	0	11	255	30	2
9	3	1	0	69	115	125	40	1
10	3	2	0	34	98	892	40	1
11	3	3	0	35	53	882	40	1
12	3	4	1	0	23	720	40	1
13	4	1	0	64	49	68	70	3
14	4	2	0	44	26	354	70	3
15	4	3	0	53	21	399	70	3
16	4	4	1	0	5	180	70	3
17	5	1	0	64	60	144	45	2
18	5	2	0	44	32	404	45	2
19	5	3	0	53	26	449	45	2
20	5	4	1	0	8	600	45	2

위 자료를 이용하여 교통수단을 선택하는 확률에 영향을 주는 변수를 계산해보도록 하자. 통상적인 LOGISTIC 회귀모형 코드와 다른 것은 STRATA 옵션을 사용하여 층을 나타내는 변수를 지정한다는 점이다. 예제 자료에서는 개인(ID)별로 4번의 측정이 반복되었기 때문에 [표 8.3]의 코드 /*①*/에서 STRATA 명령문에 ID 변수를 지정하였다.

/*②*/에서는 데이터셋에서 선택이 1로 코딩이 되어 있으므로 EVENT=1 옵션을 지정해주었다. 이 옵션을 지정하지 않으면 오름차순에 따라 기준 범주를 선택하기 때문에 0을 선택할 확률을 계산하기 때문이다. 또한, MODEL 명령문에서 독립변수를 터미널 대기시간(TTME), 총비용(COST), 총시간(TIME)으로 지정하였다. 한편 조건부 로지스틱 회귀모형에서는 절편항 추정이 의미가 없으므로 MODEL 명령문에 NOINT 옵션을 사용한다.

[표 8.3] 조건부 회귀모형 분석 코드

```
PROC LOGISTIC DATA=TRAVEL PLOTS=ALL;
    STRATA ID;/*①*/
    MODEL CHOICE(EVENT="1")=TTME TIME COST/NOINT;/*②*/
    OUTPUT OUT=RESULT P=PRED;
RUN;
PROC PRINT DATA=RESULT(OBS=4);RUN;
```

모형적합도에 대한 통계량 해석은 크게 다르지 않기 때문에 추정된 회귀계수를 살펴보면 [표 8.4]와 같다. 변수 중에 COST를 제외한 나머지 변수는 통계적으로 유의미한 것으로 나타나고 있다. EXP(EST)로 나타내진 오즈비를 해석해보면 TTME, 즉 터미널 대기시간의 경우 한 단위 추가로 대기시간이 길어지게 되면 교통수단을 선택할 오즈를 −3.3% (=100×(0.967−1))만큼 변화시킨다. 즉 3.3%만큼 교통수단을 선택할 오즈를 줄이는 것이다.

[표 8.4] 조건부 회귀모형의 회귀계수 추정결과

Analysis of Conditional Maximum Likelihood Estimates						
Parameter	DF	Estimate	Standard Error	Wald Chi-Square	Pr > ChiSq	Exp(Est)
ttme	1	−0.0340	0.00464	53.5600	<.0001	0.967
time	1	−0.00219	0.000458	22.9151	<.0001	0.998
cost	1	0.00889	0.00488	3.3239	0.0683	1.009

[표 8.4]의 결과를 시각화하면 [그림 8.1]과 같이 독립변수별로 오즈비의 신뢰구간을 얻을 수 있다. COST의 경우에는 오즈비의 신뢰구간이 1을 약간 걸쳐 포함하고 있는데 이것은 COST 회귀계수의 표준오차가 커서 신뢰구간이 넓어서 발생하는 문제임을 알 수 있다. 다른 변수와 달리 COST가 높아질수록 교통수단을 선택하는 확률이 높아진다는 것은 주목할 만하다.

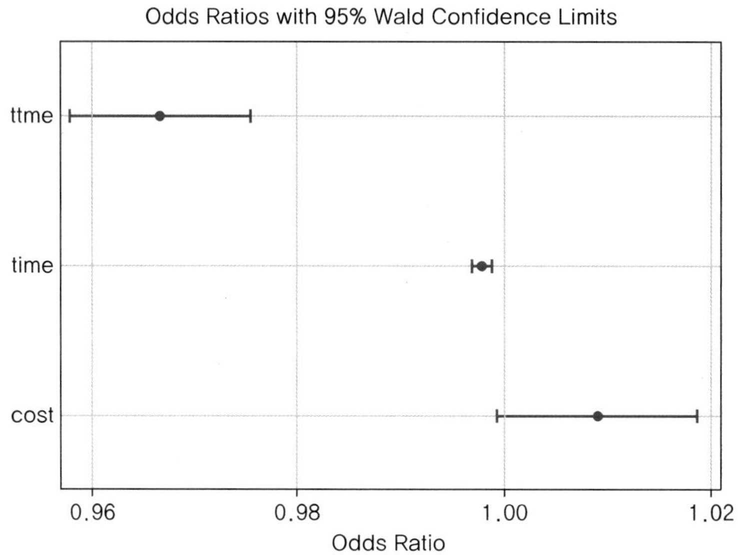

[그림 8.1] 오즈비의 신뢰구간

조건부 회귀분석에서 추정된 회귀계수를 이용하여 개인별로 해당 교통수단을 선택할 확률을 계산하는 방법은 약간 다르다. 이에 대한 이론적 절차는 Stokes *et al.*(2000:274-276)을 참조하거나 이성우 외(2005:340)를 참조하면 된다. 실제 자료를 이용한 설명을 통해 이론을 이해해보도록 하자.

통상적인 로지스틱 회귀분석에서는 i번째 관찰점에 대해 관심 있는 사건이 발생할 확률은 다음과 같이 추정된다.

$$\pi_i = \frac{\exp(\beta_0 + \beta_1 X_i)}{1 + \exp(\beta_0 + \beta_1 X_i)}$$

(단, i는 반복 측정된 대상의 ID)

하지만 짝을 이룬 표본이나 반복 측정을 한 경우에는 하나의 단위에 대해서 여러 가지 상태가 존재한다. 예를 들어 교통수단 선택의 경우, i라는 개인은 4가지의 선택이 가능한 상황이 존재한다. 즉, 하나의 층(strata)에 대해 4가지의 상태가 존재하는 것으로 나타낼 수 있다. 이를 일반화하여 하나의 층에 대해 M개의 상태가 존재할 경우 1-M 대응 연구(1-M matched study)라고 부른다(Hosmer and Lemeshow, 2000:223).

본 예제에서는 교통수단이 1부터 4까지 있다. 따라서 이 대안 집합 중에서 대안을 선택할 확률을 계산해야 한다. 이 조건부 확률은 다음과 같이 나타낼 수 있다. 즉 1부터 4의 대안에 대해 ID별로 선택 여부를 결정하는 상황이므로, 첫 번째 상태를 선택할 확률은 첫 번째, 두 번째, 세 번째 혹은 네 번째를 선택할지가 주어진 상황에서 첫 번째 상태를 선택한 조건부 확률의 문제로 해석하는 것이다. 이를 조건부 확률로 나타내면 다음과 같다.

$$
\begin{aligned}
\Pr[Y_{i1} = 1, Y_{i2} = 0, Y_{i3} = 0, Y_{i4} = 0 | & (Y_{i1} = 1, Y_{i2} = 0, Y_{i3} = 0, Y_{i4} = 0) \\
\text{or } & (Y_{i1} = 0, Y_{i2} = 1, Y_{i3} = 0, Y_{i4} = 0) \\
\text{or } & (Y_{i1} = 0, Y_{i2} = 0, Y_{i3} = 1, Y_{i4} = 0) \\
\text{or } & (Y_{i1} = 0, Y_{i2} = 0, Y_{i3} = 0, Y_{i4} = 1)]
\end{aligned}
$$

이를 조건부 확률 공식으로 나타내면 아래와 같다.

$$
\frac{\Pr(Y_{i1} = 1, Y_{i2} = 0, Y_{i3} = 0, Y_{i4} = 0)}{\Pr(Y_{i1} = 1, Y_{i2} = 0, Y_{i3} = 0, Y_{i4} = 0) + \cdots + \Pr(Y_{i1} = 0, Y_{i2} = 0, Y_{i3} = 0, Y_{i4} = 1)}
$$

먼저 분자 부분을 살펴보면 다음과 같다.

$$
\begin{aligned}
& \Pr(Y_{i1} = 1, Y_{i2} = 0, Y_{i3} = 0, Y_{i4} = 0) \\
& = \frac{\exp(\alpha_i + \boldsymbol{\beta X_{i1}})}{1 + \exp(\alpha_i + \boldsymbol{\beta X_{i1}})} \times \frac{1}{1 + \exp(\alpha_i + \boldsymbol{\beta X_{i2}})} \times \frac{1}{1 + \exp(\alpha_i + \boldsymbol{\beta X_{i3}})} \times \frac{1}{1 + \exp(\alpha_i + \boldsymbol{\beta X_{i4}})} \\
& = \frac{\exp(\alpha_i + \boldsymbol{\beta X_{i1}})}{\prod_{j=1}^{4} [1 + \exp(\alpha_i + \boldsymbol{\beta X_{ij}})]}
\end{aligned}
$$

위 식에서 α_i는 개인별 차이를 나타내는 절편항이며 층(strata)의 차이를 나타내는 절편항이기도 하다. $\boldsymbol{\beta}$는 독립변수 벡터의 회귀계수고 $\boldsymbol{X_{ij}}$는 i번째 층의 j 대안을 선택한 경우의 대한 독립변수의 벡터이다.

한편 분모 부분의 확률을 계산하면 다음과 같다.

$$
\Pr(Y_{i1} = 1, Y_{i2} = 0, Y_{i3} = 0, Y_{i4} = 0) + \cdots + \Pr(Y_{i1} = 0, Y_{i2} = 0, Y_{i3} = 0, Y_{i4} = 1)
$$

$$= \frac{\sum_{j=1}^{4} \exp(\alpha_i + \boldsymbol{\beta X_{ij}})}{\prod_{j=1}^{4} [1 + \exp(\alpha_i + \boldsymbol{\beta X_{ij}})]}$$

따라서, 첫 번째 대안을 선택할 확률은 다음과 같이 나타낼 수 있다. 이 식을 보면 층별 차이를 나타내는 절편인 α_i가 사라짐을 알 수 있다.

$$\Pr(Y_{i1} = 1, Y_{i2} = 0, Y_{i3} = 0, Y_{i4} = 0)$$
$$= \frac{\exp(\boldsymbol{\beta X_{i1}})}{\sum_j \exp(\boldsymbol{\beta X_{ij}})}$$

위 식을 보면 앞에서 다룬 다항 로지스틱 회귀분석의 모형과 매우 유사함을 알 수 있다. 차이가 나는 것은 다항 로지스틱에서는 분모가 $\sum_j [1 + \exp(\boldsymbol{\beta X_{ij}})]$라는 점이다. 하지만 조건부 로지스틱 모형에서는 종속변수의 각 범주에 따라 회귀계수가 변하지 않는데 비해, 다항 로지스틱 모형에서는 이것이 변화한다.

물론 이런 조건부 확률이 가능하기 위해서는 의사결정자가 2번 교통수단 대신 1번 교통수단을 선택할 확률이 다른 교통수단이 가능한지 여부에 영향을 받지 않는 다른 대안으로부터의 독립(independence of irrelevant alternatives, IIA) 가정이 충족되어야 한다. 조건부 확률은 이 조건이 충족되었다고 가정한다.

한편 i번째 관찰점이 첫 번째 교통수단을 선택할 조건부 확률(π_{i1})을 구하면 다음 식과 같다. 주목할 것은 교통수단 선택별로 절편항이 사라진다는 점인데, 이것은 조건부 확률을 구하는 과정에서 분모와 분자 부분에서 절편항이 서로 상쇄되기 때문이다. i번째 관찰점이 첫 번째 교통수단을 선택할 확률을 나타내는 식에서 회귀계수 벡터 β_1은 대안을 선택했을 때의 회귀계수로 어떤 대안을 선택할지와 관계없이 동일하다.

$$\pi_{i1} = \frac{\exp(\boldsymbol{\beta_1 X_{i1}})}{\exp(\boldsymbol{\beta_1 X_{i1}}) + \exp(\boldsymbol{\beta_1 X_{i2}}) + \exp(\boldsymbol{\beta_1 X_{i3}}) + \exp(\boldsymbol{\beta_1 X_{i4}})}$$

(단, i는 개인, j는 선택 대안을 나타내는 하첨자,

X_{ij}는 i번째 관찰점이 j번째 교통수단을 선택했을 때 독립변수의 벡터)

이를 일반화하여 효용함수의 관점에서 조건부 로지스틱 회귀모형을 나타낼 수 있다.[3] i가 j라는 대안을 선택하는 행위, 즉 $Y_i = j$는 i가 선택 가능한 대안의 집합 C_i 중에서 자신의 효용을 극대화하는 대안 j를 선택한 것으로 이해할 수 있다. 즉 $U_{ij} \geq \max\{U_{il} : l \in C_i, l \neq j\}$, $Y_i = j$라는 선택이 현시 선호(revealed preference)된 것이다. 여기서 잠재효용함수(latent random utility function) U_{ij}는 다음과 같이 나타낼 수 있다.

$$U_{ij} = \boldsymbol{\beta X} + \epsilon_{ij}$$

조건부 로지스틱 회귀모형에서 오차항 ϵ_{ij}는 확률변수로 다음과 같은 CDF를 갖는 일반 극단값 분포(general extreme value distribution)를 따른다.

$$F(\epsilon_{ij}) = \exp(-\exp(-\epsilon_{ij})), -\infty < \epsilon_{ij} < \infty$$

이 효용함수와 오차항을 이용하여 i가 j를 선택할 확률은 다음과 같이 나타낼 수 있다.

$$\pi_{ij} = \Pr(Y_i = j | \boldsymbol{X_i}) = \Pr[U_{ij} > \max\{U_{ij} : l \in C_i\} | \boldsymbol{X_i}]$$

$$\pi_{ij} = \frac{\exp(\boldsymbol{\beta X_{ij}})}{\sum_{j \in C_i} \exp(\boldsymbol{\beta X_{ij}})}$$

이때, 두 대안 j, k는 두 대안의 특징에만 의존하는 무관한 대안으로부터의 독립, 즉 independent of irrelevant alternative(IIA) 조건을 만족한다고 가정된다. 즉, 두 대안 j, k의 확률의 비율은 두 대안 이외의 다른 대안에 의존하지 않는다. 따라서 추정된 회귀계수는 대안의 조합에 영향을 받지 않는다.

$$\pi_{ij} / \pi_{ik} = \exp(\boldsymbol{\beta}(\boldsymbol{X_{ij}} - \boldsymbol{X_{ik}}))$$

대안 j, k 사이에서 변화하지 않는 공변량(covariate)은 모형에 반영되지 않는데 그 이유는 π_{ij}의 분모와 분자에 상수로 반영되어 상쇄되기 때문이다. 즉 어떤 독립변수가 두 대안 사이에서 동일한 값을 가지면 두 대안 사이의 선택에 영향을 주지 않는다는 것을 의미한다.[4]

---

3 Gardiner, J. C. and Luo, Z.(2011), "Logit Models in Practice: B, C, E, G, M, N, O," *SAS Global Forum 2011*.

4 IIA 가정에 대한 검정은 Hausman, J. and McFadden, D.(1984), "Specification Tests for the Multinomial Logit Model," *Econometrica*, 52(5), pp. 1219~1240을 참고하기 바란다. SAS 코드는 http://support.sas.com/documentation/cdl/en/etsug/63939/HTML/default/viewer.htm#etsug_mdc_s

최우추정법을 적용하기 위한 우도함수는 위 식을 이용하여 다음과 같이 나타낼 수 있으며 독립변수의 회귀계수 벡터 $\boldsymbol{\beta}$는 우도함수를 극대화하는 값을 찾으면 얻을 수 있다.

$$L(\boldsymbol{\beta}) = \sum_{i=1}^{n} \sum_{j} I(Y_i = j) \log \pi_{ij}$$

(단, I는 i가 j를 선택하면 1인 지시함수)

실제 자료를 이용하여 $\hat{\boldsymbol{\beta}}$는 앞의 [표 8.4]에서 얻을 수 있다. 이 값을 이용하여 ID가 1인 관찰점의 자료를 이용하여 선택확률을 구해보자.

첫 번째 교통수단:

$$\exp(\boldsymbol{\beta_1 X_{i1}}) = -0.0340 \times 69 - 0.00219 \times 59 + 0.00889 \times 100 = 0.129965$$

두 번째 교통수단:

$$\exp(\boldsymbol{\beta_1 X_{i2}}) = -0.0340 \times 34 - 0.00219 \times 31 + 0.00889 \times 372 = 0.183583$$

세 번째 교통수단:

$$\exp(\boldsymbol{\beta_1 X_{i3}}) = -0.0340 \times 35 - 0.00219 \times 25 + 0.00889 \times 417 = 0.152441$$

네 번째 교통수단:

$$\exp(\boldsymbol{\beta_1 X_{i4}}) = -0.0340 \times 0 - 0.00219 \times 10 + 0.00889 \times 180 = 0.736902$$

따라서 예를 들어 ID=1이 두 번째 교통수단을 선택할 확률을 위 값을 이용하면 구하면 0.152618임을 알 수 있다.

$$\pi_{12} = \frac{0.183583}{0.129965 + 0.183583 + 0.152441 + 0.736901} = 0.152618$$

[표 8.5]는 SAS 코드에서 OUTPUT 명령문에 예측값을 RESULT라는 데이터셋에 저장하도록 하고 이를 출력하였을 때 얻어진 값이다. OBS=1인 관찰점을 보면 MODE=1인 교통수단을 선택할 확률은 0.10822이고 실제 해당 수단을 ID=1은 선택하지 않았다. 반대로 조건부 로지스틱 회귀모형 추정식을 이용하여 MODE=4를 선택할 확률은 0.61245이고 실제로 이 교통수단을 ID=1은 선택하였음을 알 수 있다.

---

ect041.htm을 참고하기 바란다.

[표 8.5] ID=1의 독립변수와 예측 확률

OBS	ID	MODE	CHOICE	TTME	COST	TIME	HINC	PSIZE	PRED
1	1	1	0	69	59	100	35	1	0.10822
2	1	2	0	34	31	372	35	1	0.15262
3	1	3	0	35	25	417	35	1	0.12671
4	1	4	1	0	10	180	35	1	0.61245

교통수단 선택확률을 계산하는 위 절차를 살펴보면 조건부 로지스틱 회귀분석이 매우 흥미로운 성질을 갖고 있음을 알 수 있다. 첫째, ID와 관계없이 독립변수가 같다면 선택확률값도 같다는 점이다. 이것은 선택확률을 계산할 때 동일한 회귀계수를 사용하기 때문이다. 둘째, 독립변수 값이 같게 변하면 확률값도 변함이 없다. 예를 들어 위 예제에서 TTME 값을 같게 4가지 교통수단 선택의 경우에 동일하게 1만큼 증가를 시켜도 확률값은 변함이 없다.

한편 전체적으로 어느 교통수단을 선택할 확률이 높은지도 분석할 수 있다. 종속변수는 선택 여부를 나타내는 변수(CHOICE), 독립변수는 교통수단을 나타내는 변수(MODE)로 한 조건부 로지스틱 모형을 추정하면 된다. 이를 위해서는 [표 8.6]의 코드를 실행하면 된다.

[표 8.6] 교통수단별 선택확률 계산을 위한 코드

```
PROC LOGISTIC DATA=TRAVEL;
    STRATA ID;
    CLASS MODE/PARAM=REF;
    MODEL CHOICE(EVENT="1")=MODE/NOINT EXPB;
    OUTPUT OUT=RESULT P=PRED;
RUN;
PROC PRINT DATA=RESULT(OBS=10);RUN;
```

[표 8.6]의 프로그램을 실행한 결과는 [표 8.7]과 같다. 이 분석에서 교통수단(MODE)은 MODE=4, 즉 차를 기준으로 가변수가 코딩되었다. 따라서 MODE=1을 선택할 오즈는 차를 선택할 오즈에 비해 1.7%(=100×(0.983−1)) 정도 작은 것으로 나타났다. 즉 차는 항공기보다 더 선호되고 있다.

[표 8.7] 교통수단별 선택 모형 결과

Analysis of Conditional Maximum Likelihood Estimates							
Parameter		DF	Estimate	Standard Error	Wald Chi-Square	Pr > ChiSq	Exp(Est)
MODE	1	1	-0.0171	0.1849	0.0085	0.9263	0.983
MODE	2	1	0.0656	0.1812	0.1311	0.7173	1.068
MODE	3	1	-0.6763	0.2242	9.0973	0.0026	0.508

[표 8.8]은 예측 확률을 구한 결과이다. 이 결과를 살펴보면 ID와 관계없이 항공기를 선택할 확률은 0.27619, 기차를 선택할 확률은 0.3, 버스를 선택할 확률은 0.14286, 그리고 차를 선택할 확률은 0.28095임을 알 수 있다. 이 확률은 모든 개인(ID)에 대해 동일함도 확인할 수 있다.

[표 8.8] 추정된 확률

OBS	ID	MODE	CHOICE	TTME	COST	TIME	HINC	PSIZE	_LEVEL_	PRED
1	1	1	0	69	59	100	35	1	1	0.27619
2	1	2	0	34	31	372	35	1	1	0.30000
3	1	3	0	35	25	417	35	1	1	0.14286
4	1	4	1	0	10	180	35	1	1	0.28095
5	2	1	0	64	58	68	30	2	1	0.27619
6	2	2	0	44	31	354	30	2	1	0.30000
7	2	3	0	53	25	399	30	2	1	0.14286
8	2	4	1	0	11	255	30	2	1	0.28095
9	3	1	0	69	115	125	40	1	1	0.27619
10	3	2	0	34	98	892	40	1	1	0.30000

한편 조건부 로지스틱 회귀분석은 다항 로지스틱 회귀분석의 일반화라고 볼 수 있다. 조건부 로지스틱 회귀분석을 이용해 다항 로지스틱 회귀분석을 수행하기 위해서는 교통수단 변수와 교통수단과 다른 독립변수의 상호작용항을 모형에 포함해 /*①*/ 프로그램을 이용하여 추정하면 된다. 이것은 독립변수의 회귀계수가 범주별로 달라지기 때문이다.

독립변수로 사용된 MODE 변수의 회귀계수는 다항 로지스틱 회귀분석의 종속변수 범주별 절편에 해당한다. 그리고 MODE 변수와 다른 독립변수의 상호작용항은 각 범주별 회귀계수를 추정하게 해준다. 비교를 위해 다항 로지스틱 회귀분석을 수행하면 CATMOD 프로시저를 이용하여 /*②*/와 같은 프로그램을 수행하면 된다. 이때 /*③*/에서 DIRECT 명령문은 지정된 독립변수가 질적 변수가 아니라 양적 변수임을 선언해준다.

[표 8.9] 조건부 로지스틱 회귀분석과 다항 로지스틱 회귀분석

```
PROC LOGISTIC DATA=TRAVEL;/*①*/
   STRATA ID;
   CLASS MODE/PARAM=REF;
   MODEL CHOICE(EVENT="1")=MODE MODE*HINC MODE*PSIZE/NOINT;
RUN;

PROC CATMOD DATA=TRAVEL;/*②*/
   WHERE CHOICE=1;
   DIRECT HINC PSIZE; /*③*/
   MODEL MODE=HINC PSIZE;
RUN;
```

[표 8.10]은 다항 로지스틱 회귀분석 결과이다. MODE의 회귀계수는 범주별로 3개가 존재하고 있음을 알 수 있다. 또한, 범주별로 독립변수의 회귀계수도 제공되고 있다. 각 MODE를 선택할 확률의 추정식은 아래와 같다.

$$log(\text{mode}=1/\text{mode}=4)=0.9435+0.00354\times hinc-0.6006\times psize$$
$$log(\text{mode}=2/\text{mode}=4)=2.4983-0.0573\times hinc-0.3098\times psize$$
$$log(\text{mode}=3/\text{mode}=4)=1.9780-0.0303\times hinc-0.9404\times psize$$

[표 8.10] 조건부 로지스틱 회귀모형을 이용한 다항 회귀분석

Analysis of Conditional Maximum Likelihood Estimates						
Parameter		DF	Estimate	Standard Error	Wald Chi-Square	Pr > ChiSq
MODE	1	1	0.9435	0.5498	2.9444	0.0862
MODE	2	1	2.4938	0.5357	21.6702	<.0001
MODE	3	1	1.9780	0.6717	8.6710	0.0032
HINC×MODE	1	1	0.00354	0.0103	0.1183	0.7309
HINC×MODE	2	1	−0.0573	0.0118	23.4211	<.0001
HINC×MODE	3	1	−0.0303	0.0132	5.2597	0.0218
PSIZE×MODE	1	1	−0.6006	0.1992	9.0892	0.0026
PSIZE×MODE	2	1	−0.3098	0.1956	2.5098	0.1131
PSIZE×MODE	3	1	−0.9404	0.3245	8.4011	0.0038

다항 로지스틱 회귀분석을 CATMOD 프로시저를 이용한 코드 /*②*/의 출력은 [표 8.11]과 같다. 위의 조건부 로지스틱 회귀분석 모형을 이용한 것과 동일한 결과임을 확인할 수 있다.

[표 8.11] 다항 로지스틱 회귀모형을 이용한 분석결과

Analysis of Maximum Likelihood Estimates					
Parameter	Function Number	Estimate	Standard Error	Chi-Square	Pr > ChiSq
INTERCEPT	1	0.9435	0.5498	2.94	0.0862
	2	2.4938	0.5357	21.67	<.0001
	3	1.9780	0.6717	8.67	0.0032
HINC	1	0.00354	0.0103	0.12	0.7309
	2	-0.0573	0.0118	23.42	<.0001
	3	-0.0303	0.0132	5.26	0.0218
PSIZE	1	-0.6006	0.1992	9.09	0.0026
	2	-0.3098	0.1956	2.51	0.1131
	3	-0.9404	0.3245	8.40	0.0037

2 순위 로지스틱 모형

조건부 로지스틱 회귀모형을 사용한 분석에서 특히 유용한 것은 순서형 자료(ranked data)를 분석하기 위한 순위 로짓모형(exploded logit model)이다.[5] 예를 설문조사에서 10개 정책에 대해 선호도를 1부터 10까지 정하라고 한다면 이 순위 결정에 영향을 주는 독립변수가 무엇인지를 판단할 때 순위 로지스틱 모형을 사용할 수 있다.

순위가 있는 종속변수의 경우 단순하게 조건부 확률의 관점을 적용할 수 있다. 즉 순위를 j로 선택할 확률은 조건부 로지스틱 회귀모형을 이용하여 다음과 같이 구할 수 있다.

$$\Pr(Y_{ij}=1)=\pi_{ij}=\frac{\exp(\beta_1 X_{ij})}{\exp(\beta_1 X_{i1})+\exp(\beta_1 X_{i2})+\ldots+\exp(\beta_1 X_{i10})}$$

Allison(2001:175-176) 사료를 살펴보자. 147개의 살인 사건에 대해 50명의 판사가 사

5 Allison, P. D. and Christakis, N. A.(1994), "Logit Models for Sets of Ranked Items," *Sociological Methodology,* 24, pp. 199~228.

건을 평가한다. 사건별로 네 명에서 여섯 명의 판사에 의해 평가를 받았다. 각 판사는 14개에서 15개의 사건의 경중을 평가하는데 1은 가장 심각한 사건, 14(혹은 15)는 가장 경미한 사건이다.

[표 8.12] 판결 자료 변수와 내용

변수	내용
RANK	과실 경중(1: 가장 심각, 14: 가장 경미)
BLACKD	가변수: 피고가 흑인=1
WHITVIC	가변수: 피고가 백인=1
DEATH	가변수: 피고가 사형선고=1
CULP	사형판결 모형을 이용한 사형 예측 확률

[표 8.13]은 원자료 중 20개의 관찰점만을 출력한 결과이다. 예를 들면 11번 판사의 경우 15개 사건을 심각성의 정도에 따라 1부터 15까지의 순위를 제공하고 있다. 12번 판사는 199번 사건(CASE)에 대해 심각성을 1로 판단하였지만 11번 판사는 10으로 판단하고 있음을 알 수 있다.

[표 8.13] JUDGERNK 데이터(20개 관찰점 예시)

JUDGID	RANK	BLACKD	WHITVIC	DEATH	CULP	CASE
11	1	1	1	0	3	4163
11	2	0	1	1	3	2172
11	3	1	1	0	1	1880
11	4	1	0	1	5	2015
11	5	0	0	0	1	1060
11	6	1	1	0	1	2375
11	7	1	0	1	2	1720
11	8	1	0	1	5	1598
11	9	1	0	1	2	197
11	10	0	1	1	5	119
11	11	1	0	0	1	3035
11	12	1	0	0	2	4142
11	13	0	0	0	1	4128
11	14	1	0	0	1	1791
11	15	1	0	0	1	463
12	1	0	1	1	5	119

JUDGID	RANK	BLACKD	WHITVIC	DEATH	CULP	CASE
12	2	1	0	0	2	4142
12	3	1	0	1	5	1598
12	4	0	0	0	1	1060
12	5	1	0	1	2	1720

먼저 연구자가 가장 심각한 사건이라고 판사가 순위를 부여할 확률에 관심을 두고 있다고 가정해보자. 그렇다면 이것은 RANK=1을 선택할 확률에 대한 조건부 로지스틱 회귀모형의 문제로 단순화할 수 있다. [표 8.14]는 판사가 가장 심각한 사건이라고 순위를 부여할 확률을 구하기 위한 SAS 코드이다. 원래 자료는 선택 변수가 포함되어 있지 않기 때문에 첫 번째 데이터 스텝에서는 NEW라는 새로운 자료를 만들었다. 이때 /*①*/ 코드는 RANK=1 선택 여부를 나타내는 변수를 만들기 위한 조건문을 간결하게 표현한 것이다.[6] 이 결과에 따라 RANK=1인 경우에 CHOSEN 변수는 1, 그렇지 않으면 0의 값을 갖는다. 마찬가지로 RANK=1인 경우에 CHOSEN2는 1, 그렇지 않으면 2의 값을 갖는다. /*②*/의 PROC LOGISTIC 프로시저에서는 STRATA에 JUDGID를 사용하여 조건부 로지스틱 회귀모형을 분석하였다.

/*③*/에서 CHOSEN 변수에 대한 로짓이 EVENT=1인 경우를 가정하고 있다. 즉 가장 심각한 사건으로 판단할 확률 대비 그렇지 않은 확률의 오즈 모형을 추정하도록 하는 것이다.

[표 8.14] 조건부 로지스틱 모형을 이용한 가장 심각한 사건 판단 확률 추정 모형

```
DATA NEW;
    SET JUDGERNK;
    CHOSEN=(RANK=1);
    CHOSEN2=(RANK=1)+2*(RANK>1);/*①*/
RUN;
PROC LOGISTIC DATA=NEW;/*②*/
    STRATA JUDGID/NOSUMMARY;
```

6 즉 (RANK=1)이라는 표현은 만일 RANK=1이면 참값을 나타내는 1의 값을 출력하라는 것이다. 따라서 (RANK=1)+2×(RANK>1)은 다음과 같은 조건문을 간단히 나타낸 것이다.
IF RANK=1 THEN CHOSEN2=1;ELSE CHOSEN2=0;

```
    MODEL CHOSEN(EVENT="1")=BLACKD WHITVIC DEATH CULP/EXPB;/*③*/
    OUTPUT OUT=RESULT P=PRED;
RUN;
PROC PRINT DATA=RESULT(OBS=20);
RUN;
```

[표 8.15]는 모형의 추정 결과를 제시하고 있다. 모형 추정 결과를 보면 CULP 변수만 통계적으로 유의미한 것으로 나타나고 있다. 즉 CULP가 한 단위 더 증가할 때 가장 심각한 사건(RANK=1)으로 판단할 오즈를 1.774배 더 증가시킨다고 해석할 수 있다.

[표 8.15] RANK=1을 선택한 조건부 로지스틱 모형 추정 결과

Analysis of Conditional Maximum Likelihood Estimates						
Parameter	DF	Estimate	Standard Error	Wald Chi-Square	Pr > ChiSq	Exp(Est)
BLACKD	1	0.2041	0.4021	0.2576	0.6118	1.226
WHITVIC	1	0.3425	0.4137	0.6856	0.4077	1.408
DEATH	1	−0.6392	0.4723	1.8319	0.1759	0.528
CULP	1	0.5733	0.1373	17.4227	<.0001	1.774

위 자료를 이용하여 판사가 RANK=1을 선택할 확률을 구할 수 있다. 자료의 첫 번째 관찰점은 JUDGID=11인 판사가 CASE=4163인 경우에 대해 판결한 경우이다. RANK=1로 선택할 확률을 계산하기 위해 15개의 CASE에 대해서 $\exp(\boldsymbol{\beta X})$ 값을 구하면 다음과 같다.

CASE 4163: $\exp(0.2041\times1+0.3425\times1-0.6392\times0+0.5733\times3)=9.645582$

CASE 2172: $\exp(0.2041\times0+0.3425\times1-0.6392\times1+0.5733\times3)=4.15038$

$\cdots$

CASE 1791: $\exp(0.2041\times1+0.3425\times0-0.6392\times0+0.5733\times1)=2.175808$

CASE 463: $\exp(0.2041\times1+0.3425\times0-0.6392\times0+0.5733\times1)=2.175808$

이것을 이용하여 RANK=1을 선택하는 사건을 U_1이라고 하면 CASE=4163의 경우 RANK=1일 확률은 0.130792가 된다.

$$\Pr(U_1 > U_j | j=1,\ldots,J, j \neq 1) = \pi_{i1} = \frac{\exp(\boldsymbol{\beta_1 X_{i1}})}{\exp(\boldsymbol{\beta_1 X_{i1}}) + \ldots + \exp(\boldsymbol{\beta_1 X_{i5}})}$$

$$= \frac{9.645582}{9.645582 + \ldots + 2.175808} = 0.130792$$

유사하게 각 CASE별로 RANK=1일 확률을 구하면 위 프로그램의 OUT=RESULT에 저장된 자료를 이용하여 얻은 [표 8.16]과 같은 결과를 얻을 수 있다. 결과에서 확인할 수 있듯이 판사가 실제 RANK=1로 예측한 CASE에 대한 예측 확률이 다른 CASE보다 더 큼을 알 수 있다.[7]

[표 8.16] RANK=1일 확률 예측 결과

JUDGID	RANK	BLACKD	WHITVIC	DEATH	CULP	CASE	CHOSEN	PRED
11	1	1	1	0	3	4163	1	0.13080
11	2	0	1	1	3	2172	0	0.05628
11	3	1	1	0	1	1880	0	0.04156
11	4	1	0	1	5	2015	0	0.15423
11	5	0	0	0	1	1060	0	0.02406
11	6	1	1	0	1	2375	0	0.04156
11	7	1	0	1	2	1720	0	0.02762
11	8	1	0	1	5	1598	0	0.15423
11	9	1	0	1	2	197	0	0.02762
11	10	0	1	1	5	119	0	0.17713
11	11	1	0	0	1	3035	0	0.02951
11	12	1	0	0	2	4142	0	0.05235
11	13	0	0	0	1	4128	0	0.02406
11	14	1	0	0	1	1791	0	0.02951
11	15	1	0	0	1	463	0	0.02951
12	1	0	1	1	5	119	1	0.17713
12	2	1	0	0	2	4142	0	0.05235
12	3	1	0	1	5	1598	0	0.15423
12	4	0	0	0	1	1060	0	0.02406
12	5	1	0	1	2	1720	0	0.02762

7 만일 관찰점별로 RANK=2일 확률을 구하기 위해서는 CHOSEN=(RANK=2);를 이용하여 새로운 변수를 만든 후 이를 이용하여 조건부 로지스틱 회귀분석을 수행하면 된다.

하지만, 분석에서는 RANK의 순서가 고려되지 않고 있다. 만일 선택 문제에서 선택확률을 효용이라고 생각한다면 첫 번째 선택 > 두 번째 선택 > 세 번째 선택 등의 효용 순서를 갖고 있다고 가정해보자. 즉, i번째 판사의 j번째 순위의 효용을 U_{ij}라고 한다면 다음과 같은 확률을 가정할 수 있다.

$$\Pr(U_{i1} > U_{i2} > \ldots > U_{i15})$$

이 가정 하에서 선택확률을 구하기 위해 사용되는 모형을 순위-서열 로지스틱 모형(rank-ordered logistic model) 혹은 팽창형 로지스틱 모델(exploded logistic model)이라고 부른다. 이 모형을 이용하여 RANK=1이 다른 것보다 더 우선 선택할 확률은 다음과 같이 구할 수 있다.

$$\Pr[U_{i1} > \max\{U_{ij} : j > 1\}] = \frac{\exp(\boldsymbol{\beta X_{i1}})}{\sum_{j \geq 1} \exp(\boldsymbol{\beta X_{ij}})}$$

예를 들어 15개의 선택 중 첫 번째 대안을 선택할 경우의 확률은 다음과 같이 계산할 수 있다.

$$\Pr[Y_{ij} = 1] = \frac{\exp(\boldsymbol{\beta X_{i1}})}{\exp(\boldsymbol{\beta X_{i1}}) + \exp(\boldsymbol{\beta X_{i2}}) + \ldots + \exp(\boldsymbol{\beta X_{i15}})}$$

이 첫 번째 대안을 이제 선택지에서 제거한 후에 나머지 14개의 대안 중에서 가장 좋은 대안을 선택할 확률을 위와 같은 방법으로 계산한다. 이를 반복하여 마지막 두 개의 대안이 남았을 때까지 반복하여 계산하면 된다.

팽창형 로지스틱 회귀분석은 [표 8.17]과 같이 PROC PHREG 프로시저를 이용하여 수행할 수 있다.[8] 순위를 정할 때 동점을 주지 않을 때는 /*①*/에서 TIES=DISCRETE 옵션을 사용하지 않으면 된다.

8 팽창형 로지스틱 회귀분석의 추정방식은 stratified Cox regression 분석과 유사하다(Allison, 2001:176).

[표 8.17] 순위 로짓 회귀분석을 위한 코드

```
PROC PHREG DATA=JUDGERNK NOSUMMARY;
   STRATA JUDGID;
   MODEL RANK=BLACKD WHITVIC DEATH CULP/TIES=DISCRETE;/*①*/
   OUTPUT OUT=RESULT XBETA=XBETA SURVIVAL=SURVIVAL
   LOGSURV=LOGSURV/METHOD=CH;
RUN;
PROC PRINT DATA=RESULT(OBS=20) NOOBS;
RUN;
```

분석을 통해 얻은 추정 결과는 [표 8.18]과 같다. 여기서 얻은 BLACKD의 회귀계수를 해석하면 어떤 선택 관찰점에서도 사형 판결을 받은 경우는 그렇지 않았을 때에 비해 오즈가 12.7% 정도 높다고 해석할 수 있다.

[표 8.18] 순위 로짓 회귀분석 결과

Analysis of Maximum Likelihood Estimates						
Parameter	DF	Parameter Estimate	Standard Error	Chi-Square	Pr > ChiSq	Hazard Ratio
BLACKD	1	0.11951	0.09713	1.5140	0.2185	1.127
WHITVIC	1	0.23698	0.10458	5.1346	0.0235	1.267
DEATH	1	−0.18181	0.13766	1.7443	0.1866	0.834
CULP	1	0.25858	0.04233	37.3245	<.0001	1.295

이 표를 이용하여 CASE=4163이 가장 심각한, 즉 RANK=1이 될 확률을 계산은 다음과 같은 절차를 통해 얻을 수 있다.

첫째, $\boldsymbol{\beta X}$값을 구한다. 위 [표 8.18]에서 얻어진 회귀계수 추정치와 독립변수를 곱해서 $\boldsymbol{\beta X}$값을 구하는 것이다. 이 값은 [표 8.17]의 OUTPUT 명령문에서 XBETA 키워드를 이용하면 쉽게 얻을 수 있다.

둘째, 각 판사, 즉 i별로 $\exp(\boldsymbol{\beta X_{i1}})$값을 계산한 후, 이를 j개의 순위를 합하여 $\sum_{j \geq 1} \exp(\boldsymbol{\beta X_{ij}})$값을 계산한다.

셋째, $\Pr[U_{i1} > \max\{U_{ij} : j > 1\}] = \dfrac{\exp(\boldsymbol{\beta X_{i1}})}{\sum_{j \geq 1} \exp(\boldsymbol{\beta X_{ij}})}$ 을 계산한다.[9] 이를 계산하면 0.0976(=3.1026/31.8052)이 된다. 이 확률은 각 관찰점이 RANK=1이 될 확률이다.

넷째, $\Pr[U_{i1} > U_{i2} > \max\{U_{ij} : j > 2\}] = \left[\dfrac{\exp(\boldsymbol{\beta X_{i1}})}{\sum_{j \geq 1} \exp(\boldsymbol{\beta X_{ij}})}\right]\left[\dfrac{\exp(\boldsymbol{\beta X_{i2}})}{\sum_{j \geq 2} \exp(\boldsymbol{\beta X_{ij}})}\right]$ 을 계산한다. 이 확률을 계산하면 0.0078이 된다.

$$\Pr[U_{i1} > U_{i2} > \max\{U_{ij} : j > 2\}] = \left[\frac{3.1026}{31.8052}\right]\left[\frac{2.2954}{28.7026}\right] = 0.0078$$

하지만 PHREG 프로시저에서 OUTPUT 명령문에서는 이 확률값을 제시해주지 못하는 한계가 있다. 다만 $\boldsymbol{\beta X_i}$값은 OUTPUT 명령문의 XBETA 키워드를 이용하여 계산할 수 있다.

한편, 순위를 j보다 큰 값을 선택할 확률, 즉 $\Pr[RANK > j]$는 생존분석에서 생존확률과 유사하다. 이 값은 OUTPUT 명령문에서 SURVIVAL이라는 키워드를 이용하여 값을 저장할 수 있다. 예를 들어 JUDGID=11인 판사의 경우 $\Pr[RANK > 2]$는 0.85886임을 알 수 있다.

[표 8.19] 출력된 예측 결과들

JUDGID	RANK	BLACKD	WHITVIC	DEATH	CULP	CASE	XBETA	SURVIVAL	LOGSURV
11	1	1	1	0	3	4163	1.13224	0.90706	−0.09755
11	2	0	1	1	3	2172	0.83093	0.85886	−0.15215
11	3	1	1	0	1	1880	0.61508	0.82477	−0.19266
11	4	1	0	1	5	2015	1.23062	0.60900	−0.49594
11	5	0	0	0	1	1060	0.25858	0.77966	−0.24890
11	6	1	1	0	1	2375	0.61508	0.63843	−0.44875
11	7	1	0	1	2	1720	0.45487	0.62505	−0.46993
11	8	1	0	1	5	1598	1.23062	0.29248	−1.22936

9 이 값은 생존분석(survival analysis)의 논리를 이용해서 유추하면 주어진 시점 이상을 생존할 확률과 유사하다. 사실 조건부 로지스틱 회귀모형을 분석하는 프로시저로 PROC PHREG도 널리 사용하는데 이 프로시저는 생존분석을 위해 주로 사용된다.

JUDGID	RANK	BLACKD	WHITVIC	DEATH	CULP	CASE	XBETA	SURVIVAL	LOGSURV
11	9	1	0	1	2	197	0.45487	0.50295	−0.68727
11	10	0	1	1	5	119	1.34809	0.13315	−2.01630
11	11	1	0	0	1	3035	0.37809	0.38393	−0.95731
11	12	1	0	0	2	4142	0.63668	0.21236	−1.54945
11	13	0	0	0	1	4128	0.25858	0.25437	−1.36896
11	14	1	0	0	1	1791	0.37809	0.12967	−2.04274
11	15	1	0	0	1	463	0.37809	0.04770	−3.04274
12	1	0	1	1	5	119	1.34809	0.88599	−0.12105
12	2	1	0	0	2	4142	0.63668	0.88069	−0.12705
12	3	1	0	1	5	1598	1.23062	0.69668	−0.36143
12	4	0	0	0	1	1060	0.25858	0.82371	−0.19393
12	5	1	0	1	2	1720	0.45487	0.73358	−0.30982

위와 같은 순위 로짓 분석은 일부만을 선택하는 설문지 분석에도 응용할 수 있다. 만일 10개의 선택지 중에 가장 우수한 3개를 선택하도록 하는 설문이 있다면 선택된 것들을 순서대로 1, 2, 3으로 코딩을 하고 선택되지 않은 것은 4로 코딩을 하여 분석하면 된다.

3 정확 로지스틱 회귀분석

정확 로지스틱 회귀분석(exact logistic regression)은 층뿐만 아니라 독립변수 중에서도 관심이 없는 모수가 있는 경우까지도 주어진 조건으로 가정하여 다른 모수를 추정한다. 정확 로지스틱 회귀분석은 그 분석이 정확하다는 것을 의미하는 것은 아니다. 이것은 어디까지나 조건부 로지스틱 회귀분석의 일종으로 일반적인 최우추정법에서 모수에 대한 제약조건 없이 추정되지만, 정확 로지스틱 회귀분석은 제약조건을 부여한 후에 모수를 추정할 뿐이다. 따라서 Derr(2009)이 지적하듯이 이 방법이 정확하다기보다는 회귀계수의 통계적 유의미성을 판단하는 또 다른 방법이라고 이해하는 것이 바람직할 수 있다.

정확 로지스틱 회귀분석은 Cox(1970)[10]에 의해 제시되었으며 Hirji *et al.*(1987)[11]에 의해 연산상의 문제를 해결하는 알고리즘이 제시되면서 널리 사용되기 시작하였다. 이

10 Cox, D. R.(1970), *The Analysis of Binary Data*, New York: Chapman & Hall.

11 Hirji, K. F., Mehta, C. R. and Patel, N. R.(1987), "Computing Distributions for Exact Logistic Regression," *Journal of the American Statistical Association*, 82, pp. 1110~1117.

방법은 관심 없는 모수(nuisance parameters)가 주어졌을 때 관심 있는 모수(parameters of interests)의 충분 통계량(sufficient statistic)을 위한 조건부 분포를 만드는 것에 기초하고 있다.[12] 여기서 관심 있는 모수의 충분 통계량 T_1와 관심 없는 모수에 대한 충분 통계량 T_0을 정의해야 한다.

만일 $p+q$개의 독립변수가 있고 처음 p개가 관심 없는 모수에 대한 독립 변수이고 나머지 q개가 관심 있는 충분 통계량이라면 이 충분 통계량은 각각 종속변수와 독립변수의 곱으로 정의된다.

$$T_j = \sum_{i=1}^{n} y_i x_{ij}$$

만일 [표 8.20]과 같이 자료가 있고 X_0는 관심 없는 모수에 대한 변수, X_1은 관심 있는 모수에 대한 변수라고 하면 관심 없는 모수에 대한 변수의 충분 통계량 T_0는 종속변수의 행 벡터와 관심 없는 모수에 대한 변수의 값의 행 벡터의 전치행렬의 곱, 즉 YX'_0의 값으로 정의되기 때문에 그 값은 $t_0=2$가 된다. 마찬가지로 t_1은 YX'_1으로 1이 된다.

[표 8.20] 자료의 예시

ID	Y	X_0	X_1
1	0	1	1
2	1	1	1
3	0	1	2
4	1	1	0

이처럼 관심 없는 모수와 관심 있는 모수에 대한 충분 통계량, 즉 T_0, T_1값을 구하게 되면 이것을 이용하여 정확 조건부 로지스틱 우도함수는 다음과 같이 정의할 수 있다.

$$\Pr(T_1 = t_1 | T_0 = t_0)$$

이제 위 자료처럼 $t_0=2$로 주어졌을 때 $\Pr(T_1 = t | T_0 = t_0)$의 확률분포를 구해야 하는데 이 확률분포를 구하기 위해서 Y가 가질 수 있는 모든 가능한 조합[13]을 이용해서

12 Mehta, C. R. and Patel, N. R.(1995), "Exact Logistic Regression: Theory and Examples," *Statistics in Medicine*, 14, pp. 2143~2160.

13 4개의 관찰점이 있고 종속변수 Y가 가질 수 있는 범주는 두 개이므로 4개 관찰점에 대해 $2^4=16$개의 종속변수의 조합이 가능하다.

다음과 같이 구할 수 있다.

[표 8.21] 종속변수 조합과 충분통계량 값들

	y_1	y_2	y_3	y_4	t_0	t_1
1	0	0	0	0	0	0
2	0	0	0	1	1	0
3	0	0	1	0	1	2
4	0	0	1	1	2	2
5	0	1	0	0	1	1
6	0	1	0	1	2	1
7	0	1	1	0	2	3
8	0	1	1	1	3	3
9	1	0	0	0	1	1
10	1	0	0	1	2	1
11	1	0	1	0	2	3
12	1	0	1	1	3	3
13	1	1	0	0	2	2
14	1	1	0	1	3	2
15	1	1	1	0	3	4
16	1	1	1	1	4	4

이 값을 구하면 $C(T_0 = t_0,\ T_1 = t_1)$을 구할 수 있다. 이때 C 함수는 $T_0 = t_0,\ T_1 = t_1$를 만족하는 개수의 함수를 나타낸다. 만일 $t_0 = 2,\ t_1 = 3$이라고 한다면 $C(T_0 = 2,\ T_1 = 3)$는 2가 된다. 이를 이용하면 일반화된 조건부 우도함수는 다음과 같이 정의된다.[14]

$$\Pr(T_1 = t_1 | T_0 = t_0) = \frac{C(T_0 = t_0,\ T_1 = t_1)\exp(t_1\beta)}{\sum_u C(T = t_o,\ T_1 = u)\exp(u'\beta)}$$

결국, 정확 조건부 로지스틱 회귀분석은 이 조건부 우도함수를 최대화하는 β값을 추정하는 문제로 축소할 수 있다.

정확 조건부 로지스틱 회귀분석은 관찰점이 많아질수록 종속변수의 조합이 기하급수적으로 늘어나기 때문에 충분 통계량을 구하는 연산량이 매우 많아지는 문제가 있었으나 다양한 알고리즘의 개발로 어렵지 않게 이를 구할 수 있게 되었다.

정확 조건부 로지스틱 회귀분석의 유용성을 살펴보기 위해 [표 8.22]와 같이 특정 독립변수 조합에 자료가 몰려 있는 경우를 살펴보도록 하자.[15]

---

14 여기서 각 관심 있는 모수와 관심 없는 모수들이 여러 개가 있는 경우 아래 식의 변수들을 벡터로 이해하면 되고 이를 이용해 전체 자료에 대한 우도함수를 구할 수 있다. 이는 Derr, R. E.(2009), "Performing Exact Logistic Regression with the SAS System-revised 2009."를 참고하기 바란다.

15 이 예제는 Derr(2009)를 참고하였다.

[표 8.22] 완전 분리 문제가 존재하는 자료

A	B	RESPONSE	COUNT
0	0	1	1
0	1	0	2
1	0	1	8
1	1	1	21

이 자료를 일반적인 로지스틱 회귀분석을 이용해서 분석하게 되면 완전 분리의 문제가 발생한다는 경고문과 함께 다음과 같은 모형적합도 결과가 출력된다. [표 8.24]의 결과를 살펴보면 왈드 검정 통계량을 이용한 모형적합도는 p-value값이 매우 커서 모형이 적합하지 않은 것으로 나타나지만 우도비나 스코어 값을 이용한 경우에는 모형적합도가 큰 것으로 나타나고 있다. 따라서 근사 분포를 가정하는 왈드 검정 통계량에 문제가 있음을 알 수 있다.

[표 8.23] 완전 분리 문제를 고려하지 않은 모형

```
DATA SEPARATE;
   INPUT A B RESPONSE COUNT @@;
   DATALINES;
   0 0 1 1 0 1 0 2 1 0 1 8 1 1 1 21
   ;
PROC PRINT NOOBS;RUN;

PROC LOGISTIC DATA=SEPARATE;
   FREQ COUNT;
   MODEL RESPONSE=A B;
RUN;
```

[표 8.24] 완전 분리 문제가 존재하는 경우 모형적합도 결과

Testing Global Null Hypothesis: BETA=0			
Test	Chi-Square	DF	Pr > ChiSq
Likelihood Ratio	14.9603	2	0.0006
Score	21.7964	2	<.0001
Wald	0.0783	2	0.9616

또한, [표 8.25]의 회귀계수 추정 결과를 보면 A와 B 모두 통계적으로 유의미하지 않은 것으로 나타난다. 또한, 추정량의 표준오차도 매우 큼을 알 수 있다.

[표 8.25] 일반적인 로지스틱 회귀분석의 회귀계수 추정결과

Analysis of Maximum Likelihood Estimates					
Parameter	DF	Estimate	Standard Error	Wald Chi-Square	Pr > ChiSq
Intercept	1	−7.9210	52.5034	0.0228	0.8801
A	1	−19.3623	71.5522	0.0732	0.7867
B	1	16.6933	77.3567	0.0466	0.8291

하지만 정확 조건부 로지스틱 회귀분석을 이용해서 모수를 추정하면 독립변수 A는 통계적으로 유의미하지만, 독립변수 B는 통계적으로 유의미하지 않음을 알 수 있다.

[표 8.26] 정확 조건부 로지스틱 회귀분석 코드

```
PROC LOGISTIC DATA=SEPARATE;
    FREQ COUNT;
    MODEL RESPONSE=A B;
    EXACT A B / JOINT ESTIMATE OUTDIST=DIST;
RUN;
```

[표 8.27] 정확 조건부 로지스틱 모수 추정 결과

Exact Parameter Estimates						
Parameter	Estimate		Standard Error	95% Confidence Limits		Two-sided p-value
A	−3.8398	*	.	−Infinity	−1.5280	0.0079
B	0.6931	*	.	−2.2513	Infinity	0.6667

한편 [표 8.28]과 같이 충분통계량 출력값도 구할 수 있다. 여기서 변수 A의 충분통계량은 0, B이 충분통계량은 2가 됨을 알 수 있다.

[표 8.28] 충분통계량 출력값

Sufficient Statistics	
Parameter	Value
Intercept	2
A	0
B	2

한편 위 충분통계량을 이용하면 조건이 되는 관심 없는 모수에 대한 값을 구할 수 있다. 예를 들어 A의 회귀계수가 관심 있는 변수이고 B와 절편이 관심 없는 모수라고 해보자. 그렇다면 A의 충분통계량 값이 0이고 관심 없는 변수의 모수 값은 충분통계량의 값이 없으므로 OBS=9인 값을 읽으며 Score 검정 통계량의 값과 확률 검정 통계량의 값[16]을 얻을 수 있다. 만일 A와 B가 모두 관심 있는 변수라면 각각 충분통계량 값이 0과 2의 값을 갖는 OBS=2인 값을 읽으면 된다. Count 칼럼은 C 함수에 해당하는 것으로 주어진 조합의 개수를 이야기한다.

[표 8.29] 조합 분포의 결과

OBS	A	B	Count	Score	Prob
1	0	1	2	20.2622	0.00403
2	0	2	1	21.1153	0.00202
3	1	0	8	8.9654	0.01613
4	1	1	37	4.4055	0.07460
5	1	2	42	4.9644	0.08468
6	2	0	28	5.5822	0.05645
7	2	1	168	0.7281	0.33871
8	2	2	210	0.9929	0.42339
9	0	.	1	22.0000	0.00395
10	1	.	42	4.5023	0.16601
11	2	.	210	0.1995	0.83004
12	.	1	2	0.5000	0.66667
13	.	2	1	2.0000	0.33333

그리고 이러한 결과는 [표 8.29]의 Score 검정과 확률 검정의 결과와 일치함을 알 수 있다. 여기서 JOINT 효과는 EXACT에서 지정하였던 A와 B 변수의 회귀계수가 모두 0이

16 Score test와 Probability test의 검정 통계량은 SAS/STAT 매뉴얼을 참고하기 바란다.

라는 귀무가설을 검정하기 위한 것이다.[17]

[표 8.30] 정확 조건 검정 결과

Exact Conditional Tests				
Effect	Test	Statistic	p-value	
			Exact	Mid
Joint	Score	21.1153	0.0020	0.0010
	Probability	0.00202	0.0020	0.0010
A	Score	22.0000	0.0040	0.0020
	Probability	0.00395	0.0040	0.0020
B	Score	2.0000	0.3333	0.1667
	Probability	0.3333	0.3333	0.1667

정확 조건부 로지스틱 회귀분석이 유용한 또 하나의 경우는 자료가 여러 층을 가지고 있는 경우이다. Derr(2009)는 3개의 병원에서 수집된 자료를 보여주고 있는데 이 경우 병원별 절편값을 포함한 로지스틱 회귀모형은 다음과 같이 나타낼 수 있다.

$$\ln\left(\frac{\pi_{hi}}{1-\pi_{hi}}\right) = \beta_h + \beta_1 X_{1hi} + \beta_2 X_{2hi}$$

(단, 하첨자 h는 병원을 나타내는 변수, h_i는 h번째 병원의 i번째 관찰점, β_h는 관심이 없는 병원 수준의 모수)

만일 병원별 차이가 관심 있는 변수이어서 모형에 가변수로 포함을 시키면 아래와 같은 결과를 얻게 된다. 이 결과에서 X2 변수는 통계적으로 유의미하지 않은 것으로 나타나고 있다.

[표 8.31] 병원자료의 통상 로지스틱 회귀분석 코드

```
DATA STRATIFIED;
    INPUT STRATUM Y X1 X2 COUNT @@;
    DATALINES;
    1 0 1 1 1 2 0 1 2 3 3 0 1 0 2
```

17 MODEL 명령문에서 지정한 변수의 일부들만 EXACT 명령문에서 지정을 하면 나머지 지정되지 않은 변수는 조건 변수, 즉 관심이 없는 모수의 변수라는 것을 의미한다. 또한, JOINT 옵션은 EXACT 명령문에서 지정한 모든 변수들의 회귀계수가 0이라는 귀무가설을 검정하도록 해준다.

```
    1 0 2 1 1 2 0 2 2 3 3 0 2 1 1
    1 1 1 0 1 2 1 2 0 1 3 1 1 0 1
    1 1 2 0 1 2 1 3 1 2 3 1 2 2 2
    1 1 3 0 2          3 1 3 2 1
    ;
PROC LOGISTIC DATA=STRATIFIED DESCENDING;
    FREQ COUNT;
    CLASS STRATUM;
    MODEL Y= STRATUM X1 X2;
RUN;
```

[표 8.32] 병원을 가변수로 포함한 통상 로지스틱 회귀모형의 결과

Analysis of Maximum Likelihood Estimates						
Parameter		DF	Estimate	Standard Error	Wald Chi-Square	Pr > ChiSq
Intercept		1	−3.9473	2.1518	3.3652	0.0666
Stratum	1	1	0.2309	1.0168	0.0516	0.8203
Stratum	2	1	−0.9911	1.0601	0.8742	0.3498
X1		1	2.9734	1.3771	4.6621	0.0308
X2		1	−1.4517	0.8767	2.7418	0.0978

위에서와 달리 조건부 로지스틱 분석(conditional exact logistic regression) 혹은 조건부 층화 로지스틱 분석(conditional stratified logistic regression)을 수행하기 위해서 [표 8.33]의 SAS 코드를 사용할 수 있다. /*①*/은 조건부 로지스틱 분석에서 관심이 없는 모수(nuisance parameter)를 STRATA 명령문을 이용하여 지정하고 있다.

/*②*/의 EXACT 명령문에서는 정확검정을 수행하도록 하는 것으로 STRATA 명령문가 함께 사용하면 조건부 정확 로지스틱 검정을 수행할 수 있다. 한편 옵션으로 JOINT가 사용되고 있는데 이것은 모든 회귀계수가 동시에 0인지에 대한 가설을 검정할 수 있도록 해준다.

[표 8.34]에는 조건부 로지스틱 회귀분석의 결과를 제시하고 있다. X2의 회귀계수 값이 −1.1143으로 커졌고 왈드 통계치가 작아졌음을 확인할 수 있다. [표 8.34]에 절편 값이 추정되지 않음을 확인할 수 있다. 여기서 관심 없는 모수는 층에 해당하는 Stratum 변수이다.

[표 8.33] 조건부 정확 로지스틱 회귀분석 코드

```
PROC LOGISTIC DATA=STRATIFIED DESCENDING;
   FREQ COUNT;
   STRATA STRATUM;/*①*/
   MODEL Y= X1 X2;
   EXACT X1 X2 / JOINT ESTIMATE;/*②*/
RUN;
```

[표 8.34] 조건부 로지스틱 회귀분석의 결과

Analysis of Conditional Maximum Likelihood Estimates					
Parameter	DF	Estimate	Standard Error	Wald Chi-Square	Pr > ChiSq
X1	1	2.3247	1.1159	4.3404	0.0372
X2	1	−1.1143	0.7292	2.3353	0.1265

한편 조건부 정확 로지스틱 회귀분석을 수행한 결과는 [표 8.35]와 같다. X2의 회귀계수는 위에서보다 조금 더 커져서 −1.0097이 되고 있음을 알 수 있다.

[표 8.35] 조건부 정확 로지스틱 회귀분석의 결과

Exact Parameter Estimates					
Parameter	Estimate	Standard Error	95% Confidence Limits		Two-sided p-value
X1	1.9979	0.9282	0.3140	5.2012	0.0126
X2	−1.0097	0.6938	−2.9152	0.4142	0.1931

참고로 조건부 로지스틱 회귀분석을 PHREG 프로시저를 이용해서도 수행할 수 있다.[18] [표 8.34]의 결과는 [표 8.35]의 결과와 동일함을 알 수 있다.

---

18 이 경우 PHREG 프로시저의 MODEL 명령문에 TIES=DISCRETE 옵션을 주어야 이항 로지스틱 분석과 동일해진다.

[표 8.36] PROC PHREG 프로시저를 이용한 조건부 로지스틱 회귀분석

```
PROC PHREG DATA=STRATIFIED ;
   FREQ COUNT;
   STRATA STRATUM;
   MODEL Y=X1 X2/TIES=DISCRETE;
RUN;
```

[표 8.37] PHREG 프로시저를 이용한 조건부 로지스틱 회귀분석 결과

Analysis of Maximum Likelihood Estimates						
Parameter	DF	Parameter Estimate	Standard Error	Chi-Square	Pr > ChiSq	Hazard Ratio
X1	1	2.32474	1.11585	4.3404	0.0372	0.098
X2	1	−1.11430	0.72917	2.3353	0.1265	3.047

4 내포 로지스틱 모형

조건부 로지스틱 회귀모형을 의사결정의 이산선택모형(discrete choice model)에 적용할 때 무관한 대안으로부터의 독립(IIA)이라는 가정이 전제되어야 한다. 하지만 연속적인 선택을 해야 되는 문제의 경우에는 IIA 가정이 적용되지 않을 수 있다. 예를 들어 자동차를 선택할지 대중교통을 선택할지를 먼저 결정하고, 만약 자동차를 선택하면 혼자 차를 타고 갈지 혹은 카풀(car pool)을 할지, 대중교통을 선택하면 버스를 탈지 지하철을 탈지를 선택해야 한다고 가정해보자. 이러한 선택 문제는 [그림 8.2]와 같은 선택항목 간의 계층(hierarchy) 구조를 갖게 된다. McFadden(1978)은 가장 최종의 선택을 Level 1로 하고 상위로 갈수록 계층의 수가 올라간다고 규칙을 부여했기 때문에 자가용과 대중교통의 선택은 Level 2에 해당한다.

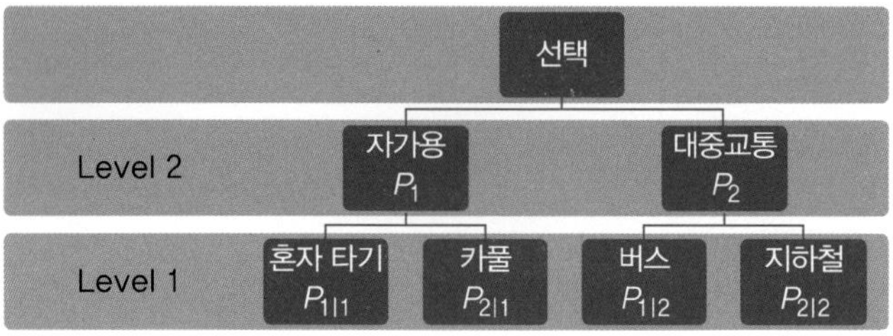

[그림 8.2] 선택항목 간의 계층

이렇게 연속적인 선택을 해야 하는 경우 동일 계층에서는 IIA 가정이 성립하지만 계층 간에서는 이 가정이 성립하지 않게 된다. 이러한 상황에서 사용될 수 있는 것이 내포 다항 로지스틱 회귀(nested multinomial logistic model, NMNL)모형이다. 이 모형은 McFadden (1978)에 의해 소개되었고[19] Maddala(1983), Train(2009), 이성우 외(2005) 등 여러 연구에서 그 활용 방법이 논의되었다. NMNL 모형은 선택의 문제로 이해할 수도 있고 효용이론의 관점에서 접근할 수도 있다. 주택이나 물건을 선택하는 경우 선택은 결국 자신의 효용함수를 극대화하는 것으로 이해할 수 있기 때문이다. 여기서는 Maddala(1983:67-70)에서 사용한 예제를 이용하여 NMNL 이론을 살펴보았다. 이 예제는 어떤 지역의 어떤 유형의 집을 선택할 것인지의 문제를 나타낸 것이다. 먼저 지역을 나타내는 하첨자를 i라고 하고 총 C개의 지역이 있다면 $i=1,\cdots,C$로 나타낼 수 있다. 그리고 집의 유형을 나타내는 하첨자를 j라고 하고 i 지역의 집의 유형은 $j=1,\cdots,N_i$로 나타내자. 이때 i 지역의 j 유형 집을 선택할 효용함수는 다음과 같이 가정할 수 있다.[20]

$$U_{ij} = V_{ij} + \epsilon_{ij}$$

(단, ϵ_{ij}는 iid 극단값 분포(extreme-value distribution)를 따르는 오차항)

위 식에서 오차항은 다음과 같은 CDF 값을 갖는다.

$$F(\epsilon_{ij} < \epsilon) = e^{-e^{-\epsilon}}$$

또한 오차항의 PDF는 다음과 같다.

---

19 McFadden, D.(1978), "Modelling the Choice of Residential Location," in A. Karlqvist, L. Lundqvist, F. Snickars, and J. Weibull, eds., *Spatial Interaction Theory and Planning Models*, Amsterdam: North-Holland.

20 이 효용함수에 대한 가정은 앞의 조건부 로지스틱 회귀분석의 효용함수 접근과 동일함을 알 수 있다.

$$f(\epsilon_{ij}) = e^{-\epsilon_{ij} - e^{-\epsilon_{ij}}}$$

이러한 효용함수를 이용하여 여러 대안에 대한 선택은 대안의 효용이 일정 수준을 넘어선 경우라고 할 수 있으므로 다음과 같이 나타낼 수 있다.

$$Y_{ij} = \begin{cases} 1\ , \text{if } U_{ij} \geq \max(u_i) \\ 0\ , o/w \end{cases}$$

그렇다면 i 지역의 j 유형 집을 선택할 확률 π_{ij}는 다음과 같이 나타낼 수 있다.[21]

$$\pi_{ij} = \frac{e^{V_{ij}}}{\sum_{m=1}^{C}\sum_{n=1}^{N_m} e^{V_{mn}}}$$

여기서 V_{ij}는 독립변수 벡터의 함수로 다음과 같이 나타낼 수 있다.

$$V_{ij} = \beta X_{ij} + \alpha Z_i$$

이때 X_{ij}는 지역과 주택유형에 따라 모두 변하는(across nest) 독립변수의 벡터를 나타내고 Z_i는 지역에 따라서만 다른 값을 갖는(within nest) 독립변수의 벡터이다. 그리고 α, β는 모두 회귀계수이다.

한편 i지역의 j 유형의 집을 선택할 확률 π_{ij}은 i 지역을 선택할 확률과 i 지역을 선택했을 때 j 유형의 집을 선택할 조건부 확률의 곱으로 나타낼 수 있다.

$$\pi_{ij} = \pi_{j|i}\pi_i$$

이때 조건부 확률 $\pi_{j|i}$와 π_i는 각각 다음과 같이 나타낼 수 있다.

$$\pi_{j|i} = \frac{e^{V_{ij}}}{\sum_{k=1}^{N_i} e^{V_{ik}}} = \frac{e^{\boldsymbol{\beta X_{ij}}}}{\sum_{k=1}^{N_i} e^{\boldsymbol{\beta X_{ik}}}}$$

$$\pi_i = \frac{\sum_{j=1}^{N_i} e^{V_{ij}}}{\sum_{m=1}^{C}\sum_{n=1}^{N_m} e^{V_{mn}}} = \frac{e^{\boldsymbol{\alpha Y_i}}\sum_{j=1}^{N_i} e^{\boldsymbol{\beta X_{ij}}}}{\sum_{m=1}^{C} e^{\boldsymbol{\alpha Y_i}}\sum_{n=1}^{N_m} e^{\boldsymbol{\beta X_{mn}}}}$$

---

21 이런 관계를 갖는 것은 효용함수의 오차항이 iid 극단값 분포(extreme-value distribution)을 따른다는 가정을 한 것이다. 이는 Maddala(1983:98)를 참고하기 바란다.

I를 다음과 같이 정의하면 위 식도 간단히 정리될 수 있다. 이때 I 함수는 Level 1에서 변하는 독립변수인 $\boldsymbol{X}$만으로 구성되어 있는데 이를 i 지역(nest)의 포용 값(inclusive value)이라고 부르며 i 지역 안에 있는 대안들을 선택할 때의 기대 효용의 크기로 이해할 수 있다.

$$\pi_{j|i} \equiv \frac{e^{\boldsymbol{\beta X_{ij}}}}{e^{I_i}}, \quad \pi_i = \frac{e^{\boldsymbol{\alpha Y_i} + I_i}}{\sum_{m=1}^{C} e^{\boldsymbol{\alpha Y_i} + I_m}}$$

$$(\text{단, } I_i = \log(\sum_{j=1}^{N_i} e^{\boldsymbol{\beta X_{ij}}}))$$

NMNL의 회귀계수를 추정하기 위한 우도함수는 최대정보우도(full information maximum likelihood, FIML) 방법을 사용하는데 이것은 계층별 확률의 합을 더해서 다음과 같이 나타낼 수 있다.[22]

$$L = \sum_{i=1}^{C} \sum_{j=1}^{N} d_{ij} [\ln(\pi_{j|i} + \pi_i)]$$

(단, 만일 i 지역의 j 집 유형을 선택하였으면 $d_{ij} = 1$, 그렇지 않으면 0)

이 모형은 계층이 두 개인 경우뿐만 아니라 여러 개인 경우로 확장할 수도 있으며 그 기본 논리는 2 계층인 경우와 유사하다.[23] 대안이 3개 이상인 경우에는 추정된 회귀계수가 양의 부호를 갖는다고 해서 반드시 사건 발생 확률의 증가를 의미하지 않는다는 점에 주의할 필요가 있다. 이것은 다항 로지스틱 회귀계수의 경우처럼 사건 확률을 독립변수에 대해 미분하게 되면 그 값이 회귀계수뿐만 아니라 다른 확률과 함수에도 영향을 받기 때문이다(Greene, 2003:726).

SAS에서는 NMNL 모형을 추정하기 위해서 PROC BCHOICE 혹은 PROC MDC 프로시저를 사용할 수 있다.[24] BCHOICE는 PROC MDC에서 선택항목 간의 계층을 반영하여

---

22 회귀계수추정에 사용하는 방법은 순차 최대 우도 추정법(sequential maximum likelihood estimation)도 사용되기도 하는데 이 접근은 효율성이 떨어지고 동일한 변수가 여러 층에 나타나는 경우 해당 변수에 대한 해를 여러 번 산출하기 때문에 FIML 방법이 선호된다.

23 계층이 3개인 경우에 대해서는 Maddala(1983:69)를 참고하고 계층이 여러 개인 경우의 일반화된 추정에 대해서는 SAS의 PROC MDC 매뉴얼을 참고하기 바란다.

추정하는 방법을 다양하게 제시하고 있다. [표 8.38]과 같이 2개의 계층과 5개의 선택지가 있으며 X1부터 X5까지의 독립변수가 있다고 가정해보자. 이때 X1, X2는 LEVEL 2에 2번째 노드의 선택(3, 4, 5)을 설명할 때 사용하는 변수이고 X3, X4는 LEVEL 2에 있는 1번째 노드의 선택(1, 2)을 설명할 때 사용하는 변수이다. 그리고 X5는 LEVEL 2의 선택을 설명하는 노드이다. 따라서, X5의 경우에는 LEVEL 2의 1번째 노드의 아래에 있는 LEVEL 1의 대안들, 즉 1, 2에서는 동일한 값을 갖고, LEVEL 2의 두 번째 노드 아래에 있는 대안들 3, 4, 5에서는 모두 동일한 값을 갖는다.

[표 8.38] 선택의 계층구조와 자료의 예시

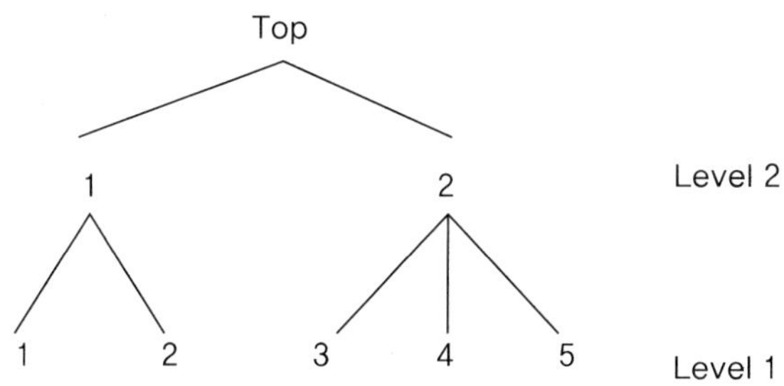

obs	pid	upmode	mode	x1	x2	x3	x4	x5	decision
1	1	1	1	#	#	#	#	#	1
2	1	1	2	#	#	#	#	#	0
3	1	2	3	#	#	#	#	#	0
4	1	2	4	#	#	#	#	#	0
5	1	2	5	#	#	#	#	#	0
6	2	1	1	#	#	#	#	#	0
7	2	1	2	#	#	#	#	#	0
8	2	2	3	#	#	#	#	#	0
9	2	2	4	#	#	#	#	#	0
10	2	2	5	#	#	#	#	#	1

---

24 MDC나 BCHOICE 프로시저가 이용되기 전에는 PHREG 혹은 CATMOD 프로시저 등도 이용되었으나 MDC 프로시저가 이산선택모형(discrete choice model)을 다루는 데 전문화되었기 때문에 이 책에서는 이 프로시저를 사용하고자 한다.

위와 같은 자료 구조를 PROC MDC를 이용하여 모형화하는 방법은 다양하다. 먼저 [표 8.39]와 같이 MODEL 명령문을 이용하여 종속변수와 독립변수를 지정한다. 이때 종속변수는 위 자료에서 선택 여부를 나타내는 DECISION이라는 변수로 지정되어 있음을 알 수 있다. MODEL 옵션에 CHOICE를 지정해주는데 계층변수를 지정해주고 이 계층변수가 갖는 값을 각각 지정해준다.

그리고 한 명의 통근자는 5개의 대안 중 하나를 선택하므로 5개의 관찰점이 존재하게 되므로 통근자를 구분해주는 ID 명령문에 통근자를 나타내는 변수인 PID를 지정하였다.

마지막으로 UTILITY 명령문은 각 계층별 선택의 추정에 사용하는 변수를 지정하였다. 예를 들어 U(1, 3 4 5 @ 2)는 LEVEL 2의 2번째 노드에 있는 LEVEL 1의 3, 4, 5 대안 선택의 설명변수가 무엇인지를 지정한 것이다.

[표 8.39] CHOICE 명령문을 이용한 계층 지정

```
PROC MDC DATA=ONE TYPE=NLOGIT;
   MODEL DECISION = X1 X2 X3 X4 X5 /
   CHOICE=(UPMODE 1 2, MODE 1 2 3 4 5);
   ID PID;
   UTILITY U(1, 3 4 5 @ 2) = X1 X2,
   U(1, 1 2 @ 1) = X3 X4,
   U(2, 1 2) = X5;
RUN;
```

한편, NEST라는 명령문을 가지고 위와 동일한 모형을 추정할 수 있다. 이 접근에서는 CHOICE 명령문에 LEVEL 1의 대안들을 모두 지정해주고 이 대안의 상위 계층은 NEST LEVEL(1), LEVEL(2)를 이용하여 [표 8.39]와 같이 지정을 해주면 된다. 참고로 X1~X5까지의 변수가 모두 LEVEL 1의 추정에 사용된다면 UTILITY U(1,)=X1 X2 X3 X4 X5;로 지정을 하면 된다.

[표 8.40] NEST 명령문을 이용한 계층 지정

```
PROC MDC DATA=A TYPE=NLOGIT;
   MODEL DECISION = X1 X2 X3 X4 X5 /
   CHOICE=(MODE 1 2 3 4 5);
   ID PID;
   UTILITY U(1, 3 4 5 @ 2) = X1 X2,
   U(1, 1 2 @ 1) = X3 X4,
   U(2, 1 2) = X5;
   NEST LEVEL(1) = (1 2 @ 1, 3 4 5 @ 2),
   LEVEL(2) = (1 2 @ 1);
RUN;
```

NMNL 모형의 추정을 위해 [표 8.1]에서 사용한 교통자료를 이용해 보도록 한다(Allison, 2012:214-215). 여기서 교통수단(mode)을 대중교통(train, bus, airplain) 그룹과 자가용(automobile)그룹으로 Level 2가 구성된다. Level 1은 각각의 교통수단 대안으로 구성된다. 이 대안의 계층구조를 나타내보면 [그림 8.3]과 같다.

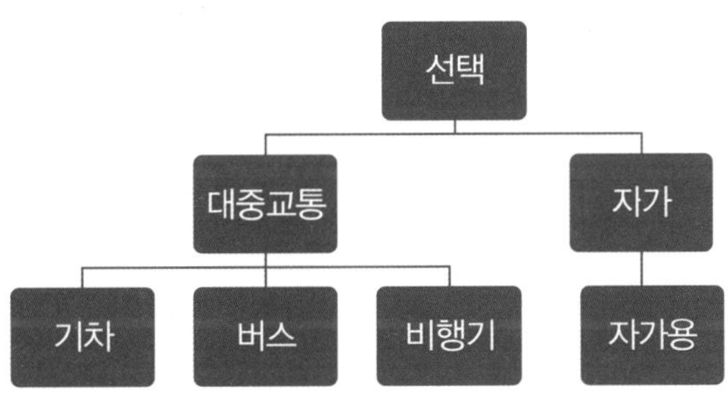

[그림 8.3] 교통수단 대안 계층구조

이 모형을 추정하기 위해 [표 8.41]과 같은 프로그램을 사용할 수 있다.

[표 8.41] 교통수단 선택 문제의 NMNL 프로그램

```
PROC MDC DATA=TRAVEL;
   MODEL CHOICE=TTME TIME COST/CHOICE=(MODE) TYPE=NLOGIT;
   UTILITY U(1,)=TTME TIME COST;
   NEST LEVEL(1)=(1 2 3 @1, 4@2),
   LEVEL(2)=(1 2 @1);
```

```
    ID ID;
    OUTPUT OUT=RESULT PRED=PRED;
RUN;

PROC SGPLOT DATA=RESULT;
    WHERE CHOICE=1;
    SCATTER X=TIME Y=PRED/GROUP=MODE;
    REG X=TIME Y=PRED/GROUP=MODE;
RUN;
```

프로그램을 실행하면 다음과 같이 모형적합도 통계량을 얻을 수 있다. 여기서 절편항만을 포함한 로그-우도함수 값은 −291.12181이지만, 모형에 독립변수를 포함시킨 경우의 로그-우도함수 값은 −218.90381로 나타나고 있다. 2 × (LogL – LogL0) 값이 카이제곱 분포를 따른다는 사실을 이용하면 카이제곱 통계치는 144.44가 되며 추정된 모수가 5개이므로 자유도가 5이다. 따라서 모형은 통계적으로 유의미하다고 할 수 있다. 한편 최대절대 기울기(maximum absolute gradient) 값은 모형이 적절히 수렴했는지를 판단하는 데 사용할 수 있는데 이 값이 0에 가까워야 된다. [표 8.42]에서는 그 값이 0에 가깝다는 것을 확인할 수 있다.

[표 8.42] 모형적합도 통계량

Model Fit Summary	
Dependent Variable	Choice
Number of Observations	210
Number of Cases	840
Log Likelihood	−218.90381
Log Likelihood Null(LogL(0))	−291.12182
Maximum Absolute Gradient	6.33904E−6
Number of Iterations	13
Optimization Method	Newton−Raphson
AIC	447.80761
Schwarz Criterion	464.54315

[표 8.43]은 종속변수의 프로파일 정보를 제공해주고 있다. 제시된 표에서 확인할 수 있듯이 첫 번째 모드(비행기)를 선택한 비율이 27.62%임을 알 수 있고 두 번째 모드(기차)

를 가장 많이 선택했음을 알 수 있다.

[표 8.43] 종속변수의 프로파일

Discrete Response Profile			
Index	Mode	Frequency	Percent
0	1	58	27.62
1	2	63	30.00
2	3	30	14.29
3	4	59	28.10

위와 같은 PROC MDC 프로시저를 이용하여 회귀계수를 추정한 후 각 선택에 대한 확률도 구할 수 있다. 모형을 추정하게 되면 다양한 모형적합도 판단 통계량이 제시된다. [표 8.44]에서 LogL0는 모형에 절편 항만 포함시킨 경우의 로그-우도함수 값이고 LogL은 모형에 독립변수를 모두 포함시킨 경우의 우도 값을 나타낸다. 그리고 N은 표본의 크기, K는 추정된 모수의 수를 나타낸다. McFadden의 우도비 인덱스(likelihood ratio index)는 OLS의 결정계수와 유사하며 0과 1 사이의 값을 갖는다. Estrella가 제시한 모형적합도 지표는 0과 1 사이의 값을 가지면 1에 가까울수록 모형적합도가 좋은 것으로 판단할 수 있다.

[표 8.44] 모형적합도 추정 결과

Goodness-of-Fit Measures		
Measure	Value	Formula
Likelihood Ratio(R)	144.44	2 × (LogL − LogL0)
Upper Bound of R(U)	582.24	− 2 × LogL0
Aldrich-Nelson	0.4075	R / (R+N)
Cragg-Uhler 1	0.4973	1 − exp(−R/N)
Cragg-Uhler 2	0.5305	(1−exp(−R/N)) / (1−exp(−U/N))
Estrella	0.5464	1 − (1−R/U)^(U/N)
Adjusted Estrella	0.5289	1 − ((LogL−K)/LogL0)^(−2/N × LogL0)
McFadden's LRI	0.2481	R / U
Veall-Zimmermann	0.5545	(R × (U+N)) / (U × (R+N))
N = # of observations, K = # of regressors		

한편 각 독립변수의 회귀계수는 [표 8.45]와 같이 추정되며 OUTPUT OUT=RESULT P=PROBS;와 같은 명령문을 사용하면 각 관찰점별로 선택확률도 계산한 결과를 저장할 수 있고 한계확률도 구할 수 있다. 회귀계수를 해석해보면 Level 1 대안의 선택에 있어서 터미널 대기시간(ttme)이 길수록 대기시간이 선택확률이 낮아진다라고 해석할 수 있으나 이 해석이 항상 타당한 것은 아니므로 주의해야 된다. 여러 대안에 대한 조건부 로지스틱 회귀분석처럼 내포 로지스틱 회귀모형에서 회귀계수의 부호가 양이라고 하더라도 독립변수가 증가할 때 사건 발생의 확률이 항상 증가한다고 보기 어렵기 때문이다(Greene, 2003:726). 이러한 이유로 독립변수와 사건발생 확률 간의 관계를 이해하기 위해서는 한계 효과 분석을 해야 한다.

한편 INC_L2C1은 LEVEL 2의 첫 번째 노드, 즉 대중교통 노드 내의 선택에 대한 상관관계를 허용해주는 모수이다. 이 모수 값이 1에 가까우면 MODE 1, 2, 3 간의 상관관계가 없다는 것을 이야기한다.

[표 8.45] 회귀계수 추정 결과

Parameter Estimates					
Parameter	DF	Estimate	Standard Error	t-Value	Approx Pr > |t|
ttme_L1	1	−0.0748	0.0101	−7.39	<.0001
time_L1	1	−0.003952	0.000719	−5.50	<.0001
cost_L1	1	−0.004363	0.005341	−0.82	0.4140
INC_L2G1C1	1	0.5601	0.1695	3.30	0.0010
INC_L2G1C2	1	1.3043	0.3507	3.72	0.0002

한편 NMNL 추정을 하지 않고 단순히 조건부 로지스틱 회귀모형으로 추정한 경우와 비교해 볼 수 있다. [표 8.46]과 같이 조건부 로지스틱 회귀모형도 PROC MDC를 이용해 추정할 수 있는데 이때 로그-우도함수 값은 −246.86이 된다. NMNL 모형의 로그-우도함수 값이 −219.38이었기 때문에 2LnL 값은 54.96이며 자유도는 NMNL이 2개의 모수를 더 추정하기 때문에 2가 된다. 따라서 NMNL 모형이 더 선호된다고 할 수 있다.

[표 8.46] PROC MDC를 이용한 조건부 로지스틱 회귀모형 추정

```
PROC MDC DATA=TRAVEL;
   MODEL CHOICE=TTME TIME COST/CHOICE=(MODE) TYPE=cLOGIT;
   ID ID;
RUN;
```

한편 추정된 결과를 이용하여 독립변수와 대안 선택 간의 관계를 좀 더 명확히 살펴볼 수 있다. [그림 8.4]는 응답자가 선택한 교통수단별로 교통시간과 해당 교통수단을 선택할 확률 간의 관계를 나타낸 것이다. 그림에서처럼 비행기(MODE=1) 이용자는 여행시간이 짧으며 만일 여행시간이 길어질수록 비행기를 선택할 확률은 감소하는 것으로 나타나고 있다. 이와 달리 다른 교통수단은 교통시간과의 관계가 명확하지는 않음을 알 수 있다.

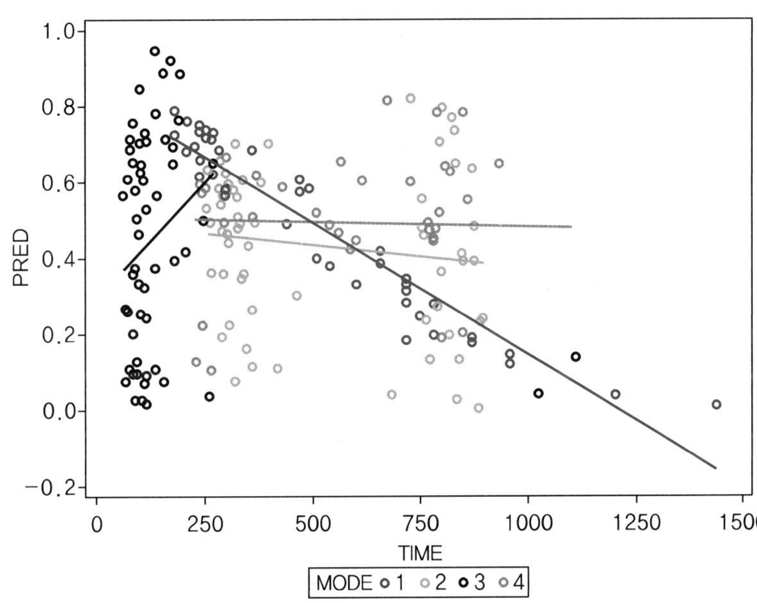

[그림 8.4] 교통수단과 여행시간의 관계

사실 조건부 로지스틱 회귀모형은 NMNL의 특수한 형태라고 볼 수 있다. 이 밖에도 이산형 선택모형은 이분산성을 고려한 이분산 극단값(heteroscedasticity extreme-value, HEV) 모형, 혼합 로짓 모형(mixed logit model, MXL), 다항 프로빗 모형 등에도 사용될 수 있으므로 문제 상황에 따라 다양하게 응용해 볼 수 있다.

CHAPTER 9

다수준 자료를 이용한 로지스틱 회귀분석

다수준 자료(multi-level data)는 사회과학에서 매우 흔한 형태임에도 불구하고 실제 자료분석에서 이 자료의 특징을 제대로 반영하지 못한 채 분석하는 경우가 많다. 다수준 자료는 로지스틱 회귀분석 이외의 다른 일반적 선형 회귀모형에서도 흔히 다루는 자료 형태이다.

다수준 자료에는 여러 유형이 있다. 앞의 조건부 로지스틱 회귀분석에서는 동일 대상에 대해서 반복 측정한 자료를 다루었다. 이러한 자료는 동일 시점에서 반복 측정한 경우도 있지만 여러 시점에서 반복 측정한 경우도 있다. 패널 자료가 그 대표적인 예이다. 한편, 군집추출처럼 가족 단위, 지역 단위에서 추출된 자료의 경우 가족 내 혹은 지역 내에서 측정된 경우가 있다. 이 경우 개인은 가족이나 지역 내에 속한 자료가 되어 자료의 수준을 구분할 수 있다.[1] 일반적으로 여러 시점에서 반복 측정된 경우는 패널 모형(panel model)을 통해 분석되며, 군집추출 등을 통해 반복 측정된 경우는 다수준 분석(multi-level analysis)을 통해서 분석이 이루어지고 있다. SAS를 이용하는 경우에는 PROC PANEL, PROC LOGISTIC, 그리고 PROC GENMOD가 반복 측정된 자료분석에 사용하는 대표적인 프로시저이기 때문에 이를 중심으로 설명하고자 한다.

1 군집이나 계층 자료에서 추출된 경우를 다수준 자료(multi-level data)라고 부르며 이를 분석하기 위해 사용되는 기법을 다수준 분석(multi-level analysis) 혹은 계층화 선형 모형(hierarchical linear model)이라고 부른다.

1 패널 로지스틱 회귀분석

패널 자료는 동일 대상 혹은 개인에 대해 여러 시점에서 반복적으로 측정한 자료이며 이론상으로는 다수준 자료의 일종이다. 시점을 1 수준이라고 한다면 개인은 2 수준으로 간주할 수 있기 때문이다.

패널 로지스틱 회귀모형이 가진 가장 주목할 만한 특징은 전통적인 고정효과 패널 모형(fixed effects panel model)처럼 개인 ID를 가변수로 만들어 모형에 포함시킬 수 없다는 점이다. 전통적 패널 모형에서는 관찰되지 않은 개인 고유의 시간불변(time-invariant) 특징을 모형에서 통제하기 위해 개인별 가변수를 사용한다. 이를 흔히 고정효과 모형이라고 한다. 하지만 패널 로지스틱 회귀모형에서 가변수를 이용한 고정효과 모형 추정은 편의 추정량 문제를 발생시킨다. 이 문제를 해결하기 위해서 패널 로지스틱 회귀모형은 조건부 로지스틱 회귀모형 추정방법의 논리를 사용한다.

1) 전통적인 패널 회귀분석의 접근

패널 자료분석이 익숙하지 않은 독자를 위해서 전통적인 패널 회귀분석 접근을 간략히 살펴보도록 하자. 먼저 개인을 나타내는 하첨자를 i, 시간을 나타내는 하첨자를 t라고 하자. 독립변수 $X_{i,t}$는 i라는 개인에 대해 t 시점에 측정된 변수 X를 의미한다. 독립변수가 여러 개 있는 경우에 k번째 독립변수에 대해서는 $X_{k,i,t}$라고 나타낸다. 특정한 독립변수를 가리키지 않고 일반적인 독립변수를 나타낼 때는 그냥 $X_{i,t}$로 표기한다.

시간을 나타내는 하첨자 t없이 X_i라고 표기할 경우 X라는 변수는 시간에 따라 변하지 않는(time-invariant) 변수를 의미한다. 예를 들어 개인을 반복적으로 측정했을 때, 동일한 개인 i에 대해서 성별이나 출신지역, 혹은 최종 학력 수준은 시간 t에 따라 일정하기 때문에 시간에 따라 변하지 않는 변수로 간주할 수 있다. 이를 시간불변 변수라고 부른다. 경우에 따라서는 시간가변 변수와 구분하기 위해 Z_i로 표기하기도 한다. 패널 모형에서는 독립변수를 다룰 때 무엇이 시간불변 변수인지, 무엇이 시간가변 변수인지를 구분하는 것이 중요하다.

모형에 독립변수가 여러 개 있는 경우 이들의 선형 결합을 간단히 $\sum_{k=1}^{p}\beta_k X_{k,i,t}$로 표기하고자 한다. 여기서 k는 독립변수의 순서를 나타내는 하첨자이며 p는 독립변수의 숫자를 나타낸다. 위 식을 전개하면 아래와 같이 나타낼 수 있다.

$$\sum_{k=1}^{p} \beta_k X_{k,i,t} = \beta_1 X_{1,i,t} + \beta_2 X_{2,i,t} + \dots + \beta_p X_{p,i,t}$$

이러한 기호 규칙에 따라 회귀방정식은 다음과 같이 나타낼 수 있다.

$$Y_{i,t} = \sum_{k=1}^{p} \beta_k X_{k,i,t} + \epsilon_{i,t} = \beta_1 X_{1,i,t} + \beta_2 X_{2,i,t} + \dots + \beta_p X_{p,i,t} + \epsilon_{i,t}$$

이렇게 나타낸 회귀식은 변수에 개인과 시간을 나타내는 하첨자가 포함되었을 뿐 OLS 모형과 큰 차이가 없다. 만일 패널 자료를 위와 같은 회귀모형을 이용하여 분석하는 경우, 이를 통합된 횡단면 (pooled cross section) OLS 모형이라고 부른다. 이 OLS 모형은 개인의 수가 I, 시점의 수가 T이면 $I \times T$개의 관찰점을 갖게 된다. 물론 특정 시점에 일부 개인의 관찰점이 관찰되지 않는 경우가 있는데 이러한 경우를 불균형 패널 자료(unbalanced panel data)라고 부르며, 모든 시점에 대한 자료가 개인별로 관찰되면 균형 패널 자료(balanced panel data)라고 부른다.

패널 모형에서 오차항 $\epsilon_{i,t}$의 의미를 이해하는 것은 매우 중요하다. 패널 모형은 OLS 오차항에 포함된 개인 간, 시점 간 정보를 분리하여 다양한 방식으로 모형에 반영한다. 먼저 아래 식에서 α_i는 개인에게 존재하는 체계적인 정보 중에서 시간에 따라 변하지 않는 특성을 종합해서 나타내는 변수이다. 예를 들어 Y는 임금 수준, X는 경력이라고 가정하고 10년 동안 이 두 변수에 대한 자료를 개인별로 수집해 왔다고 하자. 이때 개인별로 고유한 특성(예: 성별, 인종, 출생지역)이 있는데 이것이 임금 수준에 영향을 미칠 수 있다. 이 고유한 특성은 시간에 따라 변하지 않는 변수라고 할 수 있다. 이러한 개인의 고유한 특성을 오차항에서 분리하여 모형에 반영하면 OLS에 비해 오차항의 분산이 줄어들어 회귀계수 추정치의 효율성이 증가한다. 아래 회귀모형을 살펴보자.

$$\begin{aligned} Y_{i,t} &= \sum_{k=1}^{p} \beta_k X_{k,i,t} + \alpha_i + \delta_t + \epsilon'_{i,t} \\ &= \beta_1 X_{1,i,t} + \beta_2 X_{2,i,t} + \dots + \beta_p X_{p,i,t} + \alpha_i + \delta_t + \epsilon'_{i,t} \end{aligned}$$

α_i는 개인별 시간불변의 고유한 특징을 종합적으로 나타내게 되는데 관찰되지 않은 시간불변 특징을 가진 여러 변수의 효과를 종합한 것이다. 이 시간불변 변수가 종속변수에 영향을 미치고 다른 시간가변 독립변수와 상관관계가 있는 경우가 있다. 이때 시간불변 변수가 관찰되지 않거나 모형에 포함되지 않으면 OLS를 이용한 회귀계수의 추정은 누락변수 편의에 따른 내생성으로 인해 비일관성과 편의 추정량의 문제가 발생한다. 이

문제는 표본의 크기가 커져도 해결되지 않는 것이다. 따라서, 관찰되지 않은 시간불변 변수가 회귀계수 추정에 미치는 영향을 해결하기 위해서 패널 모형에서는 크게 차분모형, 시간 평균화를 이용한 고정효과 모형, 그리고 가변수를 이용한 고정효과 모형을 사용한다. 간단히 차분모형을 이용해 시간불변 변수의 통제 논리를 설명해보도록 하자.

시간불변 변수를 패널 모형에서 어떻게 반영하는지를 이해하기 위해 1 시점과 2 시점에 관찰된 자료에 대한 회귀모형을 생각해보자. 시점별 회귀모형은 다음과 같다.

$$Y_{i,1} = \beta_1 X_{1,i,1} + \beta_2 X_{2,i,1} + \beta_3 X_{3,i} + \alpha_i + \delta_1 + \epsilon'_{i,1}$$
$$Y_{i,2} = \beta_1 X_{1,i,2} + \beta_2 X_{2,i,2} + \beta_3 X_{3,i} + \alpha_i + \delta_2 + \epsilon'_{i,2}$$

일반적인 패널 모형에서는 시점별로 회귀계수가 변한다고 가정하지 않기 때문에 회귀계수는 시점과 관계없이 일정한 것으로 모형에 반영되어 있다. 관찰된 독립변수 중 X_3는 시점과 관계없이 일정한 값을 갖는 시간불변 변수로 모형에 표시되어 있다. 개인별 시간불변 특성을 반영하는 α_i 역시 시점과 관계없이 일정한 값으로 모형에 반영되어 있다. 이 두 시점의 회귀모형의 차이를 계산하면 다음과 같다. 이 모형을 1차 차분 방정식(first-differenced equation)이라고 부르며 이 방식으로 계산한 회귀계수를 1차 차분 추정량(first-differenced estimator)이라고 부른다.[2]

$$Y_{i,2} - Y_{i,1} = \beta_1 (X_{1,i,2} - X_{1,i,1}) + \beta_2 (X_{2,i,2} - X_{2,i,1}) + (\delta_2 - \delta_1) + (\epsilon'_{i,2} - \epsilon'_{i,1})$$

결국, 관찰된 개인별 시간불변 변수 X_3와 관찰되지 않은 개인별 시간불변 효과 α_i는 차분(difference)모형으로 나타내는 경우 모두 사라지게 됨을 알 수 있다. 다시점으로 확장한 패널 모형에서는 위와 같은 차분모형을 사용하지 않고 간단한 가변수 모형을 이용하여 추정을 한다. 즉 반복 측정이 된 개인이 n명이라면 $n-1$개의 가변수를 만들어 모형에 포함을 시킨다.

2) 고정효과 로지스틱 패널 회귀모형

두 시점에서 반복 측정한 자료를 살펴보자. $Y_{i,t}$는 i가 t 시점에서 0 혹은 1의 값을 갖는 종속변수이며 이 종속변수가 1의 값을 가질 확률을 $\pi_{i,t}$라고 하자.

---

2 Wooldridge(2009:458). 이 차분 개념을 이용한 접근은 짝을 이룬 두 표본의 모평균 검정에 적용된다 (고길곤, 2017:227).

$$\log\left(\frac{\pi_{i,t}}{1-\pi_{i,t}}\right) = \beta X_{i,t} + \alpha_i + \delta_t$$

주어진 i에 대해 두 시점 간 종속변수 값 $Y_{i,1}, Y_{i,2}$가 서로 독립이라고 가정하자. 그렇다면 두 시점 간 종속변수의 변화 상태와 확률은 다음과 같이 나타낼 수 있다.

$$\Pr(Y_{i,1}=0, Y_{i,2}=0) = (1-\pi_{i,1})(1-\pi_{i,2})$$
$$\Pr(Y_{i,1}=1, Y_{i,2}=0) = \pi_{i,1}(1-\pi_{i,2})$$
$$\Pr(Y_{i,1}=0, Y_{i,2}=1) = (1-\pi_{i,1})\pi_{i,2}$$
$$\Pr(Y_{i,1}=1, Y_{i,2}=1) = \pi_{i,1}\pi_{i,2}$$

고정효과 패널 회귀모형은 개인 간의 변동이 아닌 개인 내의 변동을 설명하는 모형이다. 따라서 종속변수 $Y_{i,t}$가 시점에 따라 변동이 없으면 회귀계수 추정에 유용한 정보를 제공하지 않는다. 따라서 실제 회귀계수 추정에 사용되는 관찰점은 아래의 두 경우에만 해당한다.

$$\Pr(Y_{i,1}=1, Y_{i,2}=0) = \pi_{i,1}(1-\pi_{i,2})$$
$$\Pr(Y_{i,1}=0, Y_{i,2}=1) = (1-\pi_{i,1})\pi_{i,2}$$

두 확률의 비율의 로그를 구해보면 다음과 같다.

$$\begin{aligned}\log\left(\frac{\Pr(Y_{i,1}=0, Y_{i,2}=1)}{\Pr(Y_{i,1}=1, Y_{i,2}=0)}\right) &= \log(1-\pi_{i,1}) + \log(\pi_{i,2}) - \log(\pi_{i,1}) - \log(1-\pi_{i,2}) \\ &= \log\left(\frac{\pi_{i,2}}{1-\pi_{i,2}}\right) - \log\left(\frac{\pi_{i,1}}{1-\pi_{i,1}}\right) \\ &= \beta(X_{i,2} - X_{i,1}) + (\delta_2 - \delta_1)\end{aligned}$$

결국, 시간불변 변수에 해당하는 α_i는 사라지고, 독립변수의 경우 두 시점 간의 차이를 나타내는 변수를 이용하면 β값을 추정할 수 있다. 이때 β값은 독립변수의 값이 한 시점에서 다른 시점으로 한 단위 변했을 때 종속변수가 1에서 0으로 변할 확률 대비 0에서 1로 변할 확률의 로그비율의 변화 크기로 이해할 수 있다.

가변수를 이용한 고정효과 모형의 경우 일반적으로 회귀계수가 과대추정되며, 회귀계수의 검정 통계량도 부정확하다. 이것은 선형 회귀모형에서는 나타나지 않지만, 최우추정법을 사용해야 하는 비선형 회귀 모형에서 incidental parameters problem[3]이라고 알려진 현상 때문에 발생한다. 패널 자료에서 개인별 측정 시점의 수가 적은 경우에 이 문제는 더욱 심각해진다. 이 문제를 해결하기 위해서 조건부 로지스틱 회귀분석을 수행한다.[4]

패널 로지스틱 회귀분석에서는 첫째, 동일 개인이 T개의 시점에서 동일한 Y값을 갖는다면 이 개인의 자료는 분석에서 사용하지 않는다. 왜냐하면 추가적으로 제공하는 정보가 없기 때문이다. 둘째, 추정에 사용되는 정보는 개인 내 변동(within-in individual variation)이지 개인 간 변동 정보는 사용하지 않는다. 만일 개인 간 변동의 크기는 크지만 개인 내 변동이 크지 않으면 고정효과 모형의 추정량은 표준오차가 매우 커지게 된다. 셋째, 시점 간 불변인 독립변수는 모형에 반영하지 않는다.

$Y_{i,t}$는 i가 t 시점에서 0 혹은 1의 값을 갖는 종속변수이며 이 종속변수가 1의 값을 가질 확률을 $\pi_{i,t}$라고 하자. 패널 로지스틱 회귀모형은 아래와 같이 나타낼 수 있다.

$$\log\left(\frac{\pi_{i,t}}{1-\pi_{i,t}}\right) = \beta X_{i,t} + \alpha_i + \delta_t$$

이때, α_i의 축소된 충분 통계량(reduced sufficient statistics)은 i 개인에 대해 $Y_{i,t} = 1$의 합으로 아래와 같이 나타낼 수 있다. 이 부분은 조건부 로지스틱 회귀분석에서 살펴본 것처럼 관심 없는 모수(nuisance parameter)로 간주하고 직접 모형에서 추정을 하지는 않는다.

$$s_i = \sum_t Y_{i,t}$$

통상적인 로지스틱 회귀모형에서 개인 i에 대한 우도함수는 다음과 같이 나타낼 수 있다.

$$\prod_t \Pr(Y_{i,t}) = \prod_t \frac{Y_{i,t}\exp(\beta X_{i,t} + \gamma X_i + \alpha_i + \delta_t)}{1+\exp(\beta X_{i,t} + \gamma X_i + \alpha_i + \delta_t)}$$

위 우도함수를 충분 통계량 s_i가 관찰되었을 때의 조건부 우도함수로 나타내면 다음과 같이 나타낼 수 있다. 이 우도함수에서 확인할 수 있듯이 개인 간 차이를 나타내는 α_i는

---

3 추정해야 하는 모수 대비 관찰점 수의 비율이 증가함에 따라 최우추정법을 이용한 추정량이 불편성과 효율성을 만족한다. 하지만 고정효과 모형에서 가변수를 많이 포함시키면 이 성질이 만족되지 않는다.

4 Allison, P. D.(2005), *Fixed Effects Regression Methods for Longitudinal Data Using SAS*, Cary, NC, SAS Institute Inc. 3장을 참고하기 바란다.

모형에서 추정할 필요가 없게 되었음을 알 수 있다.

$$\frac{\Pi_t \Pr(Y_{i,t})}{\Pr(s_i)} = \frac{\psi_1}{\psi_1 + \psi_2 + \ldots + \psi_Q}$$

$$(\text{단, } \psi_1 = \exp\left(\sum_t Y_{i,t}(\beta X_{i,t} + \delta_t)\right))$$

여기서 Q는 전체 T개의 시점에서 $Y_{i,t}$가 갖는 0과 1의 다양한 조합 수를 나타낸다.

[표 9.1]의 예제는 Allison(2009)에서 사용한 자료로 1979년부터 5년 동안 매년 청소년을 대상으로 설문조사를 수행한 National Longitudinal Study of Youth(NLSY) 연구 결과이다. 1,151명의 10대 여성의 자료가 수집되었으며 주요 변수는 다음과 같다.

[표 9.1] TEENPOV 자료의 주요 변수와 내용

변수	내용
ID	연구 대상 개인의 고유 식별번호
YEAR	연도 변수로 1979=1, ..., 1983=5
POV	해당 연도의 빈곤 여부로 POV=1이면 빈곤
AGE	첫번째 인터뷰 당시의 나이
BLACK	흑인이면 1, 그렇지 않으면 0
MOTHER	아이가 있으면 1, 그렇지 않으면 0
SPOUSE	배우자와 함께 살면 1, 그렇지 않으면 0
SCHOOL	학교에 재학 중이면 1, 그렇지 않으면 0
HOURS	설문했을 당시 1주일 동안 일한 시간

패널 자료를 분석할 때 흔히 직면하는 문제는 횡형 자료(wide type)를 종형 자료(long type)로 변형시켜야 하는 경우이다. 횡형 자료는 연도 간 변수의 차이값을 계산하는 데는 유용하다. 하지만 대부분 패널 분석은 횡형 자료를 종형 자료의 형태로 변형한 후 분석을 수행한다. [표 9.2]의 /*①*/은 이 과정을 나타낸다.

종형 자료로 변형된 자료에서 고정효과 패널 로지스틱 회귀분석은 조건부 로지스틱 회귀모형과 유사한 코드를 사용하면 된다. 개인이 시점에 따라 반복 측정되었기 때문에 STRATA에 반복 측정된 대상을 나타내는 식별 변수를 지정해주면 된다.

/*②*/에서 MODEL 명령문에서 독립변수를 MOTHER-HOURS으로 지정하고 있는데 이것은 데이터셋에서 MOTHER부터 HOURS까지에 있는 변수를 모두 지정하는 것으로 MOTHER, SPOUSE, INSCHOOL, HOURS가 지정된다.

[표 9.2] 고정효과 패널 로지스틱 모형 분석을 위한 SAS 코드

```
DATA POVYEAR; /*①*/
   SET TEENPOV;
   ARRAY PV(*) POV1-POV5;
   ARRAY MOT(*) MOTHER1-MOTHER5;
   ARRAY SPO(*) SPOUSE1-SPOUSE5;
   ARRAY INS(*) INSCHOOL1-INSCHOOL5;
   ARRAY HOU(*) HOURS1-HOURS5;
   DO YEAR=1 TO 5;
      POV=PV(YEAR);
      MOTHER=MOT(YEAR);
      SPOUSE=SPO(YEAR);
      INSCHOOL=INS(YEAR);
      HOURS=HOU(YEAR);
   OUTPUT;
   END;
   KEEP ID YEAR BLACK AGE POV MOTHER SPOUSE INSCHOOL HOURS;
RUN;
PROC LOGISTIC DATA=POVYEAR;
   CLASS YEAR/PARAM=REF;
   STRATA ID;
   MODEL POV(EVENT='1')=MOTHER-HOURS YEAR/EXPB; /*②*/
RUN;
```

고정효과 패널 로지스틱 모형에서는 종속변수가 시점에 따라 전혀 변하지 않는 자료는 모형 추정에 사용하지 않는다. [표 9.3]의 Response Pattern=1의 경우는 92명의 개인이 5년 동안 모두 POV=1의 값만을 갖는 것으로 나타나고 있다. 또한, Response Pattern=6의 경우도 232명의 개인이 5년 동안 모두 POV=0의 값만을 갖는 것으로 나타나고 있다. 총 5,755개의 관찰점 중 이렇게 시점 간에 종속변수의 변화가 없는 관찰점 1,620개를 뺀 나머지 정보를 이용하여 모형의 모수를 추정하게 된다.

[표 9.3] 개인별 종속변수의 조합 패턴

Strata Summary				
Response Pattern	POV		Number of Strata	Frequency
	0	1		
1	0	5	92	460
2	1	4	129	645
3	2	3	152	760
4	3	2	191	955
5	4	1	355	1775
6	5	0	232	1160

고정효과 패널 로지스틱 모형에서는 개인 간 변동을 설명하는 것이 아니라 개인 내 시점 간 변동을 설명하는 것이다. MOTHER의 오즈비가 1.790으로 나타나고 있는데 응답자가 아이를 갖지 않은 상황에서 아이를 갖는 상황으로 변화하면 빈곤에 빠질 오즈비는 1.79배가 더 증가한다고 해석할 수 있다. 유사하게 배우자와 동거하지 않는 상황보다는 동거하는 상황이 빈곤에 있을 오즈가 0.47배 만큼 낮다. 또 추가로 한 시간 더 일하게 되면 빈곤에 있을 오즈를 약 2% 정도 줄인다. 그리고 연도에 대한 오즈비를 살펴보면 연도가 지날수록 빈곤에 있을 가능성이 커짐을 알 수 있다.

[표 9.4] 고정효과 패널 로지스틱 회귀모형 추정 결과

Analysis of Conditional Maximum Likelihood Estimates							
Parameter		DF	Estimate	Standard Error	Wald Chi-Square	Pr > ChiSq	Exp(Est)
MOTHER		1	0.5824	0.1596	13.3204	0.0003	1.790
SPOUSE		1	−0.7478	0.1753	18.1856	<.0001	0.473
INSCHOOL		1	0.2719	0.1127	5.8157	0.0159	1.312
HOURS		1	−0.0196	0.00315	38.8887	<.0001	0.981
YEAR	1	1	−0.4025	0.1275	9.9615	0.0016	0.669
YEAR	2	1	−0.0707	0.1185	0.3562	0.5506	0.932
YEAR	3	1	−0.0675	0.1096	0.3793	0.5380	0.935
YEAR	4	1	0.0303	0.1047	0.0836	0.7725	1.031

3) 무작위 효과 로지스틱 패널 모형

무작위 효과 로지스틱 패널 모형은 다음 장에서 다루게 될 다수준 분석 접근 방법을 이용하여 분석할 수 있다. 무작위 효과 모형은 다양하지만, 절편 항을 무작위 확률변수로 가정한 모형이 일반적이다.

무작위 효과 모형은 추정방법이 매우 다양하다. 회귀계수 추정을 위해 사용하는 최우추정법의 방법도 다양하고 절편 항이 갖고 있는 공분산 행렬이나 분포에 대한 가정에 따라 추정 결과가 달라질 수 있기 때문이다. 예를 들어 GLIMMIX 프로시저의 경우에는 유사 우도(pseudo-likelihood) 방법을 이용하여 모형을 추정하지만 NLMIXED 프로시저는 Gauss-Hermite quadrature 방법을 사용한다. 추정방법을 선택할 때에는 추정이론에 대한 깊이 있는 이론이 필요하다. 무작위 효과의 추정 결과는 단일하지 않고, 추정 방법에 따라 달라질 수 있다는 점을 기억할 필요가 있다. [표 9.5]는 GLIMMIX 프로시저를 이용한 무작위 효과 모형 추정 프로그램이다.

/*①*/에서 DIST= 옵션은 종속변수의 분포를 지정하는 것으로 DIST=BINARY는 종속변수가 이항분포를 따른다고 지정한 것이다. LINK 옵션은 종속변수의 형태로 LINK=LOGIT은 종속변수를 로짓 형태로 지정하였다.

[표 9.5] 무작위 효과 모형

```
PROC GLIMMIX  DATA=POVYEAR MAXOPT=40;
   CLASS ID YEAR ;
   MODEL POV(EVENT='1')=MOTHER--HOURS YEAR/SOLUTION DIST=BINARY
   LINK=LOGIT;  /*①*/
   RANDOM INTERCEPT/SUBJECT=ID ;
RUN;
```

[표 9.6]은 분석 결과이다. 앞의 고정효과 모형의 분석 결과와 비교를 해보면 회귀계수의 크기가 달라졌음을 알 수 있다. 또한 INSCHOOL은 회귀계수가 고정효과 모형에서는 양수였으나 무작위 효과 모형에서는 음수임을 확인할 수 있다.

[표 9.6] 무작위효과 모형 추정 결과

Solutions for Fixed Effects						
Effect	YEAR	Estimate	Standard Error	DF	t-value	Pr > |t|
Intercept		-0.2864	0.08724	1150	-3.28	0.0011
MOTHER		0.9862	0.08428	4596	11.70	<.0001
SPOUSE		-1.2552	0.1171	4596	-10.72	<.0001
INSCHOOL		-0.2402	0.07573	4596	-3.17	0.0015
HOURS		-0.02658	0.002327	4596	-11.42	<.0001
YEAR	1	-0.05967	0.09798	4596	-0.61	0.5425
YEAR	2	0.1563	0.09500	4596	1.65	0.0999
YEAR	3	0.08790	0.09273	4596	0.95	0.3432
YEAR	4	0.09308	0.09146	4596	1.02	0.3089
YEAR	5	0	.	.	.	.

참고로 GENMOD 프로시저를 이용하여도 추정을 할 수 있다. 이 방법은 일반방정식추정(general equation estimation, GEE) 방법을 이용한 것으로 무작위 효과 모형 추정을 위해서는 [표 9.8]과 같은 결과를 얻을 수 있다.

[표 9.7] GEE 접근을 이용한 무작위 효과 모형 추정 결과

```
PROC GENMOD DATA=POVYEAR;
   CLASS ID YEAR;
   MODEL POV(EVENT='1')=MOTHER--HOURS YEAR/ DIST=BINOMIAL LINK=LOGIT;
   REPEATED SUBJECT=ID/TYPE=EXCH;
RUN;
```

GEE 방법에 따라 얻어진 결과는 개인 내의 변동에 대한 회귀계수라기보다는 모집단 평균의 변동계수(population-averaged coefficient)라고 볼 수 있다. 개인 내의 변동에 대한 회귀계수는 특정한 개인에 대해서 만일 독립변수가 한 단위 변했을 때 종속변수가 변하는 양의 크기로 해석할 수 있다. 하지만 모집단 평균 변동 계수는 전체 모집단의 모든 개인에 대해서 독립변수가 한 단위 증가했을 때 종속변수가 변화하는 양으로 해석한다.[5] 고정효

5 이에 대해서는 Allison(2009)의 제3장을 참고하기 바란다.

과 모형에서 사용한 조건부 로지스틱 모형이나 NLMIXED 프로시저나 GLIMMIX 프로시저의 확률효과 모형은 개인 내 변동에 대한 회귀계수를 제시해준다.

[표 9.8] GEE 방법을 이용한 무작위 효과 모형 추정 결과

Analysis Of GEE Parameter Estimates							
Empirical Standard Error Estimates							
Parameter		Estimate	Standard Error	95% Confidence Limits		Z	Pr > |Z|
Intercept		−0.4019	0.0890	−0.5764	−0.2274	−4.51	<.0001
MOTHER		0.8450	0.0935	0.6617	1.0284	9.03	<.0001
SPOUSE		−0.9847	0.1287	−1.2369	−0.7326	−7.65	<.0001
INSCHOOL		−0.0471	0.0796	−0.2030	0.1089	−0.59	0.5544
HOURS		−0.0216	0.0024	−0.0263	−0.0168	−8.90	<.0001
YEAR	1	−0.1331	0.0910	−0.3115	0.0452	−1.46	0.1435
YEAR	2	0.0915	0.0869	−0.0788	0.2618	1.05	0.2922
YEAR	3	0.0435	0.0830	−0.1191	0.2061	0.52	0.6003
YEAR	4	0.0713	0.0777	−0.0809	0.2235	0.92	0.3585
YEAR	5	0.0000	0.0000	0.0000	0.0000	.	.

2 다수준 로지스틱 회귀모형 기본 논리

다수준 회귀모형은 그 자체가 중요한 하나의 통계분석 모형의 분야이기 때문에 이 책이 아닌 별도의 책에서 이론을 다루어야 한다. 다수준 회귀모형에 대한 이해 없이 다수준 로지스틱 회귀분석을 수행한다는 것은 말이 되지 않는다. 특히 모형을 어떻게 설정하는가에 따라 분석 결과의 해석이 달라지기 때문에 정확한 이론의 이해는 필수적이다. 이 책에서는 다수준 회귀모형 이론을 모두 다루지는 않는다. 다만 다수준 로지스틱 회귀분석의 대표적인 형태를 중심으로 논의의 초점을 맞추고자 한다.

무작위로 15개의 병원을 선정한 후에, 각 병원에서 환자를 뽑아 무작위로 A와 B 치료에 할당한다. 그리고 부작용이 발생한 환자의 수를 관찰하였다.[6] 그 결과가 [표 9.9]에 제시된 자료이다. 이 자료는 환자가 제1 수준, 병원이 제2 수준의 계층을 갖고 있는 다수준 자료이다.

6 이 자료는 SAS/STAT 매뉴얼의 Logistic Regressions with Random Intercepts 예제에서 제시된 자료이다.

[표 9.9] 예제 병원 자료

```
DATA MULTICENTER;
    INPUT CENTER GROUP$ N SIDEEFFECT @@;
    PROB=SIDEEFFECT/N;
    CARDS;
     1  A 32 14     1  B 33 18
     2  A 30  4     2  B 28  8
     3  A 23 14     3  B 24  9
     4  A 22  7     4  B 22 10
     5  A 20  6     5  B 21 12
     6  A 19  1     6  B 20  3
     7  A 17  2     7  B 17  6
     8  A 16  7     8  B 15  9
     9  A 13  1     9  B 14  5
    10  A 13  3    10  B 13  1
    11  A 11  1    11  B 12  2
    12  A 10  1    12  B  9  0
    13  A  9  2    13  B  9  6
    14  A  8  1    14  B  8  1
    15  A  7  1    15  B  8  0
    ;
RUN;
```

먼저 병원 간의 차이, 치료 방법의 차이를 고려하지 않은 채 단순하게 부작용이 발생할 확률을 계산해보도록 하자. j번째 병원의 i번째 환자가 부작용이 발생할 확률을 π_{ij}라고 나타내보자. 이 확률을 추정하기 위한 모형은 다음과 같이 나타낼 수 있다. 이 모형에서 절편 항 β_0만을 모형에 나타낸 것은 병원의 차이, 치료 방법의 차이를 모두 고려하지 않았음을 나타낸다.

$$\log\left(\frac{\pi_{ij}}{1-\pi_{ij}}\right)=\beta_0$$

위 모형을 추정하기 위한 SAS 코드는 [표 9.10]에 제시되어 있다.

/*①*/에서 종속변수는 관찰점별로 부작용이 발생할 확률(SIDEEFFECT/N)을 종속변수로 사용하고 있다. 이때 독립변수는 지정되지 않았는데 이것은 절편항만 있는 모형임을

나타낸다. 또한 로지스틱 회귀분석을 수행하기 위해서는 분포는 이항분포를, 연계함수는 LOGIT으로 지정하면 된다. 연계함수에 대한 내용은 추후에 설명한다.

/*②*/는 예측값(predicted value)를 TEMP라는 데이터셋에 저장하도록 하는 것이다. 주의해야 할 점은 예측값의 의미가 다양하므로 무엇을 예측할지를 정확히 지정해야 한다는 것이다. [표 9.10]은 SAS 예측값을 지정하는 옵션을 보여주고 있으며 여기서는 π_{ij} 값을 예측하기 위해 PRED 옵션을 사용하였다. PRED 옵션에서 BLUP 옵션을 사용하면 무작위 효과 계수를 추정해주는 것이며 NOBLUP을 사용하면 무작위 효과 계수를 추정하지 않도록 해준다.

[표 9.10] 절편만 있는 로지스틱 모형

```
PROC GLIMMIX DATA=MULTICENTER;
  MODEL SIDEEFFECT/N= / SOLUTION DIST=BINOMIAL LINK=LOGIT;/*①*/
  OUTPUT OUT=TEMP PRED (NOBLUP ILINK)=P;/*②*/
RUN;
PROC PRINT DATA=TEMP;RUN;/*③*/
```

[표 9.11]은 추정된 $\widehat{\beta_0}$값이 -0.8088로 제시되고 있다. 즉 절편만 있는 로지스틱 회귀 모형에서 추정된 절편 값은 -0.8088이다.

[표 9.11] 분석 결과

Parameter Estimates					
Effect	Estimate	Standard Error	DF	t-value	Pr > |t|
Intercept	−0.8088	0.09657	29	−8.38	<.0001

이 값을 이용하여 부작용이 발생할 확률을 추정하면 아래와 같은 절차를 통해 $\hat{\pi}_{ij}$은 0.3081으로 계산되고 있다.[7] 실제로 전체 503명의 환자 중에서 155명이 부작용이 일어났

7 OUTPUT 명령문을 이용하여 예측 확률 값을 저장한 TEMP 데이터셋을 확인해보면 0.3081이 계산되어 있음을 알 수 있다.

으므로 추정된 값과 동일함을 알 수 있다. 위의 SAS 코드에서 /*③*/의 PRINT 프로시저를 실행시키면 그 값을 확인할 수 있다.

$$\log\left(\frac{\pi_{ij}}{1-\pi_{ij}}\right)=\beta_0$$

$$\pi_{ij}=\exp^{\beta_0}/(1+\exp^{\beta_0})$$

$$\pi_{ij}=\exp^{-0.8088}/(1+\exp^{-0.8088})=0.3081$$

이제 치료 방법에 따라 확률이 어떻게 다른지를 살펴보도록 하자. 병원 간의 차이를 고려하지 않고 치료 방법에 따른 확률을 추정하기 위한 로지스틱 모형은 다음과 같이 나타낼 수 있다. 여기서 X 변수는 A 치료 방법일 때는 1, B 치료 방법일 때는 0의 값을 갖는 가변수이다. [표 9.12]는 분석을 위한 SAS 코드를 제시해준다.

$$\log\left(\frac{\pi_{ij}}{1-\pi_{ij}}\right)=\beta_0+\beta_1 X_{ij}+\epsilon_{ij}$$

[표 9.12] 병원 간 차이를 고려하지 않은 분석의 SAS 코드

```
PROC GLIMMIX DATA=MULTICENTER;
   CLASS GROUP;
   MODEL SIDEEFFECT/N =GROUP / SOLUTION DIST=BINOMIAL LINK=LOGIT
   ODDSRATIO;
   OUTPUT OUT=TEMP PRED (NOBLUP ILINK)=P;
RUN;
PROC SGPLOT DATA=TEMP;
   VLINE GROUP/RESPONSE=P STAT=MEAN GROUP=CENTER;
RUN;
```

추정된 회귀계수는 [표 9.13]과 같다. 따라서 A 처리 방법을 사용했을 때 부작용이 발생할 확률은 다음과 같이 0.26이 됨을 알 수 있다.

$$\log\left(\frac{\hat{\pi}_{ij}}{1-\hat{\pi}_{ij}}\right)=\hat{\beta}_0+\hat{\beta}_1 X_{ij}$$

$$\log\left(\frac{\hat{\pi}_{ij}}{1-\hat{\pi}_{ij}}\right)=-0.5939-0.452=-1.0459$$

$$\therefore \pi_{ij}^{A}=\exp^{-1.0459}/(1+\exp^{-1.0459})\approx 0.26$$

한편 B 처리 방법을 사용할 때 부작용이 발생할 확률은 다음과 같다.

$$\log\left(\frac{\hat{\pi}_{ij}}{1-\hat{\pi}_{ij}}\right)=\widehat{\beta_0}$$

$$\log\left(\frac{\hat{\pi}_{ij}}{1-\hat{\pi}_{ij}}\right)=-0.5939$$

$$\therefore \pi_{ij}^{B}=\exp^{-0.5939}/(1+\exp^{-0.5939})\approx 0.356$$

[표 9.13] 처리 그룹에 따른 회귀계수 추정 결과

Parameter Estimates						
Effect	group	Estimate	Standard Error	DF	t-value	Pr > |t|
Intercept		−0.5939	0.1313	28	−4.52	0.0001
group	A	−0.4520	0.1950	28	−2.32	0.0280
group	B	0	.	.	.	.

한편 오즈비는 앞에서 구한 A 처리 방법에서 부작용이 발생할 확률과 B 처리 방법에서 부작용이 발생할 확률을 이용하여 다음과 같이 구할 수 있다. 이 결과는 [표 9.14]의 SAS 출력물과 동일함을 알 수 있다.

$$\text{오즈비}=\frac{\pi^{A}/(1-\pi^{A})}{\pi^{B}/(1-\pi^{B})}=\frac{0.26/(1-0.26)}{0.356/(1-0.356)}\approx 0.636$$

[표 9.14] 오즈비 추정치

Odds Ratio Estimates					
Group	_Group	Estimate	DF	95% Confidence Limits	
A	B	0.636	28	0.427	0.949

병원 간의 차이가 없이 단순히 처리그룹 간의 로그-오즈를 추정한 모형을 이용하여 관찰점의 부작용 발생확률을 예측한 결과를 나타내보면 [그림 9.1]과 같다. [그림 9.1]에서 확인할 수 있듯이 병원과 관계없이 A 처리와 B 처리의 부작용 발생확률은 같다.

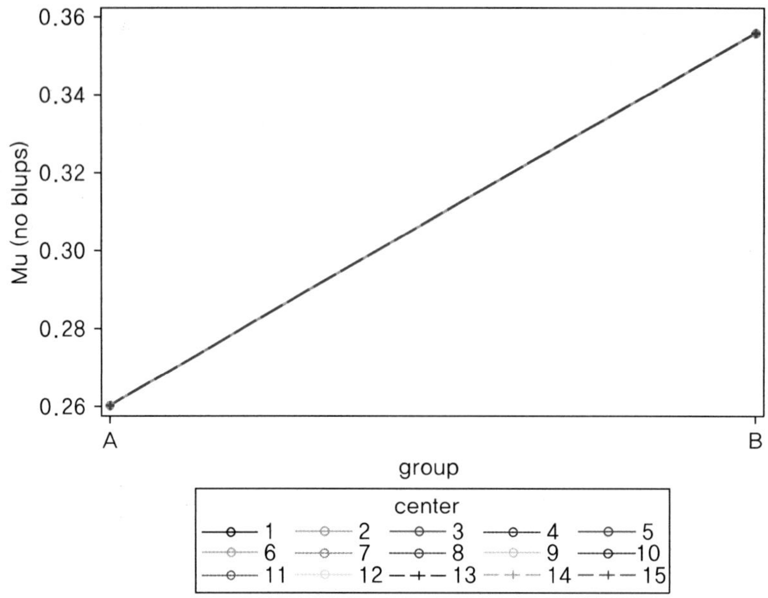

[그림 9.1] 병원별 A 처리와 B 처리 간의 부작용 발생 확률 예측 결과

위 모형에서는 병원 간 차이를 고려하지 않았다. 하지만 실제 자료를 살펴보면 병원별에 A와 B 처리 간의 부작용 발생 확률 차이가 존재함을 알 수 있다. [표 9.15]의 코드를 이용하여 얻은 [그림 9.2]는 이러한 병원 간 차이를 보여준다. 다수준 로지스틱 회귀모형이 필요한 것도 이렇게 병원 간 차이를 모형에 반영하여 확률을 추정할 필요가 있기 때문이다.

[표 9.15] 병원별 처리 그룹 간 부작용 발생 확률 코드

```
PROC SGPLOT DATA=MULTICENTER;
   YAXIS LABEL="확률";
   VLINE GROUP/RESPONSE=PROB STAT=MEAN GROUP=CENTER MARKERS;
RUN;
```

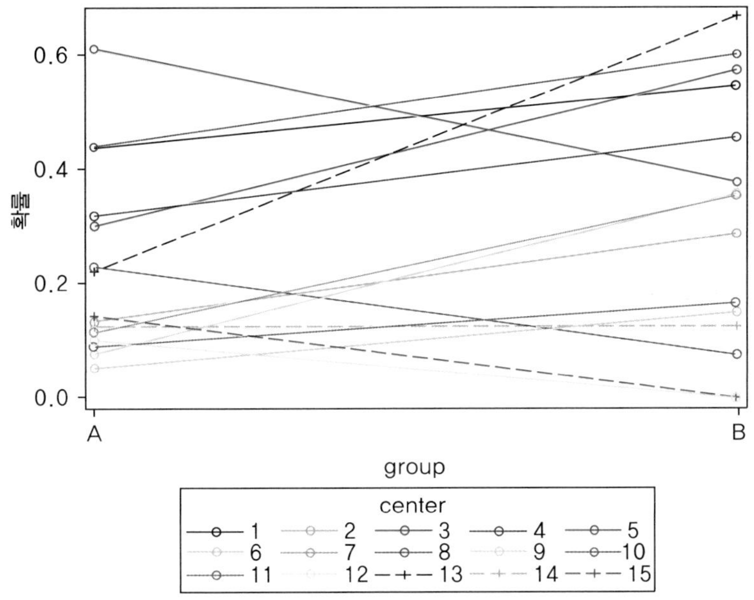

[그림 9.2] 센터별 치료 방법에 따른 부작용 발생 확률

병원 간의 차이를 고려한 확률절편 모형

병원 간의 차이를 고려한 다수준 로지스틱 회귀모형 중 가장 간단한 형태는 확률절편만 있는 아래와 같은 모형이다. 이 모형에서 제시하듯이 로지스틱 모형의 절편 β_{0j}는 병원을 나타내는 하첨자 j가 나타내듯이 병원에 따라 절편이 다름을 반영하고 있다. 또한 β_{0j}값은 단순히 하나의 고정된 값이 아니라 확률변수이다. 이를 나타낸 것이 2 수준 모형이다. 이 확률변수는 기댓값 γ_{00}와 오차항 U_{0j}로 구성이 된다. 오차항 U_{0j}의 분산인 τ_{00}는 병원 간(between) 로짓 분산의 크기를 나타낸다.

$$\log\left(\frac{\pi_{ij}}{1-\pi_{ij}}\right) = \beta_{0j} \qquad : 1 \text{ 수준 모형}$$

$$\beta_{0j} = \gamma_{00} + U_{0j} \qquad : 2 \text{ 수준 모형}$$

$$\log\left(\frac{\pi_{ij}}{1-\pi_{ij}}\right) = \gamma_{00} + U_{0j} \qquad : \text{통합모형}$$

(단, j는 2 수준(병원)을 나타내는 하첨자, i는 2 수준 내의 개인을 나타내는 하첨자, U_{0j}는 평균이 0이고 분산이 τ_{00}인 정규분포를 따르는 오차항)

위와 같은 다수준 무작위 효과 모형을 추정하기 위한 코드는 [표 9.16]에 제시되어 있다.

/*①*/은 2 수준 모형의 U_{0j}은 병원 간 차이를 나타내는 확률변수로 이 값을 추정하기 위한 것으로 SOLUTION 옵션을 지정함으로써 $\hat{U}_{0j}$값을 추정한 결과를 출력할 수 있도록 하고 있다.

/*②*/는 부작용 발생 확률을 예측한 값을 출력하도록 한 것으로 BLUP 옵션을 사용하면 병원별로 무작위 효과가 반영된 서로 다른 절편 값이 고려한 결과를 얻을 수 있다.

[표 9.16] 확률절편만 있는 다수준 로지스틱 회귀모형 SAS 코드

```
PROC GLIMMIX DATA=MULTICENTER;
    CLASS CENTER GROUP;
    MODEL SIDEEFFECT/N = / SOLUTION DIST=BINOMIAL LINK=LOGIT  ODDSRATIO;
    RANDOM INTERCEPT / SUBJECT=CENTER SOLUTION; /*①*/
    OUTPUT OUT=TEMP PRED (BLUP ILINK)=P; /*②*/
RUN;

PROC SGPLOT DATA=TEMP;
    VLINE GROUP/RESPONSE=P STAT=MEAN GROUP=CENTER;
RUN;
```

확률절편만 있는 다수준 로지스틱 회귀모형은 "부작용 확률의 변동 중 병원 간 변동에 의해서 설명되는 정도가 얼마인가?"라는 질문에 대한 답을 제시해준다. [표 9.17]은 공분산 추정량의 값을 나타내주고 있는데 병원 간 변동 값을 나타내주며 U_{0j}의 분산에 해당하며 0.5996이다. 한편 1 수준, 즉 개인 수준의 모형은 로지스틱 회귀모형으로 표준 로지스틱 분포의 경우 분산이 3.29($=\pi^2/3$)으로 가정되고 있다. 따라서 전체 부작용 확률의 변동 중에서 병원 간 변동으로 설명되는 정도를 설명하는 그룹 간 상관계수(intra-correlation coefficient, ICC)는 다음과 같이 계산된다. 즉 전체 종속변수의 변동(개인 변동+병원 변동) 중 15.4%의 변동이 병원 간 변동으로 설명된다고 해석할 수 있다. ICC값이 클수록 그룹 내의 동질성이 강하다는 것을 의미한다.

$$ICC = \frac{\tau_{00}}{\tau_{00} + 3.29} = \frac{0.5996}{0.5996 + 3.29} = 15.4\%$$

[표 9.17] 공분산 모수 추정량

Covariance Parameter Estimates			
Cov Parm	Subject	Estimate	Standard Error
Intercept	center	0.5996	0.3098

[표 9.18]은 추정된 $\hat{\gamma}_{00}$값이 -1.0355로 제시하고 있다. 이 값을 이용하여 $\hat{\pi}_{ij}$를 구하면 0.262임을 알 수 있다.

$$\pi_{ij} = \exp^{-1.0355} / (1 + \exp^{-1.0355}) \approx 0.262$$

[표 9.18] 회귀계수 추정 결과

Solutions for Fixed Effects					
Effect	Estimate	Standard Error	DF	t-value	Pr > |t|
Intercept	−1.0355	0.2314	14	−4.47	0.0005

위 결과를 종합하여 병원별로 부작용이 발생할 확률을 추정하기 위해 아래 식을 이용하면 된다.

$$\log\left(\frac{\pi_{ij}}{1-\pi_{ij}}\right) = \gamma_{00} + U_{0j}$$

이때 U_{0j}의 추정값은 [표 9.19]와 같은 무작위 효과의 추정 결과를 이용할 수 있다. 여기서 첫 번째 병원의 U_{0j}의 추정값 $\hat{U}_{01}$은 0.9110이므로 첫 번째 병원에서 부작용이 발생할 확률 π_{i1}은 0.4689임을 알 수 있다.[8]

$$\pi_{i1} = \exp^{(-1.0355 + 0.9110)} / (1 + \exp^{(-1.0355 + 0.9110)}) \approx 0.4689$$

---

8 참고로 OUTPUT 명령문의 PRED 옵션에서 (BLUP NOILINK)을 사용하면 예측 변수 P값은 $\gamma_{00} + U_{0j}$값을 출력해준다.

[표 9.19] 무작위 효과의 추정 결과

Solution for Random Effects						
Effect	Subject	Estimate	Std Err Pred	DF	t-value	Pr > |t|
Intercept	CENTER 1	0.9110	0.3163	15	2.88	0.0114
Intercept	CENTER 2	−0.2628	0.3557	15	−0.74	0.4714
Intercept	CENTER 3	0.8692	0.3406	15	2.55	0.0221
Intercept	CENTER 4	0.4932	0.3516	15	1.40	0.1811
Intercept	CENTER 5	0.6776	0.3542	15	1.91	0.0751
Intercept	CENTER 6	−0.8050	0.4338	15	−1.86	0.0832
Intercept	CENTER 7	−0.1127	0.4002	15	−0.28	0.7821
Intercept	CENTER 8	0.9050	0.3778	15	2.40	0.0301
Intercept	CENTER 9	−0.1607	0.4288	15	−0.37	0.7130
Intercept	CENTER 10	−0.4588	0.4540	15	−1.01	0.3282
Intercept	CENTER 11	−0.5486	0.4762	15	−1.15	0.2673
Intercept	CENTER 12	−0.8724	0.5288	15	−1.65	0.1198
Intercept	CENTER 13	0.5880	0.4425	15	1.33	0.2038
Intercept	CENTER 14	−0.5003	0.5179	15	−0.97	0.3493
Intercept	CENTER 15	−0.7227	0.5448	15	−1.33	0.2045

각 병원별 부작용의 예측확률은 구하기 위해서는 [표 9.16] SAS 코드의 OUTPUT 명령문을 이용할 수 있으며 첫 6개 병원의 출력 결과는 아래와 같다. [표 9.20]에서 P 변수는 $\hat{\pi}_{ij}$값을 계산한 것이며 앞에서 계산한 방식으로 구할 수 있다.

한편 PROB는 관찰된 부작용 확률이다. 예를 들면 1번 병원의 A 그룹의 PROB값은 0.4375(=14/32)으로 나타나고 있다.

동일 병원 센터에 있는 그룹의 $\hat{\pi}_{ij}$이 동일한데 이것은 GROUP을 모형에 반영하지 않은 채 추정을 하였기 때문이다. 따라서 GROUP 효과가 있는지를 분석하기 위해서는 이를 모형에 반영한 결과를 살펴볼 필요가 있다.

[표 9.20] 병원별 부작용 예측 결과

CENTER	GROUP	N	SIDEEFFECT	PROB	P
1	A	32	14	0.43750	0.46893
1	B	33	18	0.54545	0.46893
2	A	30	4	0.13333	0.21445
2	B	28	8	0.28571	0.21445
3	A	23	14	0.60870	0.45852
3	B	24	9	0.37500	0.45852
4	A	22	7	0.31818	0.36767
4	B	22	10	0.45455	0.36767
5	A	20	6	0.30000	0.41146
5	B	21	12	0.57143	0.41146
6	A	19	1	0.05263	0.13699
6	B	20	3	0.15000	0.13699

이상의 결과를 종합해보면 처리의 차이를 고려하지 않고 부작용이 발생할 기대확률은 0.262이지만 이 기대확률은 병원에 따라 상당히 차이가 있으며 이 차이는 약 15.4% 정도의 전체 부작용 확률 변동을 설명하고 있다고 해석할 수 있다.

이제 처리 차이 여부를 변수 포함한 다수준 확률절편 로지스틱 회귀모형(multi-level random intercept logistic regression)을 살펴보자. 1 수준과 2 수준 회귀모형은 다음과 같다.

$$\log\left(\frac{\pi_{ij}}{1-\pi_{ij}}\right) = \beta_{0j} + \beta_1 X_{ij} \qquad : 1\ 수준\ 모형$$

$$\beta_{0j} = \gamma_{00} + U_{0j} \qquad : 2\ 수준\ 모형$$

$$\log\left(\frac{\pi_{ij}}{1-\pi_{ij}}\right) = \gamma_{00} + \beta_1 X_{ij} + U_{0j} \qquad : 통합모형$$

(단, j는 2 수준(병원)을 나타내는 하첨자, i는 2 수준 내의 개인을 나타내는 하첨자, U_{0j}는 평균이 0이고 분산이 τ_{00}인 정규분포를 따르는 오차항)

위 모형을 분석하기 위한 SAS 코드는 [표 9.21]과 같다.

/*①*/의 MODEL 명령문에 독립변수로 GROUP을 지정하였다. 따라서 병원 내(within)에서 처리 방법 간에 부작용 확률이 어떻게 차이가 있는지를 분석할 수 있다.

/*②*/의 RANDOM 명령문에 절편(INTERCEPT)은 병원 간(between)에 확률효과

(SUBJECT=CENTER)를 갖는다는 것을 나타낸다. 또한, RANDOM 명령문 옵션의 SOLUTION은 확률효과를 갖는 절편의 기댓값뿐 아니라 병원별 절편 추정값을 계산해주도록 하고 있다.

[표 9.21] 확률절편과 처리 여부 독립변수가 있는 다수준 로지스틱 회귀분석 코드

```
PROC GLIMMIX DATA=MULTICENTER;
    CLASS CENTER GROUP;
    MODEL SIDEEFFECT/N = GROUP / SOLUTION DIST=BINOMIAL LINK=LOGIT
    ODDSRATIO; /*①*/
    RANDOM INTERCEPT / SUBJECT=CENTER SOLUTION;/*②*/
    OUTPUT OUT=TEMP PRED (NOBLUP ILINK)=P;
RUN;

PROC SGPLOT DATA=TEMP;
    YAXIS LABEL="부작용 발생 확률";
    XAXIS LABEL="처리방식";
    VLINE GROUP/RESPONSE=P STAT=MEAN GROUP=CENTER DATALABEL;
RUN;
```

[표 9.22]는 모형적합도 통계량 결과를 제시하고 있다. −2Log Likelihood 값을 살펴보면 81.44이다. 독립변수인 처리 종류(GROUP)를 포함하지 않고 단순히 확률절편만을 이용했던 기본 모형에서는 그 값이 85.48이었다. 따라서 약 4.04만큼의 우도가 변수 추가에 따라 증가했다고 볼 수 있다. −2Log Likelihood 차이에 따른 통계량은 카이제곱 분포를 따르며 자유도는 두 모형의 추정 모수의 차이이다. 여기서는 모형에 독립변수를 포함함에 따라 추가된 모수가 1개 더 있으므로 자유도가 1인 카이제곱 분포를 따른다.

[표 9.22] 모형적합도

Fit Statistics	
-2 Res Log Pseudo-Likelihood	81.44
Generalized Chi-Square	30.89
Gener. Chi-Square / DF	1.10

회귀계수 추정 결과는 [표 9.23]과 같다. 이 결과를 이용하여 A와 B 처리 그룹의 오즈비를 구하면 0.613이 된다. 즉 A 그룹은 B 그룹에 비해서 부작용이 발생할 오즈가 약 0.613배 적다. 따라서 A 처리 방식이 B 처리 방식보다 안전하다고 해석할 수 있다.

[표 9.23] 회귀계수 추정 결과

Solutions for Fixed Effects						
Effect	GROUP	Estimate	Standard Error	DF	t-value	Pr > |t|
Intercept		-0.8071	0.2514	14	-3.21	0.0063
group	A	-0.4896	0.2034	14	-2.41	0.0305
group	B	0	.	.	.	.

[그림 9.3]은 무작위 효과 모형을 이용하여 처리 그룹별로 부작용이 발생할 확률을 추정한 효과 그림(effect plot)을 그려본 결과이다. 이 그림에서 확인할 수 있듯이 A 그룹이 B 그룹보다는 부작용이 발생할 확률이 낮음을 어렵지 않게 알 수 있다. 또한 병원별로 두 그룹 간의 확률 차이가 동일하지는 않다는 점에 주의할 필요가 있다. 예를 들어 첫 번째 병원에서는 두 그룹의 차이가 0.121이지만 두 번째 병원에서는 0.082이다.

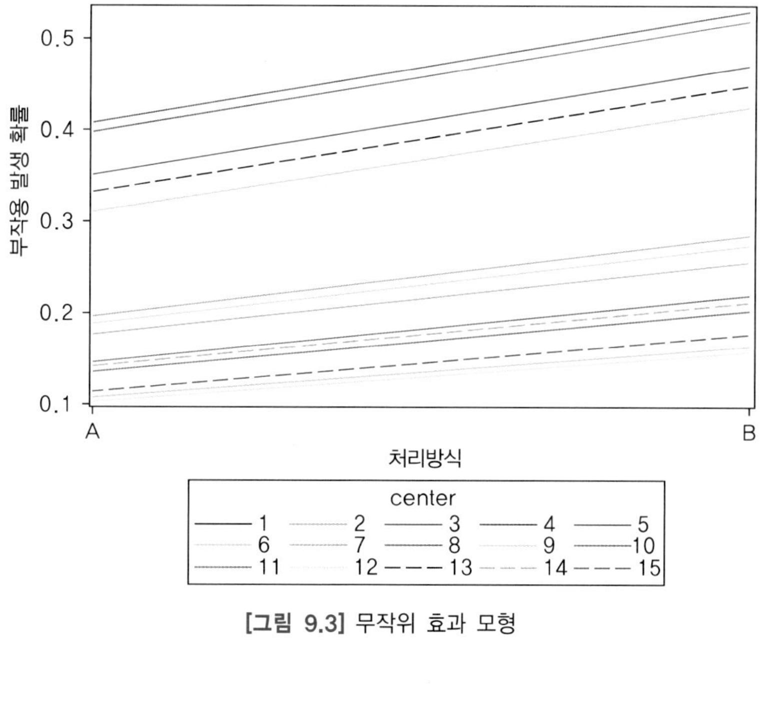

[그림 9.3] 무작위 효과 모형

3 다수준 로지스틱 회귀모형의 확장

한편 다수준 로지스틱 회귀모형은 개인 수준의 변수뿐만 아니라 그룹 수준의 변수들도 모형에 반영할 수 있다. 예를 들면 병원이 사립인지 공립인지 혹은 병원의 자본금 규모와 같은 변수는 환자 개인 수준의 변수가 아니라 병원이라는, 즉 2 수준의 변수인 것이다. 이 2 수준 변수가 1 수준 모형의 절편이나 회귀계수 추정에 영향을 줄 수 있는데 이를 반영한 다수준 로지스틱 회귀모형을 다음과 같이 설정할 수 있다.

$$\log\left(\frac{\pi_{ij}}{1-\pi_{ij}}\right)=\beta_{0j}+\beta_1 X_{ij} \qquad : 1\ \text{수준 모형}$$

$$\beta_{0j}=\gamma_{00}+\gamma_{0k}Z_{kj}+U_{0j} \qquad : 2\ \text{수준 모형}$$

$$\log\left(\frac{\pi_{ij}}{1-\pi_{ij}}\right)=\gamma_{00}+\beta_1 X_{ij}+\gamma_{0k}Z_{kj}+U_{0j} \qquad : \text{통합모형}$$

(단, j는 2 수준(병원)을 나타내는 하첨자, i는 2 수준 내의 개인을 나타내는 하첨자, X는 1 수준 독립변수, Z_{kj}는 k번째 2 수준 독립변수, γ_{0k}는 Z_{kj}의 회귀계수, U_{0j}는 평균이 0이고 분산이 τ_{00}인 정규분포를 따르는 오차항)

위 모형은 병원 간 차이가 확률효과를 갖고, 이 차이는 병원 수준의 변수에 영향을 받는다고 가정하고 있다. 이러한 영향을 통제한 후 X 변수가 개인 부작용 발생 확률에 미치는 영향을 측정한 것이 X의 회귀계수이다. [표 9.24]는 위 통합모형을 추정하기 위한 SAS 코드 예시를 제시하고 있다.

[표 9.24] 그룹 수준의 설명변수가 있을 때 확률 절편 모형의 SAS 코드 예시

```
PROC GLIMMIX;
   CLASS GROUPID;
   MODEL Y= X Z
   /DIST=BINARY LINK=LOGIT DDFM=BW SOLUTION ODDSRATIO;
   RANDOM INTERCEPT/SUBJECT=GROUPID SOLUTION;
RUN;
```

집단 간의 차이가 단순히 절편의 차이뿐만 아니라 개인 수준 변수의 회귀계수의 크기에도 영향을 줄 수 있다. 제2 수준 변수를 Z라고 한다면 아래와 같이 Z가 회귀계수의 절편뿐만 아니라 회귀계수에 영향을 주는 모형을 설정할 수 있다. 이러한 모형 설정은 아래 통합모형 식에서 확인할 수 있듯이 2 수준의 변수 Z와 1 수준 변수 X의 상호작용이 존재하는 것을 모형화하게 되는 것이다.

$$\log\left(\frac{\pi_{ij}}{1-\pi_{ij}}\right)=\beta_{0j}+\beta_{1j}X_{ij} \quad : 1\ 수준\ 모형$$

$$\beta_{0j}=\gamma_{00}+\gamma_{0k}Z_{kj}+U_{0j} \quad : 2\ 수준\ 모형(절편)$$

$$\beta_{1j}=\gamma_{10}+\gamma_{1k}Z_{kj} \quad : 2\ 수준\ 모형(회귀계수)$$

$$\begin{aligned}\log\left(\frac{\pi_{ij}}{1-\pi_{ij}}\right)&=\gamma_{00}+\gamma_{0k}Z_{kj}+U_{0j}+(\gamma_{10}+\gamma_{1k}Z_{kj})X_{ij} \quad : 통합모형\\&=\gamma_{00}+\gamma_{10}X_{ij}+\gamma_{0k}Z_{kj}+\gamma_{1k}X_{ij}Z_{kj}+U_{0j}\end{aligned}$$

[표 9.25]는 제2 수준 변수가 절편과 회귀계수에 영향을 미치는 위의 회귀모형을 분석하기 위한 SAS 코드의 예시이다. MODEL 명령문에는 1 수준 및 2 수준, 그리고 상호작용항이 포함되어 있음을 알 수 있다.

[표 9.25] 그룹 수준의 설명변수가 있을 때 확률 절편 및 그룹 간 회귀계수가 다른 모형의 SAS 코드 예시

```
PROC GLIMMIX;
   CLASS GROUPID;
   MODEL Y= X Z X×Z
   /DIST=BINARY LINK=LOGIT DDFM=BW SOLUTION ODDSRATIO;
   RANDOM INTERCEPT/SUBJECT=GROUPID SOLUTION;
RUN;
```

한편 다수준 로지스틱 회귀분석을 확장하여 종속변수가 3개 이상의 범주로 구성된 경우에는 다수준 다항 로지스틱 회귀분석(multilevel multinomial logistic regression) 모형을 사용해야 한다. 다수준 다항 로지스틱 회귀분석을 분석하기 위한 SAS 코드는 분포함수와 연계함수를 MODEL 명령문에서 DIST=MULTI LINK=CLOGIT와 같이 지정을 해주면 어렵지 않게 분석할 수 있다.[9]

4 연계함수의 이해

연계함수(link function)는 로지스틱 회귀분석을 비롯하여 여러 비선형 모형에서 널리 사용되는 중요한 개념이다. 우리가 예측하고자 하는 모수를 μ라고 가정해보자. 연계함수를 η(에타)라고 한다면 함수 g는 모수의 함수로 다음과 같이 나타낼 수 있다.

$$\eta = g(\mu)$$

우리가 흔히 사용하는 OLS도 이 연계함수로 나타낼 수 있다. OLS의 경우에는 우리가 추정하고자 하는 종속변수를 어떤 변수 변환을 하지 않고 있는 그대로 사용을 하므로 $g(\mu) = \mu$를 가정한다. 즉, 추정하고자 하는 종속변수와 연계함수가 동일하기 때문에 이를 항등 연계함수(identity link function)라고 부른다.

반면 로지스틱 회귀분석에서 우리가 추정하고자 하는 모수 μ는 π이다. 이를 추정하기 위해서 로짓 형태의 연계함수를 가정하여 독립변수들이 η를 설명하는 선형 모형을 사용하였다. 아래 η와 같은 연계함수를 로짓 연계함수(logit link function)라고 부른다.

$$\eta = g\left(\frac{\pi}{1-\pi}\right)$$

$$\eta = \beta_0 + \beta_1 X_1 + \beta_2 X_2$$

한편 우리가 예측하고자 하는 모수 μ가 어떤 확률분포를 갖는지에 대한 가정을 도입할 필요가 있다. 로지스틱 회귀분석에서 종속변수는 사건 발생 여부가 종속변수 Y가 된다. 이때 사건 발생 여부를 나타내는 종속변수의 확률분포는 베르누이 확률분포를 따른다고 가정할 수 있다. 따라서 확률분포는 BINARY로 지정하면 되고 이때의 로그-우도함수는 다음과 같이 나타낼 수 있다.

$$\ln L = y\ln(\pi) + (1-y)\ln(1-\pi)$$

이처럼 다양한 선형 혹은 비선형 모형을 추정할 때 연계함수와 분포함수를 지정을 하여 최우추정법을 이용하고 회귀계수를 추정하는 일반화된 방법을 찾아낼 수 있다. 실제로 통상적인 OLS나 로지스틱 회귀분석을 확장한 다수준 회귀모형의 추정도 이러한 연계

---

9 다수준 다항 로지스틱 분석의 예로는 Ene, M. *et al.*(2015), *Multilevel Models for Categorical Data Using SAS® PROC GLIMMIX: The Basics,* SAS proceedings, Paper 3430 혹은 Raudenbush and Bryk(2002) 제10장을 참고하기 바란다.

함수와 분포함수를 이용하여 모형의 회귀계수를 추정하는 것에 불과하다.

다수준 회귀모형(multilevel regression model) 분석을 위해 SAS가 제공하는 대표적인 프로시저는 PROC MIXED 프로시저이다. MIXED라는 단어가 의미하는 것처럼, 이 프로시저는 추정할 회귀모형의 변수가 확률효과(random effects) 변수인 경우와 고정효과(fixed effects) 변수인 경우를 모두 포괄하는 모형을 추정할 때 사용된다. 다수준 자료의 경우에는 개인이 집단 속에 속한 계층적 자료 구조를 갖게 된다. MIXED 모형은 집단 간의 변동을 확률효과로 반영하면서 집단 내에서 개인 단위의 독립변수가 종속변수에 어떤 영향을 미치는지를 분석할 수 있도록 해준다. 하지만 MIXED 모형은 종속변수가 범주형이면 사용할 수 없으므로 다수준 로지스틱 회귀분석을 수행하기 위해서는 일반화된 프로시저가 필요하다.

GLIMMIX 프로시저는 다수준 로지스틱 회귀분석뿐만 아니라 통상적인 로지스틱 회귀분석에서도 사용할 수 있다. 사실 LOGISTIC 회귀분석보다 일반적인 상황의 자료를 분석할 수 있도록 하는 것이 GLIMMIX 프로시저이다. GLIMMIX는 종속변수의 분포가 정규분포가 아닌 경우에도 회귀모형을 추정할 수 있는 다양한 분포와 연계함수를 제공해 주기 때문이다. 따라서 일반화 선형 혼합모형(generalized linear mixed models)을 추정하기 위한 프로시저라고 할 수 있다. 이를 잘 이해하면 확장된 다양한 형태의 로지스틱 회귀분석을 수행할 수 있다.

[표 9.26]은 종속변수가 갖는 다양한 조건부 확률분포를 제시해주고 있다. 통상적인 로지스틱 회귀분석의 경우에는 DIST=BINOMIAL을 사용하며, 다항 로지스틱 회귀분석의 경우에는 DIST=MULT를 사용한다. 만일 특별히 연계함수를 지정하지 않으면 [표 9.26]의 오른쪽에 나타난 연계함수가 기본값으로 사용된다.

한편 GLIMMIX 프로시저에서는 종속변수가 연속형 변수면 정규분포를, 문자형 변수나 범주형 변수인 경우에는 다항분포(multinomial distribution)가 기본값으로 설정되어 있다. 따라서 DIST= 옵션을 따로 지정하지 않으면 종속변수의 특징에 따라 자동으로 값이 지정된다. 종속변수가 “YES”, “NO”와 같이 두 개의 범주를 갖고 있어서 통상적인 로지스틱 회귀분석을 사용해야 하는데 DIST=BINOMIAL로 지정하게 되면 오류가 난다. 이것은 BINOMIAL 분포는 종속변수가 숫자형 변수로 지정되어 있을 때만 제대로 작동하기 때문이다. 종속변수가 두 개의 범주를 갖는 문자형 변수 형태로 입력되어 있을 경우에는 DIST=BINARY로 지정해야 분석결과를 얻을 수 있다.

[표 9.26] GLIMMIX 프로시저에서 제공되는 각종 분포함수

<table>
<tr><th>DIST=</th><th>Distribution</th><th>Default Link Function</th></tr>
<tr><td>BETA</td><td>beta</td><td>logit</td></tr>
<tr><td>BINARY</td><td>binary</td><td>logit</td></tr>
<tr><td>BINOMIAL | BIN | B</td><td>binomial</td><td>logit</td></tr>
<tr><td>EXPONENTIAL | EXPO</td><td>exponential</td><td>log</td></tr>
<tr><td>GAMMA | GAM</td><td>gamma</td><td>log</td></tr>
<tr><td>GAUSSIAN | G | NORMAL | N</td><td>normal</td><td>identity</td></tr>
<tr><td>GEOMETRIC | GEOM</td><td>geometric</td><td>log</td></tr>
<tr><td>INVGAUSS | IGAUSSIAN | IG</td><td>inverse Gaussian</td><td>inverse squared
(power(−2))</td></tr>
<tr><td>LOGNORMAL | LOGN</td><td>lognormal</td><td>identity</td></tr>
<tr><td>MULTINOMIAL | MULTI | MULT</td><td>multinomial</td><td>cumulative logit</td></tr>
<tr><td>NEGBINOMIAL | NEGBIN | NB</td><td>negative binomial</td><td>log</td></tr>
<tr><td>POISSON | POI | P</td><td>Poisson</td><td>log</td></tr>
<tr><td>TCENTRAL | TDIST | T</td><td>t</td><td>identity</td></tr>
<tr><td>BYOBS(variable)</td><td>multivariate</td><td>varied</td></tr>
</table>

GLIMMIX가 제공하는 다양한 연계함수를 살펴보자. [표 9.27]에서처럼 LINK=CLOGIT 옵션은 누적 로지스틱 함수를 연계함수로 사용하는데, 순서형 로지스틱 회귀분석을 수행하는 데 사용한다. LINK=GLOGIT은 일반화 로짓 연계함수로 다항 로지스틱 회귀분석을 수행할 때 사용한다. 만일 로지스틱 회귀분석을 수행하지 않고 프로빗 회귀분석을 수행하는 경우 LINK=PROBIT 옵션을 사용하면 된다.

[표 9.27] GLIMMIX 프로시저에서 제공하는 다양한 연계함수

<table>
<tr><th>LINK=</th><th>Link Function</th><th>$g(\mu)=\eta=$</th></tr>
<tr><td>CUMCLL | CCLL</td><td>cumulative
complementary log-log</td><td>$\log(-\log(1-\pi))$</td></tr>
<tr><td>CUMLOGIT | CLOGIT</td><td>cumulative logit</td><td>$\log(\gamma/(1-\pi))$</td></tr>
<tr><td>CUMLOGLOG</td><td>cumulative log-log</td><td>$-\log(-\log(\pi))$</td></tr>
<tr><td>CUMPROBIT | CPROBIT</td><td>cumulative probit</td><td>$\Phi^{-1}(\pi)$</td></tr>
<tr><td>CLOGLOG | CLL</td><td>complementary log-log</td><td>$\log(-\log(1-\mu))$</td></tr>
<tr><td>GLOGIT | GENLOGIT</td><td>generalized logit</td><td></td></tr>
<tr><td>IDENTITY | ID</td><td>identity</td><td>μ</td></tr>
<tr><td>LOG</td><td>log</td><td>$\log(\mu)$</td></tr>
<tr><td>LOGIT</td><td>logit</td><td>$\log(\mu/(1-\mu))$</td></tr>
<tr><td>LOGLOG</td><td>log-log</td><td>$-\log(-\log(\mu))$</td></tr>
<tr><td>PROBIT</td><td>probit</td><td>$\Phi^{-1}(\mu)$</td></tr>
<tr><td>POWER(λ) | POW(λ)</td><td>power with exponent λ=
number</td><td>$\begin{cases} \mu^{\lambda} & \text{if } \lambda \neq 0 \\ \log(\mu) & \text{if } \lambda = 0 \end{cases}$</td></tr>
</table>

LINK=	Link Function	$g(\mu)=\eta=$
POWERMINUS2	power with exponent −2	$1/\mu^2$
RECIPROCAL I INVERSE	reciprocal	$1/\mu$
BYOBS(*variable*)	varied	varied

LOGISTIC 프로시저와 GLMMIX 프로시저가 동일한 결과를 제시하는 것을 살펴보기 위해 [표 9.28]의 코드를 살펴보자. [표 9.28]의 LOGISTIC과 GLIMMIX 코드는 동일한 결과를 출력하는데 주의해야 할 것은 가변수 코딩이다. LOGISTIC에서 범주형 변수는 효과 코딩을 따르지만 GLMMIX 프로시저는 기준변수 코딩을 따른다. 따라서 LOGISTIC 프로시저의 CLASS 명령문에 PARAM=REF 옵션을 사용하면 동일한 결과를 얻는다. 이때 종속변수가 성공 여부를 나타내기 때문에 베르누이 확률분포를 가정하기 위해 DIST =BINARY를, 회귀계수 추정은 로짓에 대한 선형 회귀모형을 추정하므로 LINK=LOGIT을 사용하면 된다.

[표 9.28] LOGISTIC과 GLMMIX 프로시저의 비교

```
PROC LOGISTIC DATA=NEURALGIA;
   CLASS TREATMENT SEX/PARAM=REF;
   MODEL  PAIN= TREATMENT SEX AGE DURATION/ EXPB;
   OUTPUT OUT=TEMP PRED=P;
RUN;

PROC GLIMMIX DATA=NEURALGIA;
   CLASS  TREATMENT SEX;
   MODEL  PAIN= TREATMENT SEX AGE DURATION/ DIST=BINARY LINK=LOGIT
   SOLUTION  ODDSRATIO;
   OUTPUT OUT=TEMP PRED (NOBLUP ILINK)=P;
RUN;
```

CHAPTER 10

빈도 회귀분석

빈도자료(count data)에 대한 회귀분석은 종속변수가 범주형 자료나 순서형 자료가 아니라 사건 발생 횟수 등을 측정한 상황에 해당한다. 논문 출판횟수, 병원에 방문한 횟수, 온라인 쇼핑몰에서 상품을 구매한 횟수, 1년에 동사무소를 방문한 횟수, 인터넷 게시판에 댓글을 단 횟수, 소송을 건 횟수, 기업의 특허 수, 대학교수의 논문 수, 작업장 사고 혹은 사망자 수 등에 영향을 주는 독립변수가 무엇인지를 살펴볼 때 빈도자료에 대한 회귀분석을 수행할 수 있다.[1]

빈도자료에 대한 회귀분석에서 종속변수는 반복횟수 혹은 빈도이다. $y = 2$라고 한다면 관심 있는 사건이 관심 있는 기간 동안 2번 일어난 경우이다. 병원을 방문한 경우라고 한다면 개인이 병원을 2번 방문한 경우다. 이때 반복횟수를 하나의 연속형 변수로 간주하고 OLS 방법을 사용하는 경우가 많다. 이 경우 비효율적이고, 비일관적이고 편의 추정치를 얻게 된다(Long, 1997:217). 특히 병원을 방문한 횟수가 0번, 1번, 2번인 경우의 빈도는 높지만 3번, 4번, 혹은 5번으로 갈수록 급격히 줄어들게 되기 때문에 1번과 2번 차이를 2번과 3번 차이와 동일하게 간주하기는 어렵다. 즉 빈도변수를 연속형 변수로 간주하는 경우 추정상에 문제가 생기는 것이다. 이러한 이유로 빈도자료에 대한 회귀분석은 종속변수인 빈도변수의 값의 분포를 정규분포를 가정하기 어려운 경우에 적용하는 방법론이라고 할 수 있다.

빈도자료에 대한 회귀분석은 통계이론을 공부할 때 이산형 변수(discrete variable)의

1 빈도자료를 이용한 선행연구들에 대해서는 Long(1997:217)을 참고하기 바란다.

확률분포 부분을 충실히 이해한 사람이라면 어렵지 않게 그 이론을 이해할 수 있다. 빈도 자료에 대한 분석에 가장 널리 사용되는 방법은 포아송 회귀분석과 음의 이항 회귀분석(negative binomial regression)이므로 이를 중심으로 살펴보도록 하자.

1 포아송 회귀분석

한 번의 실험에서 성공 혹은 실패의 사건만 발생하는 경우가 있다고 생각해보자. 이 실험을 여러 번 반복해서 몇 번 성공했는지를 측정할 수 있다. 즉 n번 중에 X번 성공했다면 X는 주어진 시간에 관찰된 성공의 횟수를 나타내는 확률변수로 이해할 수 있다. 이 과정은 성공과 실패의 두 가지 사건만 있는 베르누이 실험을 확장한 이항분포를 확장한 것이다.

단위시간에 어떤 사건이 발생한 횟수를 확률변수 Y라고 해보자. 단위시간에 평균적으로 사건이 발생할 횟수를 μ라고 할 때 이 확률변수는 아래와 같은 포아송 분포를 따른다.[2]

$$f(y) = P(Y = y) = \frac{e^{-\mu}\mu^{y}}{y!}$$

(단, e는 자연대수(natural log)의 밑수와 같은 값으로 자연상수)

포아송 분포는 모수 값이 단위 시간당 평균사건 발생건수인 μ이며 기댓값과 분산은 아래와 같다.

$$E(X) = \mu, \quad Var(X) = \mu$$

[표 10.1]의 프로그램처럼 평균사건 발생횟수를 1, 2, 3, 10으로 변화시켰을 때 포아송 분포를 따르는 확률변수의 확률분포는 [그림 10.1]과 같이 변화함을 알 수 있다. 평균사건 발생횟수가 커짐에 따라 자료는 점차 정규분포에 근사하게 된다.

2 단위시간에 사건의 출현횟수가 모두 포아송 분포를 따르는 것은 아니다. 포아송 과정의 조건을 만족해야 되는데 이에 대해서는 고길곤(2017) 제4장을 참고하기 바란다. 일반적으로 포아송 분포에 관한 확률통계 이론에서는 μ라는 기호 대신에 λ 기호를 사용한다.

[표 10.1] 평균사건 발생건수(μ)의 변화에 따른 포아송 분포의 변화 코드

```
DATA POISSON;
  DO MU=1, 2, 3, 10;
  %let MU=&MU;
  DO Y=0 TO 20;
  PROB=PDF("POISSON", Y, MU);
  OUTPUT;
  END;
  END;
RUN;
PROC SGPANEL DATA=POISSON;
  PANELBY MU;
  ROWAXIS LABEL="Pr(Y)";
  NEEDLE X=Y Y=PROB;
RUN;
```

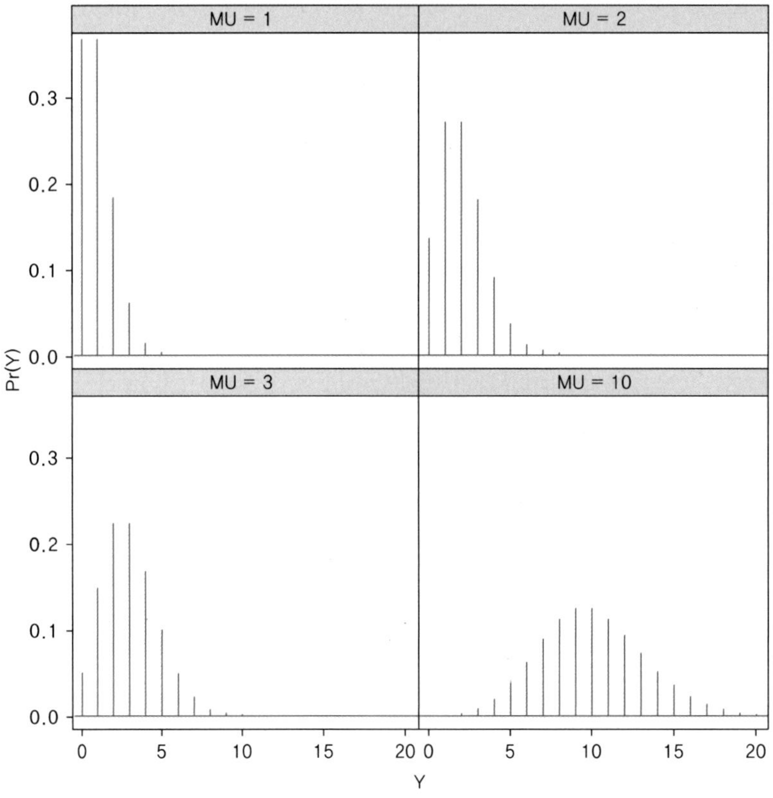

[그림 10.1] 평균사건 발생건수(μ)의 변화에 따른 포아송 분포의 변화

포아송 회귀모형의 일반식은 다음과 같이 나타낼 수 있다.

$$Y = E(Y|X) + \epsilon \text{ (단, } \epsilon \text{은 평균과 분산이 } \exp(X\beta) \text{인 포아송 분포를 따름)}$$

이때 독립변수가 주어졌을 때 평균사건 발생 건수를 예측할 수 있다고 가정을 하면 관찰점 i의 독립변수 벡터 X_i가 주어졌을 때 사건 발생의 기댓값 $E(Y_i|X_i)$은 OLS에서처럼 독립변수의 선형결합으로 나타낼 수 있다고 가정할 수 있다. 만일 독립변수가 하나만 있는 모형을 가정하면 다음과 같이 나타낼 수 있다.[3]

$$\mu_i = E[Y_i|X_i] = \beta_o + \beta_1 x_i$$

하지만 평균사건 발생건수 μ_i는 독립변수의 변화에 따라 비선형의 지수분포적으로 변한다는 가정이 많이 사용되기 때문에 일반적인 포아송 회귀분석에서는 다음과 같은 함수관계를 가정한다.

$$\mu_i = E[Y_i|X_i] = \exp(\beta_o + \beta_1 x_i)$$

위 식에 로그를 취하게 되면 자연스럽게 평균사건 발생건수의 로그 값이 아래와 같이 독립변수의 선형결합으로 나타내진다는 것을 의미함을 알 수 있다. 이런 이유로 포아송 회귀분석을 할 때 연결함수(link function)를 log로 지정해주는 것이 일반적이다.

$$\log\mu_i = \beta_o + \beta_1 x_i$$

따라서 회귀계수 β_1의 의미는 독립변수 x가 한 단위 변할 때 종속변수인 평균사건 발생 건수는 $100 \times \beta_1 \%$만큼 변한다고 해석할 수 있다.

한편 평균사건 발생건수 μ_i가 $\exp(\beta_o + \beta_1 x_i)$이라는 사실을 이용하면 독립변수가 주어졌을 때 사건이 y개 발생할 확률 $Y = y$는 포아송 분포에 따라 다음과 같이 나타낼 수 있다.

$$P(Y = y_i) = \frac{e^{-\mu_i}\mu_i^{y_i}}{y_i!} = \frac{e^{-e^{(\beta_0+\beta_1 X_i)}} e^{(\beta_0 + \beta_1 X_i) y_i}}{y_i!}$$

이 최우추정법을 활용하기 위해 위 확률을 우도함수(likelihood function)에 사용하면

3 SAS에서는 이러한 선형관계를 가정할 때 링크함수를 identity link로 지정해준다. 이 링크함수를 사용하면 분석 결과 해석이 간단하지만 예측된 값이 $\mu < 0$일 수 있다. 빈도에서는 이러한 값을 갖는다는 것이 말이 되지 않기 때문에 로그를 링크함수로 사용하는 것이 선호된다.

다음과 같은 우도함수를 얻을 수 있다.

$$L(\beta|Y,X)=\prod_{i=1}^{n}P(Y=y_i|\mu_i)=\prod_{i=1}^{n}\frac{e^{-\mu_i}\mu_i^{y_i}}{y_i!}=\prod_{i=1}^{n}\frac{e^{-e^{(\beta_0+\beta_1X_i)}}e^{(\beta_0+\beta_1X_i)y_i}}{y_i!}$$

이 우도함수에 로그를 취한 함수(log likelihood function)를 최소화하는 회귀계수 β 값을 찾으면 포아송 회귀모형의 계수를 추정할 수 있다. 이때 로그-우도함수를 최소화하는 회귀계수는 미분방정식을 이용하여 추정하기 어려우므로 수치해석 방법을 이용하여 추정치를 구하게 된다.

1) 포아송 회귀분석 결과의 해석

포아송 회귀분석 결과의 해석은 OLS 이론을 충실히 이해한 사람이면 어렵지 않게 이해할 수 있다. 하지만 앞에서 제시한 이론들을 제대로 이해하지 못한 채 분석결과를 해석하게 되면 여러 가지 치명적인 해석의 오류가 발견될 수 있으므로 조심해야 한다. 포아송 회귀분석의 해석은 독립변수의 변화에 따라 사건 발생의 기대 빈도가 얼마나 변하는지를 가지고 주로 해석하게 된다.

연속형 독립변수의 회귀계수의 해석

포아송 회귀분석은 링크함수를 로그로 하는 경우에는 당연히 비선형 모형이 된다.[4] 따라서 독립변수가 한 단위 변했을 때 종속변수가 얼마나 변하는지에 대한 해석은 신중할 필요가 있다.

연속형 독립변수의 회귀계수는 미분을 이용하여 독립변수가 아주 작은 크기만큼 변했을 때 종속변수의 값이 얼마나 변하는지를 살펴보는 방법과 일반적 OLS의 경우처럼 독립변수가 1단위 변했을 때 종속변수의 크기가 얼마나 변했는지를 살펴보는 방법으로 구분할 수 있다.

미분을 이용하여 독립변수가 아주 작은 크기만큼 변했을 때 사건발생 횟수의 기댓값 변화는 아래와 같다.

4 링크함수를 무엇으로 사용했는지 설명하지 않은 논문들이라면 최소한 포아송 회귀모형의 일반식이라도 논문에서 제시해주는 것이 필요하다. 링크함수로 identity 함수 형태도 가능하기 때문이다.

$$\log\mu_i = \log E(Y_i|X_i] = \beta_o + \beta_1 x_i$$

$$\frac{\partial E[Y_i|X_i]}{E[Y_i|X_i]} = \beta_1 \partial x$$

따라서 연속형 독립변수 x가 아주 조금 변했을 때 사건발생 횟수의 기댓값은 $100\times\beta_1\%$만큼 변한다고 해석할 수 있다. 하지만 ∂x의 크기가 아주 작다는 것의 의미가 모호하기 때문에 독립변수가 한 단위 변했을 때의 경우를 가지고 해석하는 경우가 일반적이다.

독립변수가 한 단위 변했을 경우 평균 사건발생 횟수 μ가 얼마나 변화하는지에 대한 해석은 조금 달라진다. 독립변수가 x_1값을 가질 때와 이것이 한 단위 더 큰 값, 즉 x_1+1을 가질 때 사건발생 횟수 기댓값 μ_1과 μ_2는 각각 다음과 같다.

$$\mu_1 = e^{\beta_0 + \beta_1 x_1}$$

$$\mu_2 = e^{\beta_0 + \beta_1(x_1+1)} = e^{\beta_0 + \beta_1 x_1} e^{\beta_1} = \mu_1 e^{\beta_1}$$

따라서 독립변수가 한 단위 증가하게 되면 사건발생 횟수는 e^{β_1}배로 증가한다고 해석할 수 있다. 이를 일반화하여 독립변수가 δ만큼 증가하는 경우라면, 사건 발생 횟수는 $e^{\beta_1\delta}$배로 증가한다고 해석할 수 있다.

범주형 독립변수 회귀계수의 해석

범주형 독립변수 회귀계수의 해석은 어떻게 가변수가 코딩되어 있는지에 따라 달라진다. 그러나 일반적인 사용하는 기준 코딩 방법에 따라 3개의 범주가 있는 변수의 가변수를 범주 3을 기준으로 하여 다음과 같이 정의해보자.

$$\begin{cases} \text{범주 1이면 } D1 = 1,\ o/w D1 = 0 \\ \text{범주 2이면 } D2 = 1,\ o/w\, D2 = 0 \end{cases}$$

이렇게 가변수가 정의가 되면 각 범주별로 계산되는 사건발생 횟수 기댓값은 아래와 같다.

$$\begin{cases} \text{범주 1이면 } & e^{\beta_0 + \beta_1} \\ \text{범주 2이면 } & e^{\beta_0 + \beta_2} \\ \text{범주 3이면 } & e^{\beta_0} \end{cases}$$

따라서 범주 1의 사건발생 기대빈도는 기준점이 되는 범주 3의 사건발생 횟수 기대빈도의 e^{β_1}배라고 해석할 수 있고, 범주 2의 사건발생 횟수 기댓값은 기준점이 되는 범주 3의 사건발생 기대빈도의 e^{β_2}배라고 해석할 수 있다.

이를 예제를 이용하여 설명해보도록 하자.[5] [표 10.2]의 /*①*/은 자동차 보험과 관련된 빈도자료에 대한 정보를 갖고 있다. N은 전체 자동차 보험 가입자 수, C는 자동차 보험 청구 횟수, CAR는 자동차 유형, AGE는 나이 유형을 나타낸다.

포아송 회귀분석은 여러 프로시저를 사용할 수 있으나 일반적으로는 GENMOD 프로시저를 사용한다. 로지스틱 회귀분석과 다르게 MODEL 명령문에서 DIST= 옵션에는 POISSON을 지정해주고, LINK= 옵션에는 LOG를 지정해주면 포아송 회귀분석을 수행할 수 있다. 특히 /*②-1*/에서처럼 STORE 명령문을 사용하여 추정된 모형에 대한 정보를 저장한 후 /*④*/의 PLM 프로시저를 이용하여 사건 발생의 기대횟수를 추정할 수 있다.

[표 10.2] 포아송 회귀분석을 위한 SAS 코드

```
DATA INSURE;/*①*/
   INPUT N C CAR$ AGE;
   LN = LOG(N); /*①-1*/
   DATALINES;
   500   42  SMALL  1
   1200  37  MEDIUM 1
   100    1  LARGE  1
   400  101  SMALL  2
   500   73  MEDIUM 2
   300   14  LARGE  2
   ;
RUN;
PROC GENMOD DATA=INSURE;/*②*/
   CLASS CAR AGE;
   MODEL C = CAR AGE / DIST   = POISSON
   LINK   = LOG OFFSET=LN WALD; /*②-1*/
   OUTPUT OUT=RESULT P=PRED;
   STORE WORK.EST;/*②-1*/
RUN;
PROC PRINT;RUN;
```

5 이 자동차 보험 예제는 SAS/STAT 매뉴얼에서 제공하는 예제로 자동차 보험 가입에 차 유형과 나이 유형이 영향을 미치는지를 살펴보기 위한 것이다.

```
PROC SGPLOT DATA=RESULT;/*③*/
   LABEL C="실제값" PRED="예측값";
   SCATTER X=C Y=PRED;
   LINEPARM X=20 Y=20 SLOPE=1;
RUN;
DATA TEST;
   INPUT N C CAR$ AGE;
   LN=LOG(N);
   CARDS;
   500   42  SMALL  1
   500   42  SMALL  2
   ;
RUN;
PROC PLM RESTORE=WORK.EST;/*④*/
   SCORE DATA=TEST OUT=RST/ILINK;
RUN;
PROC PRINT;RUN;
```

위 포아송 회귀분석에서 주의할 부분은 PROC GENMOD 프로시저의 MODEL 명령문의 OFFSET= 옵션이다. 일반적으로 포아송 회귀분석은 주어진 동일 단위 시간에 사건의 발생 횟수를 모형화한 것이다. 하지만 예제자료는 전체 사건과 특정 사건 빈도가 함께 제공되어 있다. 즉, 가입자의 수는 100명부터 1,200명에 이르기까지 다양하므로 1명의 보험청구 숫자의 의미가 다를 수밖에 없다. 따라서 포아송 로지스틱 회귀모형은 가입자 당 보험청구 빈도의 형태로 모형을 설정하는 것이 바람직하다.

$$\log\frac{\mu_i}{n_i} \equiv \beta_o + \beta_1 x_i$$

$$\log\mu_i = \log n_i + \beta_o + \beta_1 x_i$$

이때 독립변수로 포함되는 $\log\ n_i$는 회귀계수가 1인 형태가 되는데 GENMOD나 COUNTREG 프로시저에서는 이 변수를 MODEL 명령문에 OFFSET= 옵션에 지정을 해주면 된다. [표 10.2]의 프로그램 코드에서 /*①-1*/에서 만든 LN 변수는 $\log\ n_i$을 의미하며, LN을 OFFSET 변수로 사용한 것이다. 이 변수를 사용하지 않으면 포아송 회귀분석은 동일한 가입자 당 보험청구 빈도를 구하게 된다.[6]

---

6 OFFSET 옵션을 굳이 사용하지 않으려면 종속변수를 C/N으로 사용해도 된다. 즉 /*②-1*/의

모형적합도를 판단하기 위한 결과는 아래와 같다. Deviance값은 모형에 사용된 변수를 이용하여 적합된 모형의 로그-우도함수 값과 완벽히 적합된 모형의 로그-우도함수 값의 차이를 나타낸 것으로 이 차이가 작을수록 모형의 적합도가 좋다고 판단된다. 이 Deviance 값은 근사적으로 카이제곱 분포를 따르므로 자유도가 2이고 카이제곱 통계량이 2.8207인 경우의 p-value는 0.244가 되므로[7] 모형적합도가 좋다고 판단할 수 있다. 한편, Deviance 나 Scaled Pearson χ^2값이 1에 가까우면 모형적합도가 좋은 것으로 판단할 수 있는데 Value/DF값을 보더라도 1에 가까우므로 모형적합도가 좋다고 해석할 수 있다. 하지만 모형적합도를 단순히 이러한 통계량을 이용해서 판단하는 것은 문제가 많기 때문에[8] 예측값과 실제 값을 비교해서 판단하는 것이 좋다. /*③*/과 같이 예측된 값과 관측된 값의 차이를 45도 직선과 얼마나 떨어져 있는지를 비교해보면 모형적합도를 정확하게 판단할 수 있다.

[표 10.3] 모형적합도

Criteria For Assessing Goodness Of Fit			
Criterion	DF	Value	Value/DF
Deviance	2	2.8207	1.4103
Scaled Deviance	2	2.8207	1.4103
Pearson Chi-Square	2	2.8416	1.4208
Scaled Pearson X2	2	2.8416	1.4208
Log Likelihood		837.4533	
Full Log Likelihood		-16.4638	
AIC(smaller is better)		40.9276	
AICC(smaller is better)		80.9276	
BIC(smaller is better)		40.0946	

MODEL 명령문을 다음과 같이 지정해도 동일한 결과를 얻을 수 있다.

```
MODEL C/N = CAR AGE / DIST  = POISSON LINK  = LOG;
```

7
```
DATA PVALUE; PVALUE=1-CDF("CHISQ",2.8207,2);
RUN; PROC PRINT;RUN;
```

8 McCullagh, P. and Nelder, J. A.(1989), *Generalized Linear Models*(2nd ed.), London: Chapman & Hall.

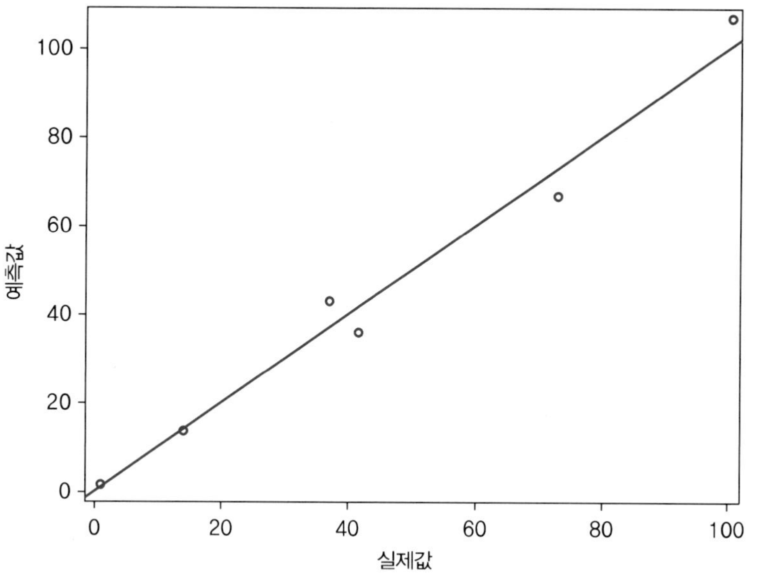

[그림 10.2] 예측값과 실제값의 차이를 나타낸 산점도

한편 PROC GENMOD의 MODEL 명령문에 WALD 혹은 TYPE3 옵션을 주면 독립변수가 통계적으로 유의미한지에 대한 통계적 가설검정을 수행한 결과를 제시해준다. [표 10.4]는 왈드 검정 결과를 제시한 것으로 독립변수가 모두 통계적으로 유의미함을 알 수 있다.

[표 10.4] 독립변수의 통계적 가설검정

Wald Statistics For Type 3 Analysis			
Source	DF	Chi-Square	Pr > ChiSq
CAR	2	60.12	<.0001
AGE	1	94.34	<.0001

[표 10.5]는 모형 추정 결과이다. 추정 결과를 살펴보면 CAR=LARGE의 사건 발생 기대빈도는 기준 범주인 CAR=SMALL의 기대빈도의 exp(−1.7643), 즉 0.171배로 나타나고 있다.

참고로 분산의 크기를 나타내는 SCALE 변수의 추정량이 1의 값으로 나타나고 있다. 이것은 추정값이 1이기 때문이 아니라 분산을 포아송 회귀분석에서는 1로 고정을 하였기 때문이다.[9]

[표 10.5] 포아송 회귀분석 계수 추정 결과

Analysis Of Maximum Likelihood Parameter Estimates								
Parameter		DF	Estimate	Standard Error	Wald 95% Confidence Limits		Wald Chi-Square	Pr > ChiSq
INTERCEPT		1	−1.3168	0.0903	−1.4937	−1.1398	212.73	<.0001
CAR	LARGE	1	−1.7643	0.2724	−2.2981	−1.2304	41.96	<.0001
CAR	MEDIUM	1	−0.6928	0.1282	−0.9441	−0.4414	29.18	<.0001
CAR	SMALL	0	0.0000	0.0000	0.0000	0.0000	.	.
AGE	1	1	−1.3199	0.1359	−1.5863	−1.0536	94.34	<.0001
AGE	2	0	0.0000	0.0000	0.0000	0.0000	.	.
SCALE		0	1.0000	0.0000	1.0000	1.0000		

예를 들어 CAR = SMALL이고 AGE = 1인 경우를 살펴보자. 이 경우 예측된 빈도수는 [표 10.5]의 추정된 회귀계수 이용해 계산해보면 35.799건이다.

$$\log\mu_i = \log E(Y_i|X_i) = \ln(500) + (-1.3168 - 1.3199)$$
$$u_i = \exp(3.578) = 35.799$$

이 예측 빈도수는 GENMOD 프로시저의 OUTPUT 명령문의 P 키워드를 이용하여 동일한 결과를 얻을 수 있는데 [표 10.6]은 각 관찰점의 예측된 빈도가 PRED 열에 제시되어 있다.

[표 10.6] 예측된 사건 빈도수

N	C	CAR	AGE	LN	PRED
500	42	SMALL	1	6.21461	35.799
1200	37	MEDIUM	1	7.09008	42.975
100	1	LARGE	1	4.60517	1.227
400	101	SMALL	2	5.99146	107.201
500	73	MEDIUM	2	6.21461	67.025
300	14	LARGE	2	5.70378	13.773

9 이러한 이유로 SAS 출력물에 다음과 같은 메시지를 확인할 수 있다. "Note: The scale parameter was held fixed."

주의해야 할 것은 독립변수 X가 한 단위 증가할 때 종속변수, 즉 기대빈도는 e^{β}배 만큼 증가한다는 해석은 각 범주별로 관찰점, 즉 n_i가 동일한 경우에만 적용이 된다는 점이다. 본 예제처럼 독립변수가 변화할 때 n_i가 함께 변화하면 $\ln(n_i)$는 더 이상 상수가 아니라 X와 연관된 변수가 되므로 포아송 회귀모형을 X에 대해 미분을 하면 종속변수의 기대빈도 변화는 e^{β}와 $\dfrac{\partial \ln(n_i)}{\partial x}$의 합이 된다.

하지만, 기대빈도 수 변화가 아니라 사건 발생확률 변화로 해석해보면 X가 한 단위 증가하면 사건발생 확률이 e^{β}배 만큼 증가한다는 해석이 가능하다. 예를 들어 CAR = SMALL인 상황에서 AGE = 2인 경우 기대된 사건발생 확률은 0.268(= 107.201/400)이다. AGE = 1인 가변수의 회귀계수가 -1.3199이므로, 이 관찰점이 AGE = 1로 변하면 사건발생 확률은 원래의 사건발생 확률의 0.267배(= exp(−1.3199))가 된다. 즉, CAR = SMALL이고 AGE = 1인 경우의 사건발생 확률은 0.072(= 0.268×0.267)이 된다. 이 값은 [표 10.6]을 이용하여 측정한 사건발생 확률 기댓값, 즉 0.072(= 35.799/500)와 동일함을 알 수 있다.

위와 같이 독립변수가 변할 때 기대 빈도가 어떻게 변하는지를 살펴보기 위해서는 [표 10.7]과 같이 PLM 프로시저를 이용한 결과를 통해 확인할 수도 있다.

[표 10.7] PLM 프로시저를 이용한 예측 결과

N	C	CAR	AGE	LN	PREDICTED
500	42	SMALL	1	6.21461	35.799
500	42	SMALL	2	6.21461	134.001

2) 예측확률의 해석

포아송 회귀분석의 결과를 이용하여 관심 있는 사건이 관찰될 확률을 계산할 수 있다. 예를 들면 예측확률은 독립변수 값이 주어져 있고 회귀계수가 추정되었을 때 각 사건 횟수가 발생할 확률을 아래와 같은 식을 이용하여 간단하게 추정할 수 있다.[10]

10 만일 주어진 독립변수 값에 대해 사건 발생 횟수의 기댓값 $\hat{\mu}_i$를 알 수 있다면 이를 $\hat{\beta}_0+\hat{\beta}_1 x_i$ 대신에 사용하면 된다.

$$\hat{P}(Y=y_i)=\frac{e^{-e^{(\beta_0+\beta_1X_i)}}e^{(\beta_0+\beta_1X_i)y_i}}{y_i!}$$

각 빈도가 발생할 확률을 추정하기 위해 위 공식을 이용하여 계산하는 것이 복잡하다. 예측확률을 계산하기 위해서는 COUNTREG 프로시저를 사용할 수 있다. 이 프로시저의 PLOTS 옵션을 이용하면 독립변수의 변화에 따라 주어진 μ값이 관측될 확률의 변화를 그림으로 나타내준다. [표 10.8]의 프로그램에서는 μ값이 40 및 50일 때로 주어져 있다.

[표 10.8] COUNTREG 프로시저를 이용한 포아송 회귀분석

```
PROC COUNTREG DATA=INSURE
   PLOTS(ONLY COUNTS(40 TO 50 BY 10 ))=(PREDPROB PREDPRO);
   CLASS CAR AGE;
   MODEL C=CAR AGE / DIST=POISSON PRINTALL OFFSET=LN;
RUN;
```

[그림 10.3]은 다른 변수가 평균으로 일정하게 고정되었을 때 해당 독립변수 변화에 따라 기대 빈도가 각각 40 및 50을 관찰할 확률의 변화를 나타낸다. 예를 들면 CAR_LARGE인 경우는 이 변수의 값, 즉 CAR가 LARGE가 아닌 경우, 즉 CAR_LARGE=0인 경우에 기대빈도가 40이 관찰될 확률이 더 높고, CAR_LARGE가 1에 가까운 경우에는 그 확률이 줄어듦을 알 수 있다. 한편 독립변수 값이 동일하다면 기대빈도가 40이 관찰될 확률이 50이 관찰될 확률보다 높은 것으로 나타나고 있다.

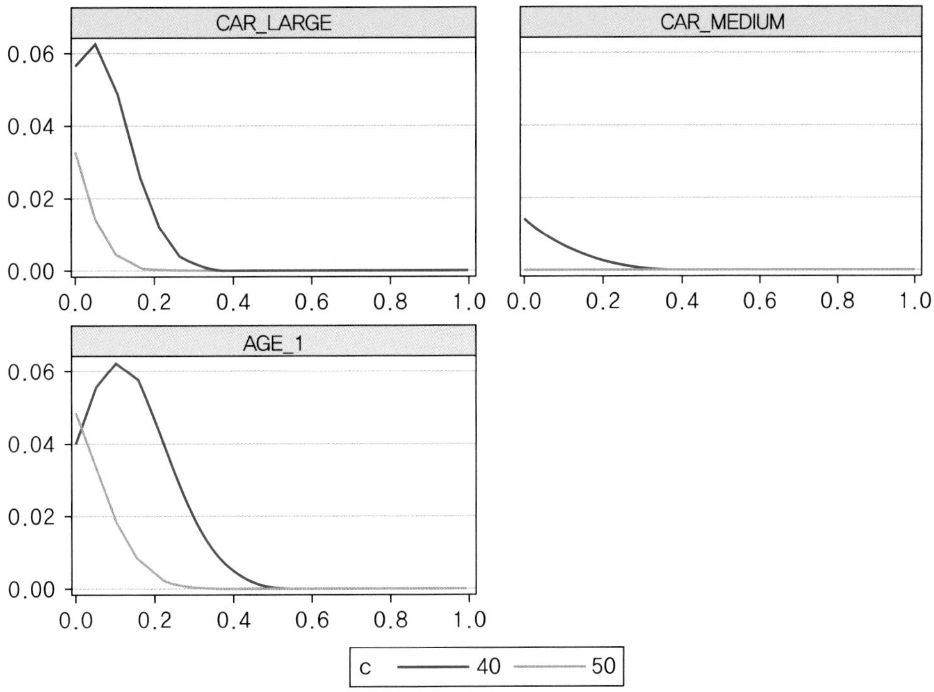

[그림 10.3] 독립변수의 변화에 따른 주어진 기대빈도의 관측 확률의 변화

3) 포아송 회귀분석 가정의 검토

포아송 회귀분석 가정의 검토에서 중요한 것은 과대산포(overdispersion) 문제, 지나치게 0이 많은 문제(zero inflated problem)이다. 포아송 분포는 확률변수의 평균과 분산이 크기가 같다. 하지만 실제 자료에서 평균과 분산이 갖지 않게 된다면 오차항이 포아송 분포를 따른다는 것을 정당화하기 어렵다. 이처럼 오차항의 분산이 평균보다 큰 경우에는 과대산포의 문제가 발생한다고 한다. 이 과대산포의 문제는 관찰점이 이질적(heterogeneous)이기 때문에 흔히 발생한다. 예를 들어 종속변수에 영향을 주는 두 개의 독립변수 X_1, X_2가 있다고 하자. 이때 X_1은 모형에서 통제하였지만 X_2는 통제를 하지 않았다. 그런데 X_2값이 관찰점에 따라 매우 상이하게 되면 X_1만을 이용한 포아송 회귀분석 모형에 의해 얻어진 결과보다 훨씬 분산이 커지게 된다.[11] 과대산포의 문제가 발생하게 되면 뒤에서 다루게 될 음의 이항분포를 가정한 음의 이항 회귀분석(negative binomial regression)을 사용하게

11 이에 대한 논의는 Agresti(2007:80-81)를 참고하기 바란다.

된다.

한편 종속변수가 빈도자료의 경우에는 0인 경우가 많이 있는데 이 0의 값이 지나치게 많은 경우 문제가 발생할 수 있다. 만일 관찰된 자료에서 종속변수의 0의 값이 포아송 회귀분석에서 예측한 값보다 훨씬 많으면 과다 영 포아송 회귀분석(zero-inflated Poisson regression)을 수행하는 것이 추천된다. 과다 영 포아송 회귀분석은 뒤에서 다루게 될 음의 이항 회귀분석과 함께 논의하도록 한다.

4) 포아송 회귀분석 결과 제시의 예시

포아송 회귀분석 결과를 제시할 때는 다양한 정보를 제공해줄 수 있지만 [표 10.9]와 같이 양식을 고려해볼 수 있다. 먼저 범주형 변수의 경우 기준이 되는 범주가 무엇인지를 명확히 나타내주는 것이 해석을 용이하게 한다. 한편 추정치의 경우 추정치 값과 함께 표준오차를 제시한 후 p-value값까지 모두 제시하기보다는 통계적 유의미성은 * 기호를 이용해 제시하는 것이 간결하다. 한편 IRR은 incident rate ratio의 약자로 $\exp(\beta)$ 값을 의미한다. 이 값은 독립변수가 한 단위 변할 때 사건발생 확률은 원래 상태의 사건발생 확률에 비해 IRR배만큼 변한다는 것을 알려주기 때문에 해석이 용이하다. 그리고 이 IRR의 95% 신뢰구간을 제시해 줌으로써 추정된 IRR이 가진 표본오차에 대한 정보를 간과하지 않도록 해주는 것이 좋다. [표 10.9]의 마지막에는 표본의 크기 모형적합도를 제시해주는 것이 좋다. 포아송 회귀분석은 빈도를 이용하는 경우가 많으므로 전체 표본의 수(N), 사건 발생횟수(Case), 독립변수 벡터가 다른 관찰점의 수(OBS)를 제시해 주는 것도 좋은 방법이다.

[표 10.9] 포아송 회귀분석 결과 제시의 예시

추정모수	범주	추정치	IRR	95% IRR의 CI
절편		−1.32(0.09)	0.27	[0.22, 0.32]
CAR (기준: SMALL)	LARGE	−1.76(0.27)	0.17	[0.1, 0.29]
	MEDIUM	−0.69(0.13)	0.50	[0.39, 0.64]
AGE (기준: ?)	1	−1.32(0.14)	0.27	[0.2, 0.35]
모형정보	N=3,000, Case=268, OBS=6			
	모형적합도	Scaled Pearson Chisq=2.84 (DF=2, p−value=0.244)		

주: 추정치의 ()값은 표준오차, N=전체 표본수, Case=사건 발생수, OBS=관찰점 수

2 음의 이항 회귀분석

음의 이항 회귀분석도 빈도자료에 대한 회귀분석의 일종이다. 교통사고 건수를 종속변수로, 도로 연장 및 기타 변수를 독립변수로 분석할 때, 혹은 학교 결석 횟수를 종속변수로 학업 성취도와 가정환경변수를 독립변수로 분석하는 경우 등에 음의 이항 회귀분석을 사용할 수 있다.

음의 이항 회귀분석도 포아송 분포와 동일하게 $\log\mu_i = \beta_0 + \beta_1 x_i$의 관계를 가정하지만 분산이 평균과 같다는 포아송 분포의 제약을 완화한다. 음의 이항 회귀 모형식은 다음과 같다.

$$Y = E[Y|X] + \epsilon_i = e^{\beta_0 + \beta_1 X_i} + \epsilon_i \text{ (단, } \epsilon_i \sim NB(\mu, \mu + \alpha\mu^2))$$

$$E(Y) = \mu,\ \ Var(Y) = \mu + \alpha\mu^2$$

음의 이항분포(negative binomial, NB)를 따르는 오차항 분포에서 α는 비음(non-negative) 조건을 만족하는 값으로 산포 모수(dispersion parameter)라고 불리기도 한다. $\alpha = 0$이면 포아송 회귀분석과 동일해지기 때문에 포아송 회귀분석은 음의 이항 회귀분석의 특수한 형태라고 할 수 있다. α가 0인지 여부를 검정함으로써 포아송 회귀분석이 타당한지를 판단할 수 있는데 COUNTREG 프로시저에서는 이에 대한 통계적 가설검정이 가능하다.

한편 $\alpha\mu^2$ 항에서 μ가 2차 항이 아니라 1차 항인 경우도 사용되는데 이 경우를 1차 음의 이항 회귀분석 모형, 2차 항인 경우는 2차 음의 이항 회귀분석 모형이라고 부른다.[12]

만일 α값이 커질수록 과대산포의 문제가 발생하여 음의 이항 회귀분석이 포아송 분포보다 바람직하다고 판단할 수 있다. 과대산포의 문제가 존재함에도 불구하고 이를 고려하지 않으면 회귀계수의 표준오차가 적게 추정이 되어서 실제 통계적으로 유의미하지 않음에도 불구하고 유의미하다는 잘못된 결론을 내릴 수 있게 된다.

SAS의 모수를 추정한 표에서는 dispersion이라는 변수 이름으로 추정이 되기 때문에 이 값이 0이라는 귀무가설을 기각하면 음의 이항분포를 사용하여 자료를 분석하면 된다. 이때 D의 값이 모든 관찰점에서 일정하다는 등분산 가정을 사용하는 것이 일반적이지만

---

12 프로시저에서는 이를 MODEL 명령문의 옵션에 DIST=NEGBIN(P=1)과 DIST=NEGBIN(P=2)로 구분하여 나타낸다.

반복 측정이 된 자료나 그룹 자료의 경우에는 등분산 가정을 사용하는 것이 바람직하지 않을 수 있다. 이 경우에는 *D*값은 단일한 값으로 추정되지 않게 된다(Agresti, 2007:81). 이분산성 문제가 존재하는 경우에는 GEE 모형을 이용하여 강건 표준오차(robust standard error)를 추정하여 사용하는 것이 바람직하다.

Long(1997)의 8장에서 사용한 예제 자료를 이용해보자.[13] 이 자료는 연구자가 출판한 논문의 수(ART)를 종속변수로 성별(FEM), 결혼 여부(MAR), 자녀 수(KID5), 학위취득학교의 명성(PHD), 지도교수가 출판한 논문 수(MENT)를 설명변수로 갖고 있다. 이 포아송 회귀분석과 음의 이항 회귀분석의 비교에도 사용할 수 있으므로 이를 함께 살펴보도록 하자. [표 10.10]은 915개의 관찰점 중 첫 10개의 관찰점을 제시하였다.

[표 10.10] 박사 학위 취득 후 논문 자료

OBS	FEM	MENT	PHD	MAR	KID5	ART	LNART
1	0	8.0000	1.38000	1	2	3	1.25276
2	0	7.0000	4.29000	0	0	0	−0.69315
3	0	47.0000	3.85000	0	0	4	1.50408
4	0	19.0000	3.59000	1	1	1	0.40547
5	0	0.0000	1.81000	1	0	1	0.40547
6	0	6.0000	3.59000	1	1	1	0.40547
7	0	10.0000	2.12000	1	1	0	−0.69315
8	0	2.0000	4.29000	1	0	0	−0.69315
9	0	2.0000	2.58000	1	2	3	1.25276
10	0	4.0000	1.80000	1	1	3	1.25276

[표 10.11]은 포아송 회귀분석을 수행하기 위한 코드이다. /*①*/에서 PROBCOUNT 옵션은 각 관찰점별로 종속변수인 출판 논문 수가 0부터 10개일 확률을 계산하여 PREDPOI 데이터셋에 저장하도록 한 것이다. 한편 PRED는 사건 발생 개수의 추정값을 계산하도록 한 것이다.

그리고 PROC MEANS 프로시저는 연구자가 출판을 하나도 못할 확률과 5개를 출판할 확률의 평균을 구하기 위한 절차이다.

---

13 이 자료는 SAS ETS의 COUNTREG 프로시저 매뉴얼에서도 사용된 자료다. SAS HELP에 가면 SAS 시스템 문서 > SAS 사용법 익히기 > 샘플 SAS 프로그램 > SAS/ETS 샘플 > COUNTREG Procedure 폴더에서 자료를 얻을 수 있다.

[표 10.11] COUNTREG 프로시저를 이용한 포아송 회귀분석

```
PROC COUNTREG DATA=LONG97DATA;
  MODEL ART=FEM MAR KID5 PHD MENT / DIST=POISSON;
  OUTPUT OUT=PREDPOI PROBCOUNT(0 TO 10)PRED=PRED;/*①*/
RUN;
PROC MEANS  DATA=PREDPOI; /*②*/
  VAR P_0 P_5 PRED;
RUN;
```

[표 10.12]의 회귀계수 추정 결과를 보면 여성인 경우의 회귀계수는 −0.224594로 나타나고 있다. 이것은 여성이 남성에 비해 다른 조건이 일정할 때 약 0.80(=exp(−0.224594))배 정도로 논문을 출판하고 있음을 알 수 있다. 혹은 여성이 남성보다 약 20% 정도 기대되는 출판 논문 수가 적다고 해석할 수 있다.

연속형 변수인 지도교수의 논문(MENT) 출판 변수를 해석해보면 지도교수가 추가로 논문을 하나 더 출판했을 경우 연구자의 기대되는 출판 논문 수는 약 2.5% 정도 더 많다고 해석할 수 있다.

[표 10.12] 포아송 회귀분석 결과

Parameter Estimates					
PARAMETER	DF	ESTIMATE	STANDARD ERROR	t-value	APPROX PR > |T|
INTERCEPT	1	0.304617	0.102982	2.96	0.0031
FEM	1	−0.224594	0.054614	−4.11	<.0001
MAR	1	0.155243	0.061375	2.53	0.0114
KID5	1	−0.184883	0.040127	−4.61	<.0001
PHD	1	0.012823	0.026397	0.49	0.6271
MENT	1	0.025543	0.002006	12.73	<.0001

한편 OUTPUT=PREDPOI에 저장된 데이터셋의 10개의 출력 결과만을 살펴보면 다음과 같다.

[표 10.13] PREDPOI 데이터셋의 출력 결과

OBS	P_0	P_1	P_2	P_3	P_4	P_5	P_6	P_7	P_8	P_9	P_10	PRED	FEM	MENT	PHD	MAR	KID5	ART	INART
1	0.26	0.35	0.24	0.11	0.04	0.01	0	0	0	0	0	1.37	0	8	1.38	1	2	3	1.25
2	0.18	0.31	0.26	0.15	0.06	0.02	0.01	0	0	0	0	1.71	0	7	4.29	0	0	0	-.69
3	0.01	0.04	0.1	0.16	0.18	0.17	0.14	0.09	0.05	0.03	0.01	4.73	0	47	3.85	0	0	4	1.5
4	0.11	0.24	0.27	0.2	0.11	0.05	0.02	0.01	0	0	0	2.24	0	19	3.59	1	1	1	0.41
5	0.2	0.32	0.26	0.14	0.06	0.02	0	0	0	0	0	1.62	0	0	1.81	1	0	1	0.41
6	0.2	0.32	0.26	0.14	0.06	0.02	0	0	0	0	0	1.61	0	6	3.59	1	1	1	0.41
7	0.17	0.3	0.27	0.15	0.07	0.02	0.01	0	0	0	0	1.75	0	10	2.12	1	1	0	-.69
8	0.17	0.3	0.27	0.16	0.07	0.02	0.01	0	0	0	0	1.76	0	2	4.29	1	0	0	-.69
9	0.3	0.36	0.22	0.09	0.03	0.01	0	0	0	0	0	1.19	0	2	2.58	1	2	3	1.25
10	0.22	0.34	0.25	0.12	0.05	0.01	0	0	0	0	0	1.49	0	4	1.8	1	1	3	1.25

이 데이터셋을 이용하여 기대 빈도가 0인 경우, 즉 학위를 받고 논문을 전혀 출판하지 않을 확률의 평균을 구할 수도 있다. /*②*/의 결과를 살펴보면 약 0.209가 됨을 알 수 있다. 한편 평균적으로 기대되는 출판 논문 수는 1.69로 나타나고 있다. 한편, 기대된 출판 논문의 수의 표준편차는 0.669이므로 분산은 약 0.448이다. 이 결과를 보면 평균과 분산 값의 차이가 큼을 알 수 있다. 따라서 포아송 회귀모형의 기본 가정을 위배할 가능성이 크다고 판단할 수 있다.

[표 10.14] 빈도별 평균 확률

변수	레이블	N	평균	표준편차	최솟값	최댓값
P_0	Probability of art taking level=0	915	0.2092071	0.0794247	0.000065911	0.4113403
P_5	Probability of art taking level=5	915	0.0249554	0.0287183	0.0018963	0.1742638
PRED	Predicted value of art	915	1.6928962	0.6685824	0.8883344	9.6272045

음의 이항 회귀모형 추정을 위한 프로그램은 [표 10.15]와 같다. 음의 이항분포 모형은 PROC GENMOD를 이용하여 추정할 수도 있고 PROC COUNTREG를 이용하여 추정할 수 있다. GENMOD에서는 2차 음의 이항 회귀분석 모형을 사용하고 있으므로 동일한 결과를 얻기 위해서는 PROC COUNTREG에서는 DIST=NEGBIN(P=2)를 옵션으로 지정하였다.

[표 10.15] 2차 음의 이항 회귀모형

```
PROC GENMOD DATA=LONG97DATA;
  MODEL ART=FEM MAR KID5 PHD MENT  / DIST=NEGBIN WALD ;
RUN;

PROC COUNTREG DATA=LONG97DATA PLOTS(ONLY)=PROFILELIKE;
  MODEL ART=FEM MAR KID5 PHD MENT / DIST=NEGBIN(P=2) METHOD=QN;
  OUTPUT OUT=PREDNB PROBCOUNT(0 TO 10);
RUN;
```

[표 10.16]은 회귀계수를 추정한 결과이다. 먼저 _ALPHA는 종속변수의 분산, 즉 $Var(Y) = \mu + \alpha\mu^2$에서의 α값을 추정한 결과로 0.44162로 나타나고 있으며 이 값이 0이라는 귀무가설이 기각되고 있다($t = 8.34$, p-value < 0.001). 따라서, 포아송 회귀모형보다는 음의 이항 회귀모형이 더 적절하다고 판단할 수 있다. 하지만 회귀계수를 살펴보면 포아송 회귀분석을 수행한 결과와 음의 이항 회귀분석을 수행한 결과는 큰 차이는 나지 않는다.

[표 10.16] 음의 이항 회귀분석 결과

Parameter Estimates					
Parameter	DF	Estimate	Standard Error	t-value	Approx Pr > |t|
INTERCEPT	1	0.256144	0.138560	1.85	0.0645
FEM	1	−0.216418	0.072672	−2.98	0.0029
MAR	1	0.150489	0.082106	1.83	0.0668
KID5	1	−0.176415	0.053060	−3.32	0.0009
PHD	1	0.015271	0.036040	0.42	0.6718
MENT	1	0.029082	0.003470	8.38	<.0001
_ALPHA	1	0.441620	0.052967	8.34	<.0001

1차 음의 이항 회귀분석 모형의 경우 이 가정이 타당하다면 포아송 회귀모형이 음의 이항 회귀모형보다 효율 추정량을 제시하는 것으로 알려져 있다(Wooldridge, 2010:736). 또한, 음의 이항 회귀모형의 경우 분산이 증가하기 때문에 낮은 빈도가 관찰될 확률을 더 높게 추정하는 것으로 알려져 있다(Long, 1997:233).

3 과대 영 모형

과대 영 모형(zero-inflated model)은 빈도자료에 지나치게 0의 값이 많이 포함된 경우이다. 예를 들면 자동차 보험에 가입한 사람이 보험금 지급을 요구한 횟수의 분포를 보면 많은 사람이 보험금 지급을 한 번도 요구하지 않는 경우가 많다. 이러한 경우에는 종속변수의 값에 지나치게 많은 0이 포함되므로 포아송 회귀분석이나 음의 이항 회귀분석이 적합하지 않게 된다. 과대 영 모형을 사용해야 할지의 판단은 포아송 회귀분석이나 음의 이항 회귀분석을 수행한 후 예측된 0의 빈도보다 원자료의 0의 빈도가 훨씬 큰지를 이용해 판단한다.

과대 영 모형이 중요한 것은 현실세계에서는 0이 일반적인 빈도회귀모형을 이용한 경우보다 많다는 측면과, 0이 양의 빈도를 갖는 관찰점과는 다른 과정을 통해 만들어질 수 있으므로 동일한 모형을 가지고 분석하는 것이 부적절할 수 있기 때문이다(Winkelmann, 2008:173; Long, 1997:242). 두 번째 경우는 현실에서 많은 사례를 찾을 수 있다. 예를 들면 아이가 없는 여성은 불임 때문일 수도 있고 선택일 수도 있다. 또는 부패사건 발생의 경우 부패가 없는 기관은 부패가 없기 때문일 수도 있고 적발되지 않았기 때문일 수도 있다.

과대 영 모형 추정은 0이 관찰되는 과정이 다를 수 있다는 측면을 반영하여 종속변수 값을 추정하고자 한다. 전통적인 접근은 Mullahy(1986)에 의해 제시된 허들 모형(hurdle model)으로 모집단이 두 개의 그룹으로 구성되어 있다고 가정한다. 즉 종속변수가 0의 값을 가질 확률분포와 0 이상의 값을 가질 확률분포를 구분하여 사용하는 것이다.[14] 즉 비음조건을 만족하는 확률변수의 확률밀도 함수는 0인 경우(ψ_1)와 0이 아닌 경우($g(k)$)로 나누어 이해할 수 있다.

$$\begin{cases} f(y=0) = \psi_1 & \text{if } y = 0 \\ f(y=k) = (1-\psi_1)g(k) & \text{if } k \ge 1 \end{cases}$$

이것을 하나의 확률밀도함수로 나타내면 다음과 같다.

$$f(y) = \psi_1 d + (1-\psi_1)g(y)$$

14 원래 허들 모형은 꼭 0이 기준점이 될 필요는 없다. 관찰점이 일정 값 이하일 때와 이상일 때의 자료생성의 통계적 과정이 체계적으로 다르다는 사실을 반영하기 위한 것이 허들 모형의 핵심 아이디어이다.

여기서 $g(y)$는 포아송 분포나 음의 이항분포와 같이 일반적인 빈도 확률변수의 확률 함수를 나타낸다고 이해할 수 있다. 한편 d는 지시 함수로서 $1-\min\{y,\ 1\}$이라고 할 수 있다. 즉 y가 0이면 1의 값을, y가 1보다 크거나 같은 값을 가지면 0의 값을 갖는다.

Mullahy(1986)의 허들 모형(hurdle-at-zero) 모형은 0이 나타나는 확률함수, 즉 ψ_1이 하나만 존재한다고 가정하며 아래와 같이 나타낸다.

$$g(y) = \begin{cases} f(y=0) = \psi_1 & \text{if } y=0 \\ f(y=k) = \dfrac{1-\psi_1}{1-g(0)} g(k) & \text{if } k \geq 1 \end{cases}$$

이때 $g(k)$가 확률변수 Y가 양수뿐만 아니라 0의 값을 가질 경우에 대한 확률분포이기 때문에 $k \geq 1$은 0이 발생하지 않은 확률 중에서 k가 발생할 확률, 즉 $g(k)/(1-g(0))$을 나타낸 것이다. $1-\psi_1$은 y값이 0이 아닐 확률을 나타낸다.[15] 이 모형은 절단 포아송 모형(truncated Poisson model) 혹은 절단 이항 분포 모형(truncated negative binomial model)을 통해 구현된다.[16]

허들 모형은 0이 발생할 확률함수가 한가지로 나타나지만, 과대 영 모형에서는 0이 만들어지는 과정을 원래 0의 값을 갖는 확률과 비음 정수에 대한 확률분포를 통해 발생하는 0의 값이 포함되어 있다. 비음 정수에 대한 확률분포는 포아송 분포나 음의 이항 분포 등이 사용될 수 있다. 과대 영 모형의 식은 다음과 같이 나타낼 수 있다.

$$g(y) = \begin{cases} f(y=0) = \psi_1 + (1-\psi_1)g(0) & \text{if } y=0 \\ f(y=k) = (1-\psi_1)g(k) & \text{if } y \geq 1 \end{cases}$$

위 식에서 0이 관찰된 확률에 대한 부분, 즉 $f(y=0) = \psi_1 + (1-\psi_1)g(0)$은 원래 0이 관찰될 확률뿐 아니라 원래 0이 아니지만 포아송 분포나 음의 이항분포에서 0으로 관찰될 함수에 대한 부분의 합으로 구성되어 있음을 알 수 있다.

한편 과대 영 포아송 분포에서 $g(y)$는 아래와 같은 포아송 분포를 가정한다.

$$g(y) = \frac{\lambda^y e^{-\lambda}}{y!}$$

또한 과대 영 포아송 회귀모형(zero-inflated Poisson regression model, ZIP)에서 고유하

15 이 확률분포의 평균과 분산에 대해서는 Winkelman(2008:179-180)을 참고하기 바란다.

16 SAS 9.3 버전 이후에는 FMM 프로시저에서 이를 계산할 수 있으며 그 이외에도 NLIMIXED 프로시저를 통해서도 구현할 수 있다.

게 0이 발생하는 확률분포 ψ_1를 계산하기 위해 0을 설명하는 독립변수 Z를 이용한 로지스틱 모형을 사용하여 아래와 같이 추정한다.[17] 여기서 ψ_1는 0이 될 확률(zero-inflated probability)로 $\boldsymbol{Z\gamma}$은 0이 발생할 확률을 설명하는 변수 벡터 $\boldsymbol{Z}$와 그 회귀계수 $\boldsymbol{\gamma}$의 선형 결합이다.

$$\psi_1 = \frac{\exp(\boldsymbol{Z\gamma})}{1+\exp(\boldsymbol{Z\gamma})}$$

과대 영 포아송 분포에서는 $g(0)$은 $e^{-\lambda}$가 된다.

$$g(0) = \frac{\lambda^0 e^{-\lambda}}{0!} = e^{-\lambda}$$

이를 이용하면 과대 영 포아송 확률변수 Y의 확률분포는 다음과 같다.

$$P(Y=y) = g(y) = \begin{cases} \psi_1 + (1-\psi_1)e^{-\lambda} & \text{if } y=0 \\ (1-\psi_1)\dfrac{\lambda^y e^{-\lambda}}{y!} & \text{if } y=1,2,\ldots \end{cases}$$

이 확률변수의 기댓값과 분산은 다음과 같다.

$$E(Y) = \mu = (1-\psi_1)\lambda$$

$$Var(Y) = \mu + \frac{\psi_1}{1-\psi_1}\mu^2$$

이때 λ는 포아송 분포의 평균으로 로그 연계함수를 사용하여 다음과 같이 나타낸다.

$$\ln(\lambda) = \boldsymbol{X\beta}$$

결국, 과대 영 포아송 회귀모형은 0이 발생할 확률 ψ_1을 추정할 때는 사용하는 독립변수 벡터 $\boldsymbol{Z}$와 평균 기대빈도 λ를 추정할 때 사용하는 독립변수 벡터 $\boldsymbol{X}$를 이용하여 모형이 구성됨을 알 수 있다. 이상의 논의를 종합하여 과대 영 포아송 회귀 모형은 다음과 같이 나타낼 수 있다.

---

17 ψ_1를 추정할 때 연결함수(link function)는 logit, probit 혹은 complementary log-log 등을 사용할 수 있다.

$$P(y|x,z)=\begin{cases}\psi_1+(1-\psi_1)e^{-\lambda} & \text{if } y=0\\ (1-\psi_1)\dfrac{\lambda^y e^{-\lambda}}{y!} & \text{if } y=1,2,\dots\end{cases}$$

$$(\text{단, } \psi_1=\frac{\exp(\boldsymbol{Z\gamma})}{1+\exp(\boldsymbol{Z\gamma})},\ \lambda=\exp(\boldsymbol{X\beta}))$$

한편, 과대 영 포아송 회귀모형의 기댓값은 다음과 같이 얻어지게 된다.

$$E(y|x,z)=(1-\psi_1)\exp(X\beta)=\frac{\exp(X\beta)}{1+\exp(Z\gamma)}$$

과대 영 음의 이항 회귀모형(zero-inflated negative binomial regression model, ZINB) 역시 과대 영 포아송 회귀모형과 유사하게 종속변수가 0이 되는 경우를 고유하게 0의 값이 되는 경우와, 원래 부의 이항분포의 과정에서 발생하는 0을 구분하여 확률함수를 추정하면 된다.[18] 통계프로그램을 이용하게 되면 종속변수가 0인지 여부를 판단하는 모형과 1 이상인 관찰값을 설명하는 모형의 회귀계수를 추정해준다. ZINB 모형식을 나타내면 다음과 같다.[19]

$$P(y|x,z)=\begin{cases}\psi_1+(1-\psi_1)(1+k\lambda)^{-\frac{1}{k}} & \text{if } y=0\\ (1-\psi_1)\dfrac{\Gamma(y+1/k)}{\Gamma(y+1)\Gamma(1/k)}\dfrac{(k\mu)^y}{(1+k\lambda)^{y+1/k}} & \text{if } y=1,2,\dots\end{cases}$$

(단, $\omega=\dfrac{\exp(\boldsymbol{Z\gamma})}{1+\exp(\boldsymbol{Z\gamma})}$, $\lambda=\exp(\boldsymbol{X\beta})$, k는 음의 이항 퍼짐 모수(negative binomial dispersion parameter))

앞의 학위논문 출판의 자료를 이용하여 ZIP 모형을 추정해보자. 먼저, 종속변수인 출판 논문 수(ART)의 빈도 분포를 살펴보면 [그림 10.4]와 같다. 그림에서 확인할 수 있는 것처럼 논문을 하나도 출판하지 않은 박사의 비율이 30%나 달하기 때문에 0의 빈도가 높다고 판단할 수 있다.

---

18 허들 모형과 과대 영 모형 이외에도 혼합 포아송 모형(compound Poisson model) 등이 사용된다. 회귀계수의 구체적인 추정방법에 대해서는 Winkelman(2008) 6장을 참고하기 바란다.

19 https://support.sas.com/rnd/app/stat/examples/GENMODZIP/roots.htm

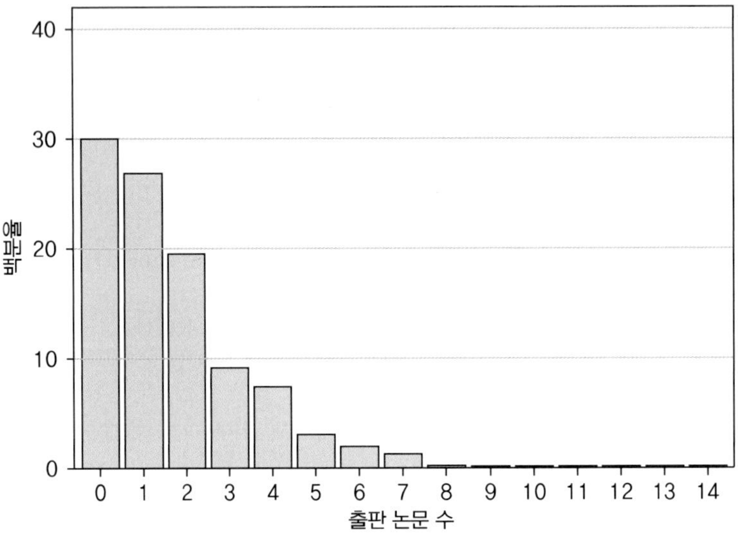

[그림 10.4] 출판 논문 수의 빈도 분포

ZIP 모형을 추정하기 위해서는 COUNTREG 프로시저나 GENMOD 프로시저를 사용할 수 있다. 먼저 COUNTREG 프로시저를 이용하는 코드는 [표 10.17]과 같다.

/*①*/에서 PLOTS 옵션을 사용하였는데 이 옵션에서 COUNTS 옵션은 0부터 15까지의 빈도를 가질 예측확률과 실제 관찰된 확률을 비교하는 그림을 그리도록 하고 있다. 한편 DISPERSION 옵션은 과대/과소 분산 여부를 진단하기 위한 그림을 그리도록 해준다.

/*②*/는 $\ln(\lambda) = \boldsymbol{X\beta}$의 $\boldsymbol{\beta}$를 추정하기 위한 것이며 DIST=ZIP로 지정하여 ZIP 모형을 추정하도록 하였다. 연계함수의 기본값은 LOG로 지정된다.

/*③*/은 $\psi_1 = \dfrac{\exp(\boldsymbol{Z\gamma})}{1+\exp(\boldsymbol{Z\gamma})}$에서 $\boldsymbol{\gamma}$의 계수를 추정하기 위한 것이다. 연계함수는 LOGISTIC으로 지정하였으며 연계함수를 지정하지 않으면 기본값이 LOGISTIC이다. ψ_1을 추정하기 위해 사용된 독립변수는 $g(y)$를 추정하기 위해 사용되는 독립변수와 동일하게 사용할 수도 있고 다르게 사용할 수도 있다.

/*④*/는 종속변수의 빈도가 0부터 10까지 될 확률을 계산한 것이다. PREDZIP이라는 데이터셋에는 P_0부터 P_10까지의 변수가 만들어지고 각 빈도가 발생할 확률을 계산한 값을 얻을 수 있다. 한편 PRED= 옵션은 빈도 예측값을 저장하는 변수 이름을 지정하도록 한 것이다.

[표 10.17] ZIP 모형을 추정하기 위한 SAS 코드

```
/*GENMOD를 이용하는 경우*/
PROC GENMOD DATA=LONG97DATA;
   MODEL ART = FEM MAR KID5 PHD MENT / DIST=ZIP;
   ZEROMODEL  FEM MAR KID5 PHD MENT/LINK=LOGIT;
RUN;
/*COUNTREG를 이용하는 경우*/
PROC COUNTREG DATA=LONG97DATA PLOTS(COUNTS(0 TO 15 BY 1))=(PREDPROB
   DISPERSION);/*①*/
   MODEL ART = FEM MAR KID5 PHD MENT / DIST=ZIP;/*②*/
   ZEROMODEL ART ~ FEM MAR KID5 PHD MENT/LINK=LOGISTIC;/*③*/
   OUTPUT OUT=PREDZIP PROBCOUNT(0 TO 10) PRED=PRED;/*④*/
RUN;

PROC SGPLOT DATA=PREDZIP;/*⑤*/
   LABEL ART="관찰된 논문 수" PRED="예측된 논문 수";
   SCATTER X=ART Y=PRED;
RUN;
```

[표 10.18]은 모형적합도 관련 통계량들이 제시되고 있다. MODEL은 ZIP, 그리고 과대영을 추정하기 위한 모형의 연계함수는 로지스틱 함수를 사용했음도 확인할 수 있다. 그러나 이 모형적합도 통계량만을 가지고는 모형이 자료를 제대로 예측하는지를 판단하기 쉽지 않다.

[표 10.18] 모형적합도 추정 결과

Model Fit Summary	
Dependent Variable	ART
Number of Observations	915
Data Set	WORK.LONG97DATA
Model	ZIP
ZI Link Function	Logistic
Log Likelihood	−1605
Maximum Absolute Gradient	2.08804E-7
Number of Iterations	16

Model Fit Summary	
Optimization Method	Newton-Raphson
AIC	3234
SBC	3291

COUNTREG 프로시저는 /*①*/의 PLOT 옵션을 이용하여 빈도별로 관찰된 확률과 예측된 확률을 비교하는 그림을 손쉽게 그릴 수 있도록 하고 있다. [그림 10.5]는 그 결과를 보여준다. 그림에서 확인할 수 있듯이 빈도가 0인 경우에는 ZIP 모형이 실제보다 약간 확률을 과대 예측을 하고 있으며, 1인 경우에는 과소 예측을 하고 있음을 알 수 있다. 그러나 전반적으로 모형이 확률을 잘 예측함을 확인할 수 있다.

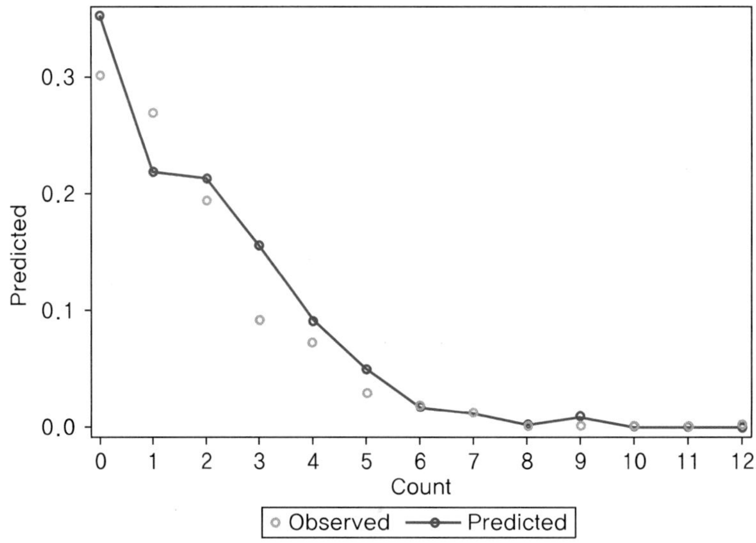

[그림 10.5] 빈도별 예측확률과 실제확률의 비교

그러나 /*⑤*/를 이용하여 실제 예측된 빈도와 관찰된 빈도의 산점도를 그려보면 [그림 10.6]과 같다. 두 변수의 상관계수를 구해보면 0.33으로 나타나고 있다.

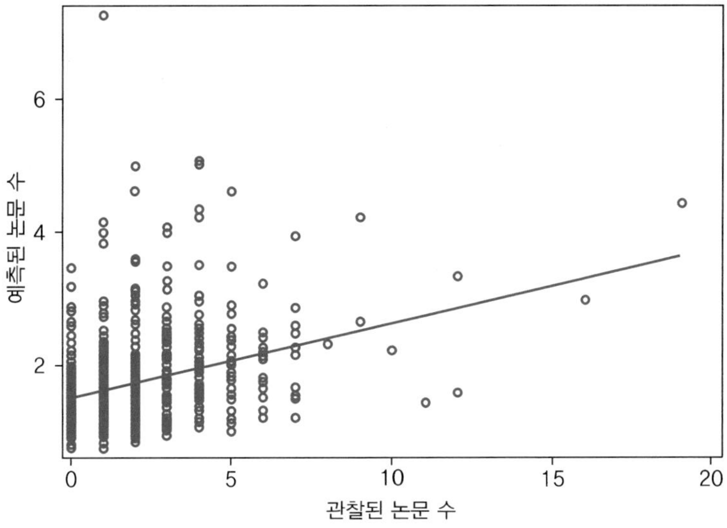

[그림 10.6] 예측된 논문 수와 관찰된 논문 수의 산점도

회귀계수의 추정결과는 [표 10.19]와 같다. 여기에서는 두 유형의 회귀계수가 제시되고 있다. 첫 부분의 회귀계수는 β를 추정한 결과이다. 여자(FEM)가 남자보다 논문 수가 적고, 5세 이하의 아이(KID5)가 있을수록 논문 수가 적음을 확인할 수 있으며 출신 대학(PHD)이나 다른 변수는 통계적으로 유의미하지 않음을 알 수 있다.

뒷 부분에 INF_라는 접두어가 붙어 있는 것은 과대 영 확률을 추정하기 위한 γ 회귀계수를 추정한 결과이다. 즉 0일 확률을 설명하는 변수의 회귀계수이다. 논문을 전혀 출판하지 않는 것을 설명하는 데 유의미한 변수는 지도교수의 논문 수(MENT)로 나타났으며, 지도교수의 논문 수가 많을수록 출판을 하지 않을 확률은 감소한다고 해석할 수 있다.

회귀계수들을 살펴보면 β 회귀계수의 부호와 γ 회귀계수 부호가 반대인 것을 확인할 수 있다. 이것은 γ 회귀계수는 0인 경우의 확률을 예측하기 위한 것이며 β는 빈도수의 크기를 예측하기 위한 것이므로 자연스러운 현상이다.

[표 10.19] ZIP 모형 추정 결과

Parameter Estimates					
Parameter	DF	Estimate	Standard Error	t-value	Approx Pr >|t|
INTERCEPT	1	0.640838	0.121306	5.28	<.0001
FEM	1	−0.209145	0.063405	−3.30	0.0010
MAR	1	0.103751	0.071111	1.46	0.1446
KID5	1	−0.143320	0.047429	−3.02	0.0025
PHD	1	−0.006166	0.031008	−0.20	0.8424
MENT	1	0.018098	0.002295	7.89	<.0001
INF_INTERCEPT	1	−0.577060	0.509383	−1.13	0.2573
INF_FEM	1	0.109747	0.280082	0.39	0.6952
INF_MAR	1	−0.354013	0.317611	−1.11	0.2650
INF_KID5	1	0.217101	0.196481	1.10	0.2692
Inf_phd	1	0.001272	0.145262	0.01	0.9930
Inf_ment	1	−0.134114	0.045244	−2.96	0.0030

한편 ZIP 모형은 과대 혹은 과소 분산 문제가 발생할 수 있으므로 이를 확인할 필요가 있다. [그림 10.7]은 과대/과소 분산 진단을 한 결과로 직선의 위쪽에 관찰점들이 많이 있어서 과대 분산의 문제가 존재할 수 있음을 확인할 수 있다.

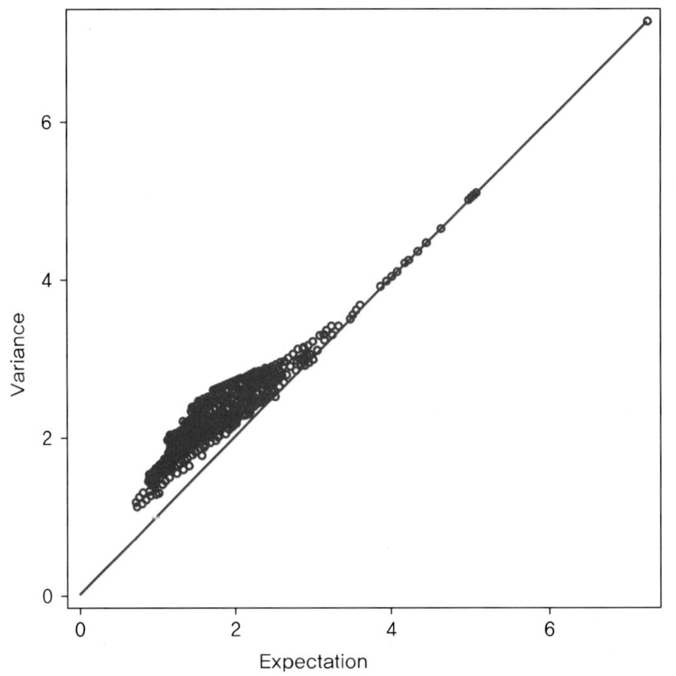

[그림 10.7] 과대/과소 분산 여부의 진단 그림

한편 GENMOD 프로시저를 이용해서도 ZIP 모형을 추정할 수 있다. [표 10.20]의 코드처럼 GENMOD 프로시저에서는 MODEL 명령문에 DIST= 옵션에 ZIP로 지정을 하면 되고 ZEROMODEL에는 빈도가 0일 확률을 추정할 때 사용하는 독립변수들을 지정해주면 된다.

[표 10.20] GENMOD를 이용한 ZIP 모형의 추정

```
PROC GENMOD DATA=LONG97DATA;
   MODEL ART = FEM MAR KID5 PHD MENT / DIST=ZIP ;
   ZEROMODEL FEM MAR KID5 PHD MENT;
   OUTPUT OUT=PREDZIP ;
RUN;
```

한편 ZINB 모형 역시 GENMOD 프로시저나 COUNTREG 프로시저를 이용할 수 있다. 모형을 추정하기 위한 프로그램과 추정 결과는 각각 [표 10.21], [표 10.22]와 같다. 여기서는 COUNTREG 프로시저의 출력결과를 제시하고자 한다.

[표 10.21] ZINB 추정을 위한 프로그램

```
PROC GENMOD DATA=LONG97DATA;
   MODEL ART = FEM MAR KID5 PHD MENT / DIST=ZINBP;
   ZEROMODEL  FEM MAR KID5 PHD MENT/LINK=LOGIT;
RUN;

PROC COUNTREG DATA=LONG97DATA;
   MODEL ART=FEM MAR KID5 PHD MENT / DIST=ZINB METHOD=QN;
   ZEROMODEL ART ~ FEM MAR KID5 PHD MENT;
   OUTPUT OUT=PREDZINB PROBCOUNT(0 TO 10);
RUN;
```

[표 10.22]의 결과를 살펴보면 ZINB 모형은 ZIP 모형과 비교하면 회귀계수의 크기가 전체적으로 줄어들었으며 회귀계수의 표준오차의 값은 약간 커졌음을 알 수 있다.

[표 10.22] ZINB 모형 추정결과

Parameter Estimates					
Parameter	DF	Estimate	Standard Error	t-value	Approx Pr > |t|
INTERCEPT	1	0.416747	0.143596	2.90	0.0037
FEM	1	−0.195507	0.075592	−2.59	0.0097
MAR	1	0.097583	0.084452	1.16	0.2479
KID5	1	−0.151732	0.054206	−2.80	0.0051
PHD	1	−0.000700	0.036270	−0.02	0.9846
MENT	1	0.024786	0.003493	7.10	<.0001
INF_INTERCEPT	1	−0.191687	1.322808	−0.14	0.8848
INF_FEM	1	0.635932	0.848912	0.75	0.4538
INF_MAR	1	−1.499469	0.938661	−1.60	0.1102
INF_KID5	1	0.628427	0.442780	1.42	0.1558
INF_PHD	1	−0.037715	0.308005	−0.12	0.9025
INF_MENT	1	−0.882292	0.316223	−2.79	0.0053
_ALPHA	1	0.376681	0.051029	7.38	<.0001

위 분석 결과를 모두 종합하여 실제 자료와 추정된 결과의 차이를 비교하기 위해 [표 10.23]의 프로그램을 사용하면 그 결과는 [그림 10.8]과 같다.

[표 10.23] 모형 간 비교를 위한 프로그램

```
PROC SUMMARY DATA=PREDPOI;
  VAR P_0-P_10;
  OUTPUT OUT=MNPOI MEAN(P_0-P_10)=MN0-MN10;
RUN;
PROC SUMMARY DATA=PREDNB;
  VAR P_0-P_10;
  OUTPUT OUT=MNNB MEAN(P_0-P_10)=MN0-MN10;
RUN;
PROC SUMMARY DATA=PREDZIP;
  VAR P_0-P_10;
  OUTPUT OUT=MNZIP MEAN(P_0-P_10)=MN0-MN10;
RUN;
PROC SUMMARY DATA=PREDZINB;
  VAR P_0-P_10;
  OUTPUT OUT=MNZINB MEAN(P_0-P_10)=MN0-MN10;
```

```
RUN;
DATA MEANS;
   SET MNPOI MNNB MNZIP MNZINB;
   DROP _TYPE_ _FREQ_;
RUN;
PROC TRANSPOSE DATA=MEANS OUT=TMEANS;
RUN;
DATA ALLPRED;
   MERGE OBS(WHERE=(ART<=10)) TMEANS;
   OBS=PERCENT/100;
RUN;
PROC SGPLOT;
   YAXIS LABEL='PROBABILITY';
   XAXIS LABEL='NUMBER OF ARTICLES';
   SERIES Y=OBS  X=ART / NAME='OBS' LEGENDLABEL='OBSERVED'
   LINEATTRS=(COLOR=BLACK THICKNESS=4PX);
   SERIES Y=COL1 X=ART / NAME='POI' LEGENDLABEL='POISSON'
   LINEATTRS=(COLOR=BLUE);
   SERIES Y=COL2 X=ART/ NAME='NB' LEGENDLABEL='NEGATIVE BINOMIAL'
   LINEATTRS=(COLOR=RED);
   SERIES Y=COL3 X=ART/ NAME='ZIP' LEGENDLABEL='ZIP'
   LINEATTRS=(COLOR=BLUE PATTERN=2);
   SERIES Y=COL4 X=ART/ NAME='ZINB' LEGENDLABEL='ZINB'
   LINEATTRS=(COLOR=RED PATTERN=2);
   DISCRETELEGEND 'POI' 'ZIP' 'NB' 'ZINB' 'OBS' / TITLE='MODELS:'
   LOCATION=INSIDE POSITION=NE ACROSS=2 DOWN=3;
RUN;
```

[그림 10.8]에서 확인할 수 있듯이 포아송 회귀모형은 0개의 논문을 출판할 확률을 과소평가하고 있음을 알 수 있다. 다른 모형들은 전체적으로 원래 관찰된 논문 출판 확률들을 어느 정도 잘 예측하고 있음을 알 수 있다. 전체적으로는 ZINB 모형이 자료를 잘 나타내는 것으로 판단할 수 있다.[20]

20 모형 간 비교에 대해서는 Long(1997:248-249)을 참고하기 바란다.

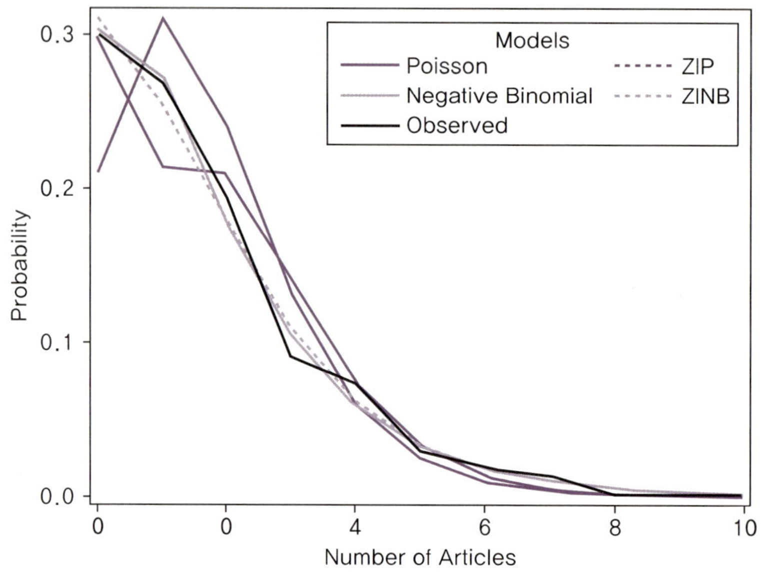

[그림 10.8] 실제 관측된 결과와 4개 모형의 예측결과의 비교

4 패널 빈도 회귀모형

패널 빈도 회귀모형은 로지스틱 회귀모형과 유사하게 고정효과 모형과 무작위 효과 모형으로 구분된다. 패널 빈도 회귀모형은 NLMIXED 프로시저를 이용하기도 하고[21] COUNTREG 프로시저를 이용하여 추정하기도 한다. COUNTREG 프로시저를 이용한 방법이 간단하므로 이를 이용해서 살펴보도록 한다.

분석에 사용된 예제에서 종속변수는 1975년부터 1979년까지의 346개의 제조업 기업의 특허건수(PAT75~PAT79) 자료이다. 독립변수는 R&D 지출금액에 로그를 취한 변수(LOGR70~LOGR79)이다. 이때 현재의 특허건수는 금년도와 과거 4년간의 R&D 지출금액의 함수로 가정한다. 즉 PAT76은 LOGR76, LOGR75, LOGR74, LOGR73, LOGR72의 함수로 가정하는 것이다.

한편, 시간불변 변수(time-invariant variable)로는 1972년 재무자료를 이용하여 측정한

21 Allison(2005:86-92)을 참고하면 NLMIXED 프로시저를 이용한 고정효과 조건부 포아송 회귀모형 분석을 수행할 수 있다.

회사의 규모에 로그를 취한 변수(LOGSIZE), 그리고 과학분야의 기업인지 아닌지를 나타내는 변수(SCIENCE=1, 0)이다. [표 10.24]는 예제 자료의 처음 10개 기업의 자료를 예시한 것이다. 예시 자료에서 확인할 수 있듯이 연도에 따라 변하는 특허건수 자료와 R&D 지출금액은 연도별 변수의 형태로 저장되어 있다. 이를 횡형 자료(wide-form data)라고 부른다.[22] 이 자료를 종형 자료(long-type data)로 변형시켜 패널 자료분석이 쉬우므로 이를 변형시킬 필요가 있다.

[표 10.24] 예제 자료

PAT75	PAT76	PAT77	PAT78	PAT79	LOGR75	LOGR76	LOGR77	LOGR78	LOGR79	SCIENCE	LOGSIZE
32	41	60	57	77	0.92327	1.02309	0.97240	1.09500	1.07624	0	6.08360
3	2	1	1	1	−1.48519	−1.19495	−0.60968	−0.58082	−0.60915	1	1.97492
49	42	63	77	80	3.67343	3.77871	3.82205	3.88021	3.90665	1	5.64899
0	0	1	0	0	0.43436	0.33836	0.36561	0.43860	0.42459	0	0.68377
0	0	0	1	0	−1.29773	−1.67471	−2.14971	−1.32526	−2.83380	0	2.06433
41	52	68	74	60	2.56063	2.56625	2.60261	2.67044	2.68509	0	5.98276
2	3	0	2	3	−0.31797	−0.18955	−0.19877	0.07882	0.19361	1	2.79009
0	1	5	2	0	−1.80004	−1.73242	−1.56029	−1.54363	−1.55975	0	0.67784
122	122	146	128	89	3.30975	3.43661	3.60049	3.60264	3.71275	1	7.11358
105	96	72	65	74	3.44062	3.50288	3.56964	3.63635	3.53468	0	5.42898

[표 10.25]는 고정효과 조건부 포아송 회귀모형 추정을 위한 코드이다. 고정효과 포아송 회귀모형을 추정하기 위해서는 GENMOD 프로시저를 사용할 수 있으나[23] COUNTREG 프로시저가 종속변수가 빈도자료인 경우에 널리 사용하기 때문에 이를 사용하도록 한다.

/*①*/은 횡형 자료를 종형 자료로 변형시키는 데이터스텝이다. /*①-1*/은 PAT75부터 PAT79년도의 변수를 PAT라는 배열(ARRAY)에 배정하는 것이다. /*①-2*/는 LOGR70부터 LOGR79까지의 변수를 LOGR이라는 배열에 배정하였다. /*①-3*/에서 ID 변수는 관찰점 번호에 따라 배정하도록 하였다. 관찰점 번호를 나타내는 SAS의 시스템 변수는 _N_으로 나타내기 때문에 이를 사용하였다. 즉 첫 번째 관찰점은 _N_ 값이 1의 값을 갖게 되고 ID 변수는 1의 값을 갖게 된다. /*①-4*/는 PAT75부터 PAT79까지 변수를 모두 합한

22 여기서 사용한 자료는 Allison(2005)의 제4장에서 사용한 자료이다. 지면상 LOGR70부터 LOGR74 변수 자료는 제시하지 않았다.

23 Allison(2005)의 제4장에서는 이런 접근을 사용하고 있다.

SUMPAT 변수를 만드는 것이다. 이 변수를 만드는 것은 종속변수인 PAT75부터 PAT79 변수에 결측치가 있는 경우 이것이 SUMPAT 변수가 결측치가 되기 때문에 이 값은 분석에서 제외하여 모든 연도에 종속변수가 존재하는 균형 패널 자료를 만들기 위한 절차이다.

/*①-5*/는 PATENT라는 변수에 PAT 배열의 첫 번째부터 다섯 번째 열의 값을 하나씩 종형으로 붙이도록 하는 것이다. 한편 R&D 변수의 경우는 금년도와 전 4개년도의 연구비의 자료를 사용해야 하므로 /*①-6*/과 같이 변수를 생성하였다. RD_0는 금년도 연구비를 RD_1은 전년도 연구비를 의미한다.

[표 10.25] 고정효과 조건부 포아송 회귀모형

```
LIBNAME MY "F:\DATA\ALLISON";
DATA PATENTS2;/*①*/
   SET MY.PATENTS;
   ARRAY PAT (*) PAT75-PAT79; /*①-1*/
   ARRAY LOGR (*) LOGR70-LOGR79;/*①-2*/
   ID=_N_;/*①-3*/
   SUMPAT=PAT79+PAT78+PAT77+PAT76+PAT75;/*①-4*/
   IF SUMPAT NE 0 THEN DO T=1 TO 5;
   J=T+5;
   PATENT=PAT(T); /*①-5*/
   RD_0=LOGR(J); /*①-6*/
   RD_1=LOGR(J-1);
   RD_2=LOGR(J-2);
   RD_3=LOGR(J-3);
   RD_4=LOGR(J-4);
   RD_5=LOGR(J-5);
   OUTPUT;
   END;
RUN;
PROC COUNTREG DATA=PATENTS2 GROUPID=ID;/*②*/
   CLASS T;
   MODEL PATENT= RD_0-RD_5  T/ DIST=POISSON ERRORCOMP=FIXED ;/*②-1*/
RUN;
```

/*①*/의 데이터스텝을 통해 만들어진 PATENT2 데이터셋을 이용하여 고정효과 포아송 회귀분석을 수행할 수 있다. /*②*/에서는 COUNTREG 프로시저를 이용하고 있다.

GROUPID= 옵션을 이용하여 고정효과 추정을 위한 개인별 ID 변수를 지정해주면 된다. PROC GENMOD를 이용하는 경우에는 CLASS 명령문에 ID 변수를 지정하여 범주형 변수임을 선언하고 MODEL 명령문에 다시 ID 변수를 선언하여 모형에 포함시키면 된다.

/*②-1*/의 MODEL 명령문에서 ERRORCOMP=FIXED 옵션을 지정해주면 고정효과 모형을 ERRORCOMP=RANDOM 옵션을 지정해주면 무작위 효과 모형의 추정 결과를 얻을 수 있다. 이때 MODEL 명령문에 ID 변수를 포함하지 않음에 주의한다.

[표 10.26]의 모형적합도 결과를 보면 관찰점이 1,620개이고 로그-우도(log-likelihood) 값이 −3,536으로 나타나고 있다.[24]

[표 10.26] 모형적합도

Model Fit Summary	
Dependent Variable	PATENT
Number of Observations	1620
Data Set	WORK.PATENTS2
Model	Poisson
Error Component	Fixed
Number of Cross Sections	324
Log Likelihood	−3536
Maximum Absolute Gradient	4.89404E−8
Number of Iterations	3
Optimization Method	Newton−Raphson
AIC	7093
SBC	7147

[표 10.27]은 회귀계수 추정 결과를 제시하고 있다. 이 추정 결과를 살펴보면 금년도 R&D 연구비(RD_0)를 추가로 한 단위 더 지출하면 금년도 특허권 건수는 약 32.2% 정도

24 Allison(2005:89)에는 GENMOD 프로시저를 이용한 결과가 제시되는데 이 결과는 무제약 포아송 추정(unconditional Poisson estimate)에 대한 모형적합도 결과를 제시하고 있다. 이 모형적합도 결과도 추정 결과를 보면 로그-우도함수 값이 224169.5057로 우리가 얻은 값과는 매우 다른 것을 알 수 있다. 그 이유는 GENMOD 프로시저에서 로그-우도함수 값은 분산 추정을 고려한 우도함수를 사용하기 때문이다. 포아송 회귀분석의 경우에는 분산을 평균값으로 고정하고 있기 때문에 GENMOD에서는 Full Log-likelihood 함수 값을 사용하는 것이 바람직하다. COUNTREG에서의 로그-우도함수는 GENMOD의 Full Log-Likelihood 값과 유사한 값을 제시한다.

더 증가하는 것으로 나타나고 있다. 그러나 전년도의 연구비 지출은 특허 건수에 영향을 못 미치고 있음을 알 수 있다.

[표 10.27] 고정효과 조건부 포아송 회귀모형 추정 결과

Parameter Estimates					
Parameter	DF	Estimate	Standard Error	t-value	Approx Pr > |t|
rd_0	1	0.322211	0.045941	7.01	<.0001
rd_1	1	-0.087130	0.048689	-1.79	0.0735
rd_2	1	0.078582	0.044784	1.75	0.0793
rd_3	1	0.001060	0.041415	0.03	0.9796
rd_4	1	-0.004641	0.037849	-0.12	0.9024
rd_5	1	0.002607	0.032260	0.08	0.9356
t 1	1	0.198031	0.015295	12.95	<.0001
t 2	1	0.155423	0.015126	10.28	<.0001
t 3	1	0.157984	0.014493	10.90	<.0001
t 4	1	0.040912	0.013956	2.93	0.0034
t 5	0	0	.	.	.

포아송 회귀모형의 경우에서는 로지스틱 모형과 달리 조건부 모형을 이용한 고정효과 패널 모형이나 개인별 ID를 가변수로 모형에 반영한 패널 모형이 동일한 결과를 제시한다.[25] 비조건부 모형(unconditional model)을 이용하여 추정하게 되면 개인별 ID의 가변수 추정값이 제시되기 때문에 출력결과가 매우 길어지기는 하지만 조건부 모형과 동일한 결과를 얻을 수 있다. [표 10.28]은 프로그램을 시행하면 [표 10.29]의 추정 결과를 얻을 수 있다.

[표 10.28] 가변수를 이용한 고정효과 비조건부 포아송 회귀모형 추정 코드

```
PROC COUNTREG DATA=PATENTS2;
   CLASS T ID;
   MODEL patENT= rd_0-rd_5  T ID/ DIST=POISSON;
RUN;
```

25 Allison(2005:90)

[표 10.29] 가변수를 이용한 고정효과 비조건부 포아송 회귀모형 추정 결과

Parameter Estimates					
Parameter	DF	Estimate	Standard Error	t-value	Approx Pr > |t|
Intercept	1	2.805692	0.185147	15.15	<.0001
rd_0	1	0.322211	0.045941	7.01	<.0001
rd_1	1	−0.087130	0.048689	−1.79	0.0735
rd_2	1	0.078582	0.044784	1.75	0.0793
rd_3	1	0.001060	0.041415	0.03	0.9796
rd_4	1	−0.004641	0.037849	−0.12	0.9024
rd_5	1	0.002607	0.032260	0.08	0.9356
t 1	1	0.198031	0.015295	12.95	<.0001
t 2	1	0.155423	0.015126	10.28	<.0001
t 3	1	0.157984	0.014493	10.90	<.0001
t 4	1	0.040912	0.013956	2.93	0.0034
t 5	0	0	.	.	.
id 1	1	0.741673	0.145750	5.09	<.0001
id 2	1	−2.174731	0.415976	−5.23	<.0001
id 3	1	0.025519	0.092116	0.28	0.7818

고정효과 음의 이항 회귀 모형도 조건부와 비조건부 모형을 이용하여 추정할 수 있다. /*①*/과 /*②*/는 각각 비조건부 및 조건부 모형을 이용한 음의 이항 회귀모형 추정을 보여준다. 다만 COUNTREG 에서는 2차 음의 이항 패널 모형을 지원하지 않기 때문에 1차 음의 이항 패널 모형을 사용해야 한다. 만일 ID의 가변수의 수가 많지 않다면 가변수를 모형에 포함한 고정효과 모형 분석을 수행하는 것이 바람직하다. 관심 있는 독자는 [표 10.30]의 코드를 이용하여 분석을 한 후 포아송 회귀모형의 결과와 비교해보도록 한다.

[표 10.30] 고정효과 음의 이항 회귀모형 분석 코드

```
PROC COUNTREG DATA=PATENTS2;/*①*/
  CLASS T ID;
  MODEL PATENT= RD_0-RD_5  T ID/ DIST=NEGBIN(P=1);
RUN;
PROC COUNTREG DATA=PATENTS2 GROUPID=ID;/*②*/
  CLASS T;
  MODEL PATENT= RD_0-RD_5  T/ DIST=NEGBIN(P=1) ERRORCOMP=FIXED;
RUN;
```

[표 10.30]은 조건부 음의 이항 회귀모형 추정결과를 보여주고 있다. 이 결과는 금년도 연구개발비 투자를 제외하고는 전년도의 연구개발비가 특허 수에 영향을 전혀 주지 못함을 명확히 보여준다.

[표 10.31] 조건부 음의 이항 회귀모형 추정 결과

Parameter Estimates					
Parameter	DF	Estimate	Standard Error	t-value	Approx Pr > |t|
Intercept	1	2.208224	0.179646	12.29	<.0001
RD_0	1	0.318856	0.067365	4.73	<.0001
RD_1	1	-0.080442	0.077331	-1.04	0.2982
RD_2	1	0.055905	0.071093	0.79	0.4317
RD_3	1	-0.012803	0.065970	-0.19	0.8461
RD_4	1	0.035527	0.062003	0.57	0.5666
RD_5	1	0.009453	0.051623	0.18	0.8547
T 1	1	0.215414	0.026501	8.13	<.0001
T 2	1	0.173150	0.026513	6.53	<.0001
T 3	1	0.166544	0.026224	6.35	<.0001
T 4	1	0.054813	0.026170	2.09	0.0362
T 5	0	0	.	.	.

빈도자료에 대한 회귀분석은 단순히 회귀계수 해석에만 머무르지 않는 경우가 많다. 때에 따라서는 독립변수가 변함에 따라 예측된 빈도가 어떻게 변하는지 분석하는 것이 더 중요한 연구문제인 경우도 많다. 현재 SAS의 COUNTREG 프로시저는 모형의 추정된 모수를 이용하여 예측값을 PLM 프로시저에서 쉽게 계산할 수 있는 STORE 명령문을 제공하지 않고 있다.[26] 하지만 GENMOD 프로시저를 이용하는 경우에는 STORE 명령문을 이용하여 모형의 추정된 모수 정보를 저장하여 PLM 프로시저에 활용할 수 있다.

/*①*/의 GENMOD 프로시저는 MODEL 명령문에 DIST=NEGBIN을 사용하여 음의 이항 회귀모형을 추정하기 위한 것이다. SCALE= 옵션은 분산의 초깃값을 지정하기 위한 것이다. SCALE=0으로 지정하면 모형이 수렴하지 않는 것을 확인할 수 있다. SAS에서는

26 SAS 9.4버전의 경우 STORE 명령문을 제공하며 PROC COUNTREG 명령문에 RESTORE 옵션을 제공하고 있으나 PLM 프로시저에 사용할 수는 없다.

굳이 분산의 초깃값을 지정하지 않아도 되기 때문에 SCALE 옵션을 굳이 사용하지 않아도 된다.

PLM 프로시저를 사용하는 법은 앞에서 설명하였다. PLM 프로시저를 이용하면 PATENTS2라는 데이터셋을 이용하여 예측값을 포함한 PRED라는 데이터셋을 만들 수 있다. 다만 /*②*/에서 ILINK 옵션을 사용하고 있는데 이 옵션을 사용하지 않으면 PRED라는 데이터셋에서 생성된 PREDICTED 변수의 값을 $\log(Y)$, 즉 빈도에 로그 값을 취한 값이 예측된다.

[표 10.32] PLM 프로시저를 이용하여 음의 이항 모형 예측 빈도 추정하기

```
PROC GENMOD DATA=PATENTS2 ;/*①*/
  CLASS T ID;
  MODEL PATENT= RD_0-RD_5  T ID/ DIST=NEGBIN SCALE=0.1;
  STORE PARMEST;
RUN;

PROC PLM RESTORE=PARMEST;
  SCORE DATA=PATENTS2 OUT=PRED/ILINK;/*②*/
RUN;

PROC SGPLOT DATA=PRED;
  SCATTER X=PATENT Y=PREDICTED;
RUN;
```

[표 10.32]의 코드를 이용하여 예측된 빈도와 실제 빈도의 산점도를 그려보면 [그림 10.9]와 같다. 이 산점도에서 확인할 수 있듯이 음의 이항 회귀모형의 예측력이 상당히 우수함을 알 수 있다. 상관관계를 구해보면 0.986으로 매우 높음을 확인할 수 있다.

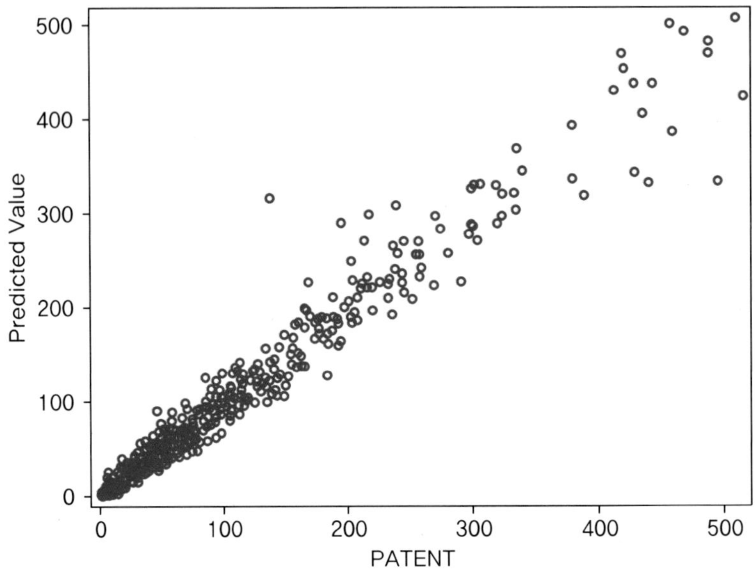

[그림 10.9] 예측 빈도와 실제 빈도의 산점도

CHAPTER 11

결 론

이 책에서는 범주형 자료에 대한 다양한 접근방법을 살펴보았다. 범주형 자료를 분할표를 이용하여 정리하고 시각화하는 기본적인 작업에서부터 단순 이항 로지스틱 회귀분석, 다항 로지스틱 회귀분석, 그리고 순서형 로지스틱 회귀분석 방법을 살펴보았다. 이 방법을 이용하면 종속변수의 각 범주가 어떤 독립변수에 영향을 받는지를 확인할 수 있을 뿐 아니라 해당 종속변수의 범주가 관찰될 확률을 예측할 수 있는 모형 구축이 가능함을 알 수 있었다.

한편 조건부 로지스틱 회귀모형을 이용하게 되면 여러 개의 선택지에 직면하여 특정 대안을 선택했을 때 해당 대안을 왜 선택했는지 혹은 해당 대안을 선택할 확률은 무엇인지에 대한 모형을 구축하고 추정할 수 있었다. 또한, 대안을 선택할 때 순위를 부여하여 선택하는 경우에 대한 순위 로지스틱 모형의 구축도 가능하다. 또한, 포아송 회귀모형, 음의 이항분포 모형, 과대 영 회귀모형 등 다양한 회귀모형을 이용하여 빈도의 형태로 나타낸 종속변수에 대한 분석도 수행할 수 있음을 살펴보았다. 이렇게 다양한 범주형 자료 분석은 반복 측정된 패널 자료나, 다수준 자료의 특성을 반영하여 모형을 변형하여 활용할 수 있다는 것도 살펴보았다.

범주형 자료 분석의 활용범위는 매우 광범위하다. 설문조사에서 흔히 사용하는 5점 척도 자료를 연속형 자료로 간주하지 않고 서열형 자료로 간주한다면 순서형 로지스틱 회귀분석을 사용할 수 있으며 연속형 변수로 가정했을 때의 분석과 비교하여 자료를 해석할 수 있을 것이다. 또한, 성향점수법(propensity score matching, PSM)을 사용하기 위해 자료를 처리집단과 통제집단으로 구분될 확률을 계산하여 정책효과 측정에 영향을 줄

수 있는 다른 변수의 효과는 동일한 처리 및 통제집단을 구분하는 데도 로지스틱 회귀분석은 널리 사용될 수 있다(Guo and Fraser, 2010). 우리가 관심을 두는 종속변수가 구분이나 선택과 관련된 상황이라면 이 책에서 살펴본 범주형 자료 분석의 다양한 기법을 응용할 수 있다.

이 책에서 반복해서 강조하고 있듯이 범주형 자료 분석은 단순히 회귀계수를 추정하는 데 머물러서는 안 된다. 회귀계수는 독립변수와 종속변수의 관계의 방향에 대한 개괄적인 정보를 제공할 뿐 독립변수의 변화가 종속변수의 범주가 관찰될 확률에 미치는 효과의 크기는 추가적인 분석을 통해 해석해야 하기 때문이다. 또한 이러한 해석을 위해서는 추정된 회귀계수를 이용하여 독립변수의 변화에 따른 종속변수의 확률 변화의 크기를 정확히 해석하고 시각화하는 작업이 필수적이다. 이것이 가능하기 위해서는 범주형 자료 분석 이론을 정확히 이해해야 한다.

이 책에서는 SAS를 기본 통계프로그램으로 설정하여 설명하였다. SAS의 경우만 해도 범주형 자료 분석을 LOGISTIC, GLM, GLIMMIX, GENMOD, MDC, COUNTREG 등 다양한 프로시저를 이용하여 수행하고 있다. 이렇게 다양한 프로시저를 사용하는 이유는 자료의 형태나 연구 질문에 따라 접근 방식이 조금씩 달라지기 때문이다. 향후 R이나 PYTHON과 같은 프로그램에서 범주형 자료 분석을 수행하고자 하는 독자라면 이 책에서 제시한 이론과 예제를 해당 프로그램에 적용해 가면서 그 의미를 이해하면 도움이 될 것으로 판단된다.

범주형 자료 분석의 응용 범위는 매우 넓다. 이산형 선택모형은 다양한 의사결정문제에 활용할 수 있고 그 자체가 하나의 중요한 연구 분야이다. 또한, 범주형 자료 분석 이론은 생존분석이나 위험분석과 같은 영역에서도 활용할 수 있다. 앞으로 다양한 분야에 범주형 자료 분석 기법들이 많이 활용되고 새로운 이론도 지속적으로 개발되기를 기대한다.

부록

우도함수의 추정과 검정

우도함수의 기본 개념

최우추정법(maximum likelihood estimation)은 최대가능도추정법이라고도 불리는 방법으로 관측값을 가장 잘 설명해 줄 수 있는 추정량을 모수의 추정량으로 선택하는 방법이다. 우리가 관심 있는 확률변수를 X라고 하고 이 확률변수의 관찰값이 $x_1, x_2, \cdots, x_n$으로 주어졌다고 가정해보자. 그리고 확률변수 X의 확률밀도함수(probability density function)를 $f(\theta)$라고 가정해보자. 여기서 θ는 확률밀도함수의 분포를 결정해주는 모수이다. 우리가 자주 사용하는 정규분포의 경우 θ는 평균과 분산을 의미하며 t 분포는 자유도가 모수 θ에 해당한다. θ값이 주어지면 확률변수 X가 특정한 값 x를 가질 때 확률밀도 값을 구할 수 있다. 예를 들어 X가 정규분포를 따르게 된다면 X의 확률밀도함수는 다음과 같이 정의되는데 여기서 모수는 μ, σ가 된다.

$$f(x) = \frac{1}{\sqrt{2\pi}\,\sigma} e^{-\frac{1}{2}\left(\frac{x-\mu}{\sigma}\right)^2}$$

예를 들어 $\mu = 80$, $\sigma = 15$의 값을 갖는다고 한다면 위 확률밀도함수 $f(\mu, \sigma)$는 [그림 1]과 같은 분포를 보이게 된다. x값이 80일 때, $f(x = 80|\mu = 80, \sigma = 15)$는 0.011의 값을 갖는다. 이 확률밀도함수의 값을 우도(likelihood)라고 부르기도 한다. 이 우도값은 $X = x$사건이 발생할 확률을 의미하는 것은 아니지만 $X = x$가 다른 값을 가질 때에 비해 발생할 가능성이 상대적으로 얼마나 높은지를 나타내준다고 이해할 수 있다.

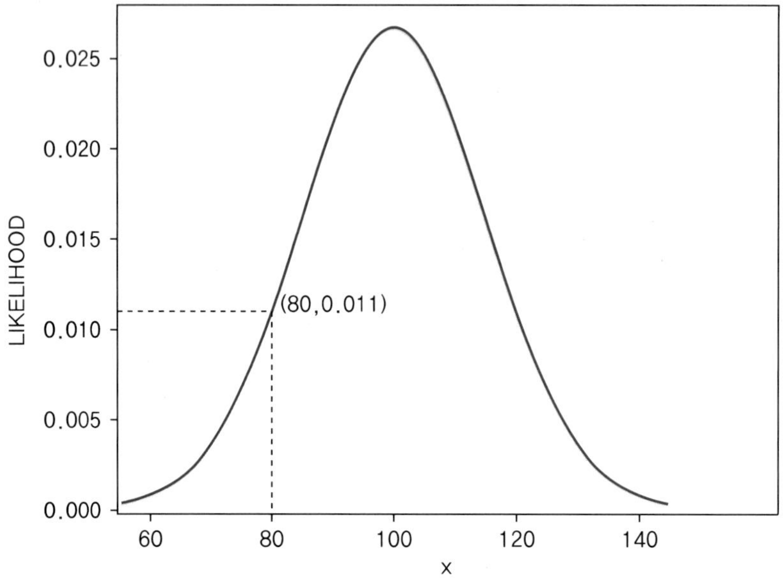

[그림 1] 정규분포를 따르는 확률밀도함수의 예시

이 확률밀도함수의 개념을 실제 관찰값에 적용한 것이 우도함수(likelihood function)다. 우도함수는 알고자 하는 모수 값이 θ이며 관찰값이 $x_1, x_2, \cdots, x_n$이라고 주어졌을 때 모수 값 θ에 의해 정의되는 함수로 다음과 같이 나타낸다.

$$L(\theta) = f(x_1, x_2, \cdots, x_n | \theta)$$

이때 관찰값이 서로 독립인 확률표본에서 얻어졌다면 우도함수는 아래와 같이 관찰점이 발생할 결합확률의 함수가 된다. 이때 각 사건이 발생할 확률은 아래와 같이 확률밀도함수로 나타내는 것이 일반적이다.

$$L(\theta) = f(x_1, x_2, \cdots, x_n | \theta) = f(x_1|\theta) \times f(x_2|\theta) \times \cdots \times f(x_n|\theta)$$

따라서 이를 일반화하면 모수의 집합이 θ로 주어져 있는 모집단에서 n개의 독립이고 동일한 분포를 따르는 확률표본을 추출하여 그 관측값 $x_1, x_2, \cdots, x_n$을 얻었을 때 우도함수(likelihood function)는 각 관찰점의 확률밀도함수의 곱으로 아래와 같이 정의한다.

$$L(\theta) = f(x_1, x_2, \cdots, x_n | \theta) = \prod_{i=1}^{n} f(x_i|\theta)$$

이때 이 우도함수값을 최대로 하는 모수의 추정량 $\hat{\theta}$를 최대우도추정량(maximum

likelihood estimator)이라고 부른다. 또한, 보통 계산상의 편의를 위해 로그를 취한 값을 사용하기도 한다.

정규분포의 경우 표본의 우도는 각 관찰점 x_i의 우도 값의 곱으로 아래와 같이 나타낼 수 있다.

$$L = \prod_{i=1}^{n} \frac{1}{\sqrt{2\pi}\,\sigma} e^{-\frac{1}{2}\left(\frac{x_i - \mu}{\sigma}\right)^2}$$

위 식의 양쪽에 로그를 취하게 되면 로그-우도(log-likelihood)함수를 다음과 같이 얻게 된다.

$$\ln L = -\frac{n}{2} ln(2\pi) - n\ln(\sigma) - \sum_{i=1}^{n} \frac{1}{2}\left(\frac{x_i - \mu}{\sigma}\right)^2$$

우도함수를 이용하면 우리가 추정하고자 하는 모수를 추정할 수 있는데 이 우도함수가 실제 관찰된 값들이 나타날 가능성이라고 이해한다면 이 가능성을 극대화하는 모수 값의 추정량을 찾아내면 되는 것이다. 모비율의 추정량을 구하는 예제를 이용하여 일반화된 최우추정법을 살펴보도록 하자.

모집단은 성공과 실패라는 두 가지 결과만을 가지는 사건들로 구성되어 있으며, 이 모집단의 확률변수 X는 베르누이 확률분포를 따른다고 하자. 이 모집단으로부터 확률표본 $X_1, X_2, \cdots, X_n$을 뽑았고 그 실제 관측값이 $x_1, x_2, \cdots, x_n$으로 나타났다고 해보자. 예를 들면 성공을 1이라고 하고 실패를 0이라고 할 때 관찰값은 0, 1, ⋯, 1 등으로 나타난다. 성공비율에 대한 모수 p가 주어졌을 때 x_i가 성공을 나타내는 1의 값을 가질 확률은 π, 실패를 나타내는 0의 값을 가질 확률은 $1-\pi$가 되므로 x_i가 나타날 확률은 $f(x_i|\pi) = \pi^{x_i}(1-\pi)^{1-x_i}$로 나타낼 수 있다.[1]

우도함수는 모수 값(θ)이 주어졌을 때 관찰값이 나타날 확률을 의미한다. 이 우도함수

---

1 독자들은 이 식이 이항 로지스틱 회귀식과 직결됨을 알 수 있을 것이다. 로지스틱 회귀분석에서 종속변수 Y는 사건의 발생 여부를 0과 1로 나타내고, 사건의 발생 확률 π는 $\pi(X_i) = \frac{e^{\sum \beta_k x_{ik}}}{1+e^{\sum \beta_k x_{ik}}}$로 나타낸다. 따라서 로지스틱 회귀분석에서 사건이 발생할 확률은 다음과 같이 나타낼 수 있다. $f(y_i|\pi_i) = \pi_i^{y_i}(1-\pi_i)^{1-y_i} = \left[\frac{e^{\sum \beta_k x_k}}{1+e^{\sum \beta_k x_k}}\right]^{y_i}\left[1-\frac{e^{\sum \beta_k x_k}}{1+e^{\sum \beta_k x_k}}\right]^{1-y_i}$

f는 아래와 같이 나타낼 수 있다.

$$L(\theta) = f(x_1, x_2, ..., x_n | \theta) = f(x_1, x_2, ..., x_n | \pi)$$

위 우도함수는 독립적으로 표본이 뽑혔다는 확률표본 가정에 의해 다음과 같이 나타낼 수 있다.

$$\begin{aligned} L(\pi) &= f(x_1 | \pi) f(x_2 | \pi) \dots f(x_n | \pi) \\ &= \left[\pi^{x_1}(1-\pi)^{1-x_1}\right] \times \left[\pi^{x_2}(1-\pi)^{1-x_2}\right] \times \dots \times \left[\pi^{x_n}(1-\pi)^{1-x_n}\right] \\ &= \prod_{i=1}^{n} f(x_i | \pi) = \prod_{i=1}^{n} \pi^{x_i}(1-\pi)^{1-x_i} \end{aligned}$$

$y = \sum x_i$라고 하면 위 우도함수는 아래와 같이 나타낼 수 있다.

$$L(\pi) \equiv \prod_{i=1}^{n} \pi^{x_i}(1-\pi)^{1-x_i} = \pi^{y}(1-\pi)^{n-y}$$

계산상의 편의를 위해 우도함수의 양변에 로그를 취하면 아래와 같은 로그-우도함수(log-likelihood function)를 얻을 수 있다.

$$\ln L(\pi) = y \ln \pi + (n-y) \ln (1-\pi)$$

이 로그-우도함수를 최대로 만드는 모비율의 추정량 $\hat{\pi}$을 미분을 이용하여 구하면 다음과 같다.

$$\frac{\partial \ln L(\pi)}{\partial \pi} = \frac{y}{\pi} - \frac{n-y}{1-\pi} = 0$$

$$\therefore \hat{\pi} = \frac{y}{n}$$

결국 MLE를 이용하여 추정한 모비율의 최우추정량 $\hat{\pi}$은 표본비율과 같음을 알 수 있다. 이렇게 구해진 최우추정량에 대해서 불편성, 효율성, 일치성을 만족하는지 평가해본 후, 이 추정량이 바람직한지 아닌지를 최종적으로 판단한다. 일반적으로 대표본인 경우에 MLE 추정량이 불편성과 효율성, 일치성을 만족한다는 사실이 알려져 있으므로 모수 추정에서 MLE가 널리 사용된다.

우도함수를 이용한 모수의 추정량 구하기

이제 우도함수를 이용하여 모수를 추정하는 방법을 살펴보자. 우도함수를 이용하여 모수를 추정하기 위해서는 먼저 확률분포를 가정해야 한다. 여기서는 아래와 같이 정규분포를 가정하고 모표준편차가 15로 주어져 있다고 가정하자. 모표준편차가 알려져 있으므로 모평균을 추정해야 되는 상황이다.

먼저 평균은 100이고 표준편차가 15이며 정규분포를 따르는 모집단으로부터 1,000개의 관찰점을 무작위로 뽑도록 하자. 이 단계는 [표 1]의 프로그램 코드의 ①에 해당하는 스텝으로 NORMAL이라는 데이터셋을 만드는 단계이다.

② 단계는 ① 단계에서 생성된 확률변수 X의 각 관찰값, 즉 $X=x_i$별로 로그-우도함수 값을 구하는 단계이다. 모표준편차는 15로 주어져 있기 때문에 모집단의 평균 μ을 추정하기 위한 로그-우도함수는 아래와 같다.

$$\log L(X=x_i)=-\frac{1}{2}ln(2\pi)-\ln(\sigma)-\sum_{i=1}^{n}\frac{1}{2}\left(\frac{x_i-\mu}{\sigma}\right)^2 \quad (\text{단, } \sigma=15)$$

이때 μ값이 90일 때부터 110일 때까지의 로그-우도함수 값을 계산한다.

③ 단계는 ② 단계에서 계산된 로그-우도함수 값을 각각의 μ별로 전체 관찰된 표본의 값을 이용하여 모두 더하는 단계이다. 즉, 아래 값을 구하는 단계이다. 이 계산을 수행한 결과는 LL이라는 데이터셋에 결과가 저장된다.

$$\log L=-\frac{n}{2}ln(2\pi)-n\ln(\sigma)-\sum_{i=1}^{n}\frac{1}{2}\left(\frac{x_i-\mu}{\sigma}\right)^2, \quad (\text{단, } \sigma=15)$$

④ 단계는 μ값이 변함에 따라 로그-우도함수 값이 어떻게 변하는지를 그림으로 나타낸 것이다. [그림 2]를 살펴보면 로그-우도함수 값이 가장 큰 경우는 μ값이 100임을 알 수 있다. 이 값은 시뮬레이션 자료를 생성하기 위해 가정했던 모평균 값과 동일함을 알 수 있다.

한편 모평균이 100으로 주어졌다고 가정한 후 모표준편차를 추정하는 시뮬레이션의 프로그램 코드는 [표 1]의 오른쪽에 제시되어 있다.[2]

2 관심 있는 독자들은 관찰점을 1,000개가 아닌 100개만 생성하여 모평균이나 모표준편차에 대한 최우추정량을 구해보도록 하라. 어렵지 않게 추정된 모수가 편의가 발생함을 알 수 있다. 이것은 모집단에서 적은 수의 표본만을 추출하였기 때문에 발생하는 표본오차와 소표본일 때 최우추정법이 갖고 있는 편의가 함께 존재하기 때문에 발생하는 문제이다.

[표 1] 모평균과 표준편차의 추정 시뮬레이션

모평균의 추정

```
① DATA NORMAL;
     CALL STREAMINIT(1234);
     DO I=1 TO 1000;
     X=RAND("NORMAL",100,15);
     OUTPUT;
     END;
  RUN;

② DATA NORMAL2;
     SET NORMAL;
     pi=constant("pi");
     DO MU=90 TO 110;
     L=-0.5*log(2*pi)-log(15)-
     0.5*((x-MU)/15)**2;
     OUTPUT;
     END;
  RUN;
③ PROC MEANS DATA=NORMAL2 NOPRINT;
     CLASS MU;
     VAR L;
     OUTPUT OUT=LL SUM=LL;
  RUN;

④ ROC SGPLOT DATA=LL(WHERE=(MU
  ^=.));
     REFLINE 100/AXIS=X
     LINEATTRS=(THICKNESS=2
     COLOR=RED);
     SERIES X=MU Y=LL;
  RUN;
```

표준편차의 추정

```
DATA NORMAL;
   CALL STREAMINIT(1234);
   DO I=1 TO 1000;
   X=RAND("NORMAL",100,15);
   OUTPUT;
   END;
RUN;
DATA NORMAL2;
   SET NORMAL;
   pi=constant("pi");
   DO SIGMA=10 TO 25;

   L=-0.5*log(2*pi)-log(sigma)-
   0.5*((x-100)/sigma)**2;
   OUTPUT;
   END;
RUN;
PROC MEANS DATA=NORMAL2 NOPRINT;
   CLASS SIGMA;
   VAR L;
   OUTPUT OUT=LL SUM=LL;
RUN;

PROC SGPLOT DATA=LL(WHERE=(SIGMA
^=.));
   REFLINE 15/AXIS=X;
   SERIES X=SIGMA Y=LL;
RUN;
```

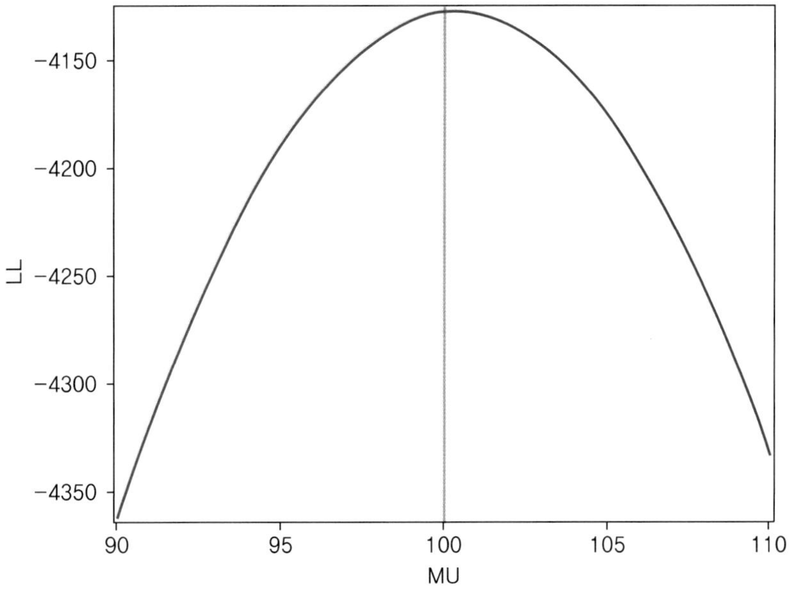

[그림 2] 최우추정법을 통해 얻어진 모평균의 추정치

한편 위에서 얻은 로그-우도함수 값의 궤적을 보면 로그-우도함수의 1차 미분 값을 0으로 만드는 μ값이 가장 바람직한 추정량임을 알 수 있다. 따라서 굳이 μ값을 하나씩 변화시키지 않고도 손쉽게 로그-우도함수 값이 극대화되는 μ값을 구할 수 있다. 로그-우도함수의 1차 미분 값은 아래와 같으므로,

$$\frac{\partial \log L}{\partial \mu} = \frac{1}{\sigma^2}(-n\mu + \sum_{i=1}^{n} x_i)$$

위 로그-우도함수의 1차 미분 값을 0으로 만드는 μ값은 다음과 같다.

$$\hat{\mu} = \frac{\sum_{i=1}^{n} x_i}{n}$$

마찬가지로 로그-우도함수의 1차 미분 값을 0으로 만드는 σ^2값은 다음과 같다.

$$\hat{\sigma}^2 = \sum_{i=1}^{n} (x_i - \mu)^2 / n$$

이처럼 최우추정법을 이용하여 모수를 추정하는 것은 로그-우도함수 값을 수치해석적으로 계산할 수도 있고 미분을 이용하여 계산할 수도 있다. 로지스틱 회귀분석에서는 로

그-우도함수의 미분 방정식을 풀기 어려우므로 수치해석적 접근을 이용하여 계산한다.

추정된 모수의 표준오차

로그-우도함수의 1차 미분 값은 모수에 대한 추정량을 구하는 데 유용하지만 2차 미분 값은 추정량의 표준오차(standard error) 값을 추정하는 데 유용하다. 위의 로그-우도함수 그림에서 위 함수의 형태가 뾰족하다는 것은 μ값이 100에 가까워질수록 로그-우도함수 값이 빠르게 증가하거나 감소한다는 것을 의미한다. 반대로 로그-우도함수가 평평한 궤적을 갖게 되면 μ값이 100에 가까워지더라도 로그-우도함수 값이 매우 천천히 증가하게 된다. 만일 후자의 경우라면 추정한 모평균 값이 불확실성이 많다는 것을 의미하는데 이 경우 모평균 추정량은 상당히 큰 표준오차를 갖게 된다는 것으로 이해할 수 있다(Enders, 2010:67). 즉, 로그-우도함수의 2차 미분 값이 추정량의 표준오차의 크기와 관계있으며 2차 미분 값이 클수록 추정량의 표준오차는 작다고 해석할 수 있다. 로그-우도함수를 이용하여 표준오차를 추정하는 단계는 다음과 같이 크게 4단계를 거친다(Enders, 2010:67).

1. 로그-우도함수의 2차 미분 값을 계산한다.
2. 1단계에서 계산된 값에 −1값을 곱한다.
3. 2단계에 계산된 값에 역수를 취한다.
4. 3단계에 계산된 값에 루트 값을 취한다.

위 표준오차를 추정하는 방식을 모평균 추정량의 표준오차를 구하는 절차에 적용해 보도록 하자. 앞에서 정규분포를 따르는 확률변수 X의 로그-우도함수를 모평균에 대해 1차 미분 값이 아래와 같음을 알 수 있었다.

$$\frac{\partial \log L}{\partial \mu} = \frac{1}{\sigma^2}(-n\mu + \sum_{i=1}^{n} x_i)$$

이 값을 다시 한 번 미분하면 2차 미분 값을 다음과 같이 얻을 수 있다.[3]

3 참고로 로그-우도함수의 2차 미분 값이 음수가 됨을 알 수 있다. 이것은 1차 미분 값이 0이 되는 지점에서 로그-우도함수가 최솟값이 아니라 최댓값이 됨을 의미한다. 로그-우도함수가 역U자 형태임을 고려하면 2차 미분 값이 음수가 되는 것은 당연하다.

$$\frac{\partial^2 \log L}{\partial^2 \mu} = \frac{-n}{\sigma^2}$$

이 2차 미분 값에 음수를 곱하면 n/σ^2가 되고 이 값을 정보(information)량이라고 부르기도 한다. 이 값에 역수를 취하면 σ^2/n이 되며 이 값이 모평균 추정량의 분산이 된다.

$$Var(\hat{\mu}) = -\left[\frac{\partial^2 \log L}{\partial^2 \mu}\right]^{-1} = \frac{\sigma^2}{n}$$

위 값에 루트 값을 취하면 모평균 추정량의 표준오차가 $\sigma/\sqrt{n}$이 됨을 알 수 있다.[4]

추정치에 대한 가설검정을 위한 검정 통계량

최우추정법을 통해 얻은 추정량을 $\hat{\theta}$라고 할 때 이 추정량을 대상으로 가설검정을 수행할 수 있다. 만일 귀무가설에서 추정하고자 하는 모수값이 θ_0라고 가정이 되었다면 귀무가설은 다음과 같이 나타낸다.

$$H_0 : \theta = \theta_0$$

이 가설검정을 위해 사용하는 것이 아래와 같이 정의되는 왈드 검정 통계량(Wald test statistic, ω)이다.

$$\omega = \frac{\hat{\theta} - \theta_0}{SE(\hat{\theta})}$$

최우추정법에 의해 얻어진 최우추정량은 표본의 크기가 상당히 큰 경우 근사적으로 정규분포를 따른다는 사실이 알려져 있다. 따라서 왈드 검정 통계량이 표준화 정규분포를 따른다고 가정할 수 있다.[5] 경우에 따라서는 ω를 Wald z 통계량이라고 부르기도 한다.

---

4 로그-우도함수의 2차 미분 값에 -1을 곱한 값 $\left[-\frac{\partial^2 \ln L(\theta)}{\partial(\theta)^2}\right]$을 정보(information)라고 하는데, 행렬의 경우 정보행렬(information matrix)이라고 한다. 또한 information의 역수는 θ의 분산이 되며 정보행렬의 역행렬은 공분산 행렬이 된다.

5 정규분포 중에서 표준화 정규분포를 따르는 이유는 ω가 표준화 확률변수이기 때문이다. 참고로 표준화 확률변수가 항상 정규분포를 따르는 것은 아니고 표준화된 변수가 정규분포를 따를 때 표준화 정규분포를 따른다. ω의 경우에는 $\hat{\theta}$가 정규분포를 따른다고 가정되기 때문에 표준화 정규분포로 가정할 수 있다.

한편 왈드 검정 통계량을 아래와 같이 제곱의 형태로 제시하기도 한다.

$$\omega = \frac{(\hat{\theta} - \theta_0)^2}{Var(\hat{\theta})}$$

표준화 정규분포를 따르는 확률변수를 제곱한 확률변수는 카이제곱 분포를 따르기 때문에 위 통계량은 자유도가 1인 카이제곱 확률분포를 따르게 된다. 이를 왈드 카이제곱 통계량이라고 부르기도 하는데 좀 더 유연하게 가설검정을 할 수 있다는 점에서 왈드 카이제곱 통계량도 널리 사용된다.

모형적합성 검정 방법

모형적합성을 검정하는 방법은 개별 추정량에 대한 가설검정을 확장한 것이다. 로그-우도 함수를 이용하여 모형적합성을 검정하는 방법은 왈드 검정(Wald test), 우도비 검정(likelihood ratio test), 스코어 검정(score test)[6] 등이 대표적이다. 이 세 가지 검정은 점근적으로 동일한(asymptotically equivalent) 결과를 내는 것으로 알려져 있고, 대표본에서는 거의 유사한 결과를 산출한다. 하지만 소표본의 경우 각 검정의 특성에 따라 조금씩 다른 결과를 산출하기 때문에, 독자들은 각 검정의 특성과 한계를 정확히 파악하고 사용해야 할 것이다.

1) 우도비 검정

우도비 검정은 비교하고자 하는 두 가지 모형의 로그-우도비 차이를 가지고 모형의 적합성을 평가하는 방법이다. 예를 들어 회귀분석에서 세 개의 독립변수를 모두 포함시킨 모형의 로그-우도 값과 이 독립변수의 회귀계수가 모두 0이라고 가정을 한 후 절편항만 포함한 모형의 로그-우도 값의 차이를 계산한 후 이 차이가 얼마나 큰지를 확인해보는 것이다. 관심 있는 독립변수를 모두 포함한 경우를 완전모형(full model)이라고 부르고, 귀무가설에 따라 모형에 제약을 두어 일부 변수만 포함한 경우는 제약모형(restricted model)이라고 부른다. 우도비 통계량은 다음과 같이 정의된다.

$$LR = -2(\log L_{rest} - \log L_{full})$$

6 스코어 검정은 라그랑지 승수 검정(Lagrange multiplier test/LM Test)이라 부르기도 한다.

제약모형의 경우 모형에 포함하는 모수의 값이 작아서 완전모형과 비교하면 관찰된 자료를 정확히 나타내기 어렵고 따라서 로그-우도 값이 완전모형에 비해 작게 된다. 따라서 항상 $\log L_{rest} \leq \log L_{full}$의 관계가 성립한다. 따라서 LR값은 항상 양의 값을 갖게 되고 이 값이 클수록 제약모형은 완전모형보다 열등하다고 할 수 있다. 즉 제약모형은 완전모형보다 자료를 제대로 적합시키지 못한다는 의미이다.

제약모형과 열등모형의 차이가 통계적으로 유의미한지에 대한 판단은 LR 통계량이 자유도는 완전모형과 제약모형의 모수의 차이로 갖는 중심 카이제곱 분포(central Chi-square distribution)를 따른다는 사실을 이용한다. 즉 완전모형에 세 개의 독립변수가 있는 회귀모형이고 제약모형에는 절편만이 있는 회귀모형이라면 자유도는 3이 된다.[7]

[그림 3]은 우도비 검정의 아이디어를 보여준다. [그림 3]과 같이 로그-우도함수 $\log L(\theta)$가 주어져 있고, θ와 c의 동일성 여부를 검정한다고 해보자. 우도비 검정은 추정치 $\hat{\theta}$와 c의 거리를 각각의 로그-우도 함수 값인 $\log L(\hat{\theta})$와 $\log L(c)$값을 통해 평가한다. 우도비 검정의 검정 통계량은 여기에 2를 곱하여 다음과 같은 식으로 산출한다.

$$LR = 2\left[\log L(\hat{\theta}) - \log L(c)\right] \sim \chi^2_{df=J}$$

또한, 위 식을 통해 산출된 LR 검정 통계량은 귀무가설을 기각할 수 없다는 가정 하에 자유도가 J(귀무가설에 나타나는 제약식의 수)인 카이제곱분포를 따른다.

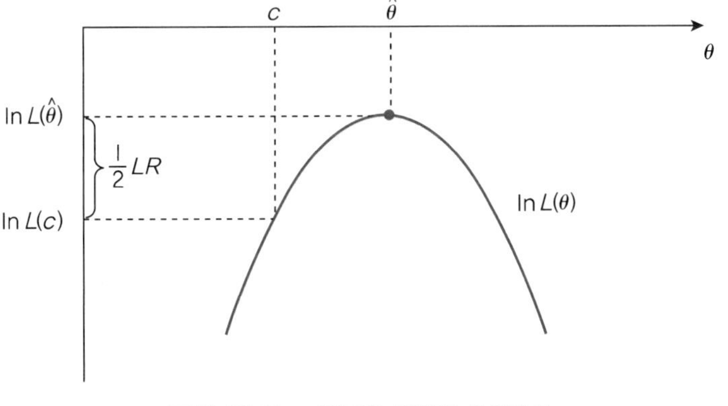

[그림 3] 로그-우도비 검정의 아이디어

7 절편값은 추정해야 할 모수가 아닌 것으로 간주하기 때문이다.

2) 모형적합성 판단을 위한 왈드 검정

다중회귀분석의 경우 모든 회귀계수가 0인지 여부를 판단하여 모형적합성을 검정한다. 이 경우 여러 모수 추정치(parameter estimate)를 함께 가설 검정해야 하므로 이를 다변량 왈드 검정(multivariate Wald test)이라고 부르는데 이 가설 검정은 단일한 모수 추정치에 대한 가설검정과 유사하게 아래와 같은 검정 통계량을 이용해서 수행할 수 있다.

$$\omega = (\hat{\boldsymbol{\theta}} - \boldsymbol{\theta_0})' \, Var(\hat{\boldsymbol{\theta}})^{-1} (\hat{\boldsymbol{\theta}} - \boldsymbol{\theta_0})$$

여기서 $\hat{\boldsymbol{\theta}}$는 모수 추정치의 벡터이고 $\boldsymbol{\theta_0}$는 귀무가설에서 가정된 모수 값들의 벡터이며, $Var(\hat{\boldsymbol{\theta}})$는 모수 추정치의 공분산행렬 값을 나타낸다. 이 통계량은 중심 카이제곱 분포(central Chi-square distribution)를 따르게 되는데 이때의 자유도는 가설검정에 사용되는 모수들의 수이다. 최대우도추정량의 적절성은 다음과 같은 귀무가설을 검정하는 것으로 평가할 수 있다.[8]

$$H_o : \theta = c$$

$$H_1 : \theta \neq c$$

근본적으로 이 귀무가설을 검정은 θ의 추정치 $\hat{\theta}$와 c 사이의 거리를 측정하여 검정값을 산출하고, 이 검정값이 따르는 확률분포에 의해 주어진 신뢰구간을 설정하여 평가하는 방법이다. 핵심은 $\hat{\theta}$와 c 사이의 거리를 어떻게 측정할 것이냐에 있다.

왈드 검정은 기본적으로 추정치 $\hat{\theta}$와 c의 유클리드 거리 $(\hat{\theta} - c)^2$ 을 사용한다. 그러나 유클리드 거리만으로는 적절하게 두 추정치의 거리를 측정하기 어렵기 때문에 왈드 검정에서는 유클리드 거리에 우도함수의 형태에 따라 적절한 가중치를 부여하는 방법을 사용한다. 이를 앞에서 배운 우도비 검정과 비교하여 알아보자.

[그림 4]를 보자. 두 로그-우도함수 A, B는 모두 동일한 최우추정치 $\hat{\theta}$를 갖지만, 곡선

---

8 독자들은 이러한 검정의 의미가 정확히 이해되지 않을 수도 있을 것이다. 최우추정을 통한 회귀분석에서 사용하는 가장 대표적인 검정은 모형적합도(model fit)이다. 예를 들어 k개의 독립변수가 존재하는 회귀식을 최우추정을 통해 추정했을 때, 각 k개 독립변수에 따른 k개의 최우추정량이 도출된다. 이때 이 모형의 적합도에 대한 귀무가설 $H_0 : \hat{\theta}_1 = \hat{\theta}_2 = \cdot \cdot \cdot = \hat{\theta}_k = 0$을 위와 같이 세 가지 방법 우도비 검정, 스코어 검정, 왈드 검정을 통해 수행할 수 있다. 모형적합도는 위 검정 방법에서 상수 $c=0$인 경우를 검정하는 것이다. 선형회귀분석에서는 대개 제곱합 분해를 통해 F 검정을 수행하지만 회귀식이 선형이 아닌 경우 제곱합 분해가 적용되지 않는 경우가 대부분이다.

의 기울기 변화가 다르다. 귀무가설 $H_o : \theta = c$를 검정하기 위한 우도비 검정통계치는 A일 때 로그-우도함수, 즉 $LR_A = 2\left[\log L_A(\hat{\theta}) - \log L_A(c)\right]$이 B일 때 로그-우도함수 $LR_B = 2\left[\log L_B(\hat{\theta}) - \log L_B(c)\right]$보다 더 크다는 것을 알 수 있다. 이는 로그-우도함수 B일 때 곡선의 기울기 변화가 더 크기 때문이다. 이러한 이유로 왈드 검정은 추정치 $\hat{\theta}$와 c의 유클리드 거리 $(\hat{\theta} - c)^2$에 적절한 가중치를 곱해준다. 왈드 검정은 로그-우도함수의 기울기의 변화율, 즉 로그-우도함수의 2차 미분 값을 이용하여 가중치로 사용한다.

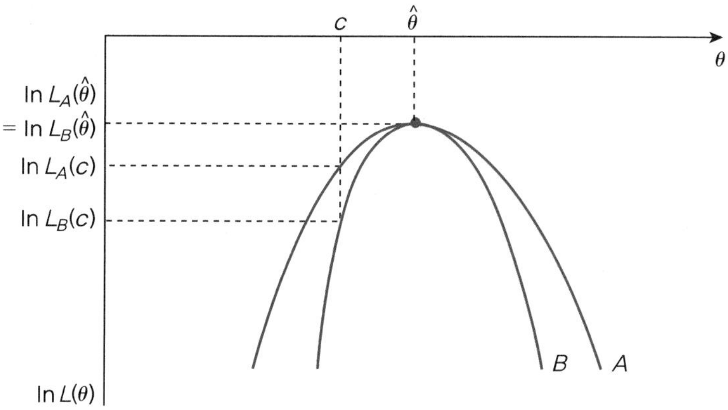

[그림 4] 로그-우도함수와 왈드 검정 통계량

로그-우도함수의 기울기 변화율은 로그-우도함수를 2차 미분한 값이다. 여기서 로그-우도함수는 확률함수에 로그를 취하였기 때문에 음수 값을 가진다. 이를 양수로 만들어 주기 위하여 -1을 곱해준다. 따라서 왈드 검정 통계량은 다음과 같다.

$$W = (\hat{\theta} - c)^2 \left[-\frac{\partial^2 \ln L(\theta)}{\partial \theta^2} \right] \sim \chi^2_{df = J}$$

또한, 위 식을 통해 산출된 왈드 검정 통계량은 앞서 살펴본 우도비 검정 통계량과 같이 귀무가설을 기각할 수 없다는 가정 하에 자유도가 J(귀무가설에 나타나는 제약식의 수)인 카이제곱분포를 따른다.

만약 다수의 변수 K개가 존재하는 K × 1 벡터 $\boldsymbol{\beta}$를 사용하여 귀무가설을 검정하는 경우, 귀무가설 $\hat{\theta} - c$는 $\Gamma\beta - q$로 일반화될 수 있다.[9] 이 경우 유클리드 거리는

9 여기서 Γ는 제약식에 등장하는 계수에 곱해지는 상수들을 나타내는 행렬이고 $\boldsymbol{\beta}$는 제약식에 사용

$(\Gamma\beta - q)'(\Gamma\beta - q)$로 나타낼 수 있다. 따라서 이 경우 왈드 검정 통계량은 다음과 같다.

$$W = (\Gamma\beta - q)'\left[-\frac{\partial^2 \ln L(\theta)}{\partial(\theta)^2}\right]^{-1}(\Gamma\beta - q) = (\Gamma\beta - q)'[\,Var(\Gamma\beta - q)](\Gamma\beta - q) \sim \chi^2_{df=J}$$

3) 스코어 검정

스코어 검정은 로그-우도함수의 기울기 크기를 이용하여 회귀계수나 모형의 적합도를 평가하는 방법이다. 로그-우도함수는 역 U자의 형태를 띠고 있다. 이때 귀무가설에서 가정한 모수 값 θ_0가 로그-우도함수를 극대화하는 추정량 $\hat{\theta}$값과의 거리가 멀어질수록 기울기가 θ_0가 주어졌을 때 로그-우도함수의 기울기가 가파르게 된다. 이 기울기는 θ_0가 $\hat{\theta}$에 근접할수록 완만해지게 되고 $\hat{\theta}=\theta_0$이면 기울기는 0이 된다. 스코어 검정은 이 기울기 크기를 이용하여 회귀계수의 통계적 유의미성이나 모형적합도를 검정하게 된다.

스코어(score)는 로그-우도함수의 1차 미분 값으로 정의된다. 즉 스코어 변수 $s(\theta)$는 다음과 같이 정의된다.

$$s(\theta) = \frac{\partial \log L(\theta)}{\partial \theta}$$

최우추정치 $\hat{\theta}$는 로그-우도함수 값이 최댓값을 갖는 상태이기 때문에 $s(\hat{\theta})$는 0의 값을 갖게 된다. 한편 앞에서 로그-우도함수의 2차 미분 값에 -1을 곱한 후 역수를 취하면 추정량의 분산이 됨을 알 수 있었다. 스코어 값을 이 분산 값으로 나눈 값을 이용하여 검정 통계량으로 사용한다. 즉 $H_0 : \theta = \theta_0$라는 귀무가설 검정을 위한 검정 통계량은 다음과 같다.

$$S = s(\theta)\left[-\frac{\partial^2 \ln L(\theta)}{\partial(\theta)^2}\right]^{-1} s(\theta) = \left[\frac{\partial \ln L(\theta)}{\partial(\theta)}\right]\left[-\frac{\partial^2 \ln L(\theta)}{\partial(\theta)^2}\right]^{-1}\left[\frac{\partial \ln L(\theta)}{\partial(\theta)}\right] \sim \chi^2_{df=1}$$

되는 계수를 나타내는 행렬이며 q는 제약식에 나타나는 상수 또는 상수들의 벡터를 나타낸다. 예를 들어, $\boldsymbol{\beta} = (\beta_1, \beta_2, \beta_3)'$라 하고 검정하고자 하는 귀무가설이 $H_0 : 2\beta_1 + \beta_2 = 3$ and $\beta_1 + 4\beta_3 = 2$라 해보자. 이 제약식은 $\begin{bmatrix} 2 & 1 & 0 \\ 1 & 0 & 4 \end{bmatrix}\begin{bmatrix} \beta_1 \\ \beta_2 \\ \beta_3 \end{bmatrix} = \begin{bmatrix} 3 \\ 2 \end{bmatrix}$로 나타낼 수 있다. 여기서 $\Gamma = \begin{bmatrix} 2 & 1 & 0 \\ 1 & 0 & 4 \end{bmatrix}$이고 $q = \begin{bmatrix} 3 \\ 2 \end{bmatrix}$이다.

만일 하나의 변수에 대한 가설검정이 아니라 다수의 변수가 있는 경우의 가설검정으로 위 논의를 확장하면 스코어 값 대신에 스코어 벡터를, 분산 대신에 공분산 행렬을 사용하면 된다. 이때 카이제곱 분포의 자유도는 제약식 변수의 수가 된다. 스코어 검정 통계량의 크기는 로그-우도함수 기울기 변화량의 절댓값, 즉 분산에 반비례하고 로그-우도함수의 기울기 크기가 작을수록 검정 통계량이 작아진다. 스코어 검정 통계량은 최우추정량 $\hat{\theta}$를 구할 필요가 없으므로 회귀식의 복잡성 등의 원인으로 인해 최우추정량을 구하기가 어려운 경우 최우추정량을 사용하는 우도비 검정이나 왈드 검정에 비해 상대적으로 쉽게 구할 수 있다는 장점이 있다.

모형적합성을 판단하는 위 세 가지 접근 방식의 관계는 다음과 같은 그림을 이용해 나타낼 수 있다.[10] 먼저 왈드 검정 방식은 추정된 모수 $\hat{\theta}$와 귀무가설에서 가정된 모수 θ_0 간의 거리 차이를 이용하여 가설을 검정한다. 우도비 검정은 추정된 모수 $\hat{\theta}$ 하에서의 로그-우도비와 귀무가설에서 가정된 모수 θ_0에서의 로그-우도비 차이를 이용하여 가설을 검정한다. 마지막으로 스코어 검정은 귀무가설에서 가정된 모수에서 로그-우도함수의 기울기를 이용하여 가설검정을 하는 것이다.

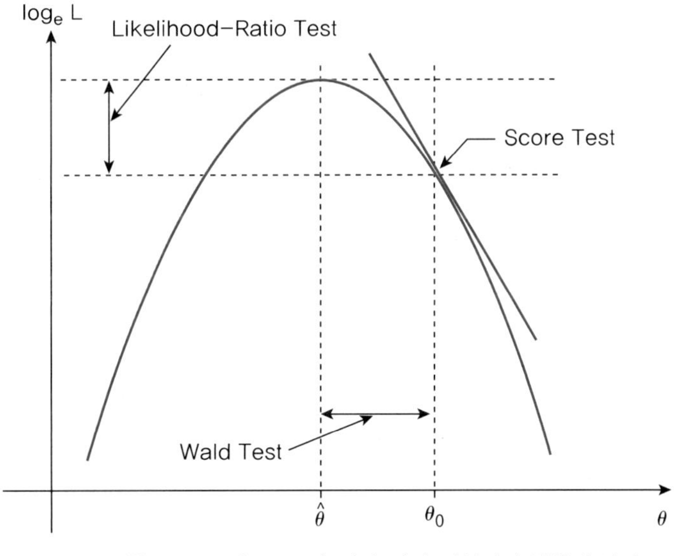

[그림 5] 왈드, 우도비, 스코어 검정 간의 가설검정 방식의 차이

10 Fox, J.(1997), *Applied regression analysis, linear models, and related methods,* Thousand Oaks, CA: Sage Publications, p. 570.

참고문헌

고길곤(2017), 통계학의 이해와 활용, 제2판, 문우사.

김강수(2009), 비시장재가치 측정에 관한 연구: 이중경계 양분선택형 CVM 조사의 제시금액 분석을 중심으로, 한국개발연구원.

여인권·송문섭·허문열(2009), 이론통계, 박영사.

이성우·민성희·박지영·윤성도(2005), 로짓·프라빗 모형 응용, 박영사.

장준경 외(2012), 예비타당성조사를 위한 CVM 분석지침 개선 연구, 한국개발연구원.

행정표준코드관리시스템(https://www.code.go.kr/jsp/index.jsp).

Agresti, A.(2007), *An Introduction to Categorical Data Analysis*, Wiley.

Allison, P. D.(2001), *Logistic Regression Using the SAS System: Theory and Application*, Wiley-SAS.

Allison, P. D.(2005), *Fixed Effects Regression Methods for Longitudinal Data Using SAS*, Cary, NC, SAS Institute Inc.

Allison, P. D. and Christakis, N. A.(1994), "Logit Models for Sets of Ranked Items," *Sociological Methodology*, 24, pp. 199~228.

Ari Erkan and Yildiz Zeki(2014), "Parallel Lines Assumption in Ordinal Logistic Regression and Analysis Approach," *International Interdisciplinary Journal of Scientific Research*, 1(3), www.iiisr.org.

Cox, D. R.(1970), *The Analysis of Binary Data*, New York: Chapman & Hall.

Derr, R. E.(2009), "Performing Exact Logistic Regression with the SAS System-revised 2009."

Ene, M., Leighton, E., Blue, E. and Bell, B.(2015), *Multilevel Models for Categorical Data Using SAS® PROC GLIMMIX: The Basics*, SAS proceedings, Paper 3430.

Fox, J.(1997), *Applied regression analysis, linear models, and related methods*, Thousand Oaks, CA: Sage Publications, p. 570.

Freeman J. V. and Campbell, M. J.(2007), The analysis of categorical data: Fisher's exact test (http://www.sheffield.ac.uk/polopoly_fs/1.43998!/file/tutorial-9-fishers.pdf).

Gardiner, J. C. and Luo, Z.(2011), "Logit Models in Practice: B, C, E, G, M, N, O," SAS Global Forum 2011.

Guo, S. and Fraser, M. W.(2010), *Propensity score analysis: statistical methods and applications*, Thousand Oaks, CA: Sage Publications.

Harrell, F. E.(2001), *Regression modeling strategies: with applications to linear models, logistic regression, and survival analysis*, New York, Springer.

Hausman, J. and McFadden, D.(1984), "Specification Tests for the Multinomial Logit Model," *Econometrica*, 52(5), pp. 1219~1240.

Heinze, G. and Schemper, M.(2002), "A Solution to the Problem of Separation in Logistic Regression," *Statistics in Medicine*, 21, pp. 2409~2419.

Hensher, D. A. and Bradley, M.(1993), "Using stated response choice data to enrich revealed preference discrete choice models," *Marketing Letters*, 4(2), pp. 139~151.

Hirji, K. F., Mehta, C. R. and Patel, N. R.(1987), "Computing Distributions for Exact Logistic Regression," *Journal of the American Statistical Association*, 82, pp. 1110~1117.

Hosmer, D. W. and Lemeshow, S.(2000), *Applied Logistic Regression*, John Wiley & Sons.

Kleinbaum, D. G. and Klein, M.(2010), *Logistic Regression: A Self-Learning Text*, New York, Springer.

Layman, P. R., Agyras, E., and Glynn, C. J.(1986), "Iontophoresis of Vincristine versus Saline in Post-herpetic Neuralgia: A Controlled Trial," *Pain*, 25, pp. 165~170.

Long, J. S.(1997), *Regression Models for Categorical and Limited Dependent Variables*, Sage Publications.

Maddala, G. S.(1983), *Limited-Dependent Quantitative Variables in Econometrics*, Cambridge University Press.

McCullagh, P. and Nelder, J. A.(1989), *Generalized Linear Models*(2nd Ed.), London: Chapman & Hall.

McFadden, D.(1978), "Modelling the Choice of Residential Location," in A. Karlqvist, L. Lundqvist, F. Snickars, and J. Weibull, eds., *Spatial Interaction Theory and Planning Models*, Amsterdam: North-Holland.

McHugh, M. L.(2013), "The Chi-square test of independence," *Biochemia Medica,* 23(2), pp. 143~149.

Mehta, C. R. and Patel, N. R.(1995), "Exact Logistic Regression: Theory and Examples," *Statistics in Medicine*, 14, pp. 2143~2160.

Mehta, C. R. and Senchaudhur, P.(2003), *Conditional versus Unconditional Exact Tests for Comparing Two Binomials(*http://www.cytel.com/Papers/twobinomials.pdf).

Radelet, M. L.(1981), "Racial Characteristics and the Imposition of the Death Penalty," *American Sociological Review*, 46(6), pp. 918~927.

Raudenbush, S. W. and Bryk, A. S.(2002), *Hierarchical Linear Models: Applications and Data Analysis Methods*, Sage.

Stokes *et al.*(2000), *Categorical Data Analysis Using the SAS System*(2nd ed.), SAS Institute, p. 110.

Winkelmann, R.(2008), *Econometric analysis of count data*, Berlin, Springer.

Winship, C. and Mare, R. D.(1984), "Regression Models with Ordinal Variables," *American Sociological Review*, 49(4), pp. 512~525.

Wooldridge, J. M.(2009), *Introductory econometrics: a modern approach*, Australia; United Kingdom, South-Western.

https://support.sas.com/rnd/app/stat/examples/GENMODZIP/roots.htm

http://support.sas.com/documentation/cdl/en/etsug/63939/HTML/default/viewer.htm#etsug_mdc_sect041.htm

http://support.sas.com/documentation/cdl/en/statug/65328/HTML/default/viewer.htm#statug_phreg_details22.htm

찾아보기

지은이 소개

▸ 고길곤(高吉坤) 교수는 연세대학교 응용통계학과를 나와 서울대학교 행정대학원 석사를 거쳐 미국 Pittsburgh 대학에서 정책학 박사학위를 받았다. National University of Singapore 정치학과에서 가르친 바 있으며 2011년부터 서울대학교 행정대학원에서 계량분석, 행정윤리, 정책분석 및 평가 등을 가르치고 있다. 『통계학의 이해와 활용』, 『효율성 분석 이론』(문우사) 및 다수의 저서와 논문이 있으며 최근에는 의사결정 이론, 행정윤리 및 철학, 고급계량 방법론을 연구하고 있다.

범주형 자료 분석

2018년 2월 20일 초판 인쇄
2018년 2월 27일 초판 발행

지 은 이 고 길 곤
펴 낸 이 김 영 훈
기획영업 전 영 완
편 집 김 병 성
펴 낸 곳 도서출판 문우사 MoonWoo

주 소 경기도 고양시 일산동구 정발산로 24
(장항동, 웨스턴돔타워) 2동 814호
전 화 031) 901-6542 / 070) 4200-6542
팩 스 031) 906-6542
이 메 일 moonwoosa@hanmail.net
홈페이지 www.munu.co.kr

출판신고번호 제396-2013-000113호

값 30,000원 ISBN 979-11-85994-47-5